博碩文化

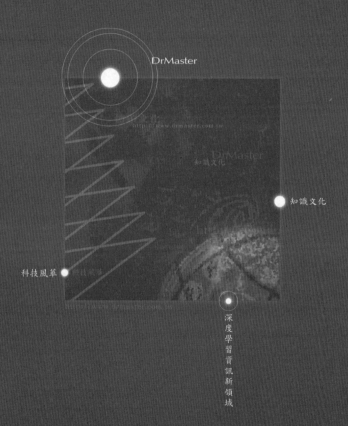

DrMaster

知識文化

科技風華

深度學習資訊新領域

● DrMaster

深度學習資訊新領域

http://www.drmaster.com.tw

博碩文化

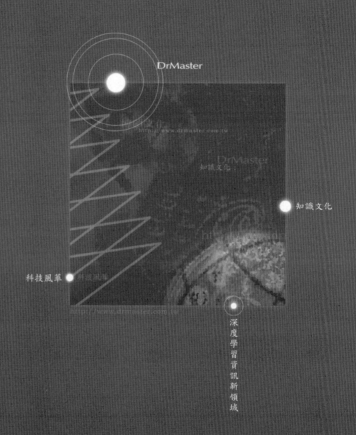

DrMaster

http://www.drmaster.com.tw

知識文化

科技風華

深度學習資訊新領域

DrMaster

深度學習資訊新領域

 http://www.drmaster.com.tw

博碩文化

VMware
vSAN 6.7 U1
Deep Dive
中文版

Cormac Hogan、Duncan Epping 著
王偉任 譯

VMware台灣專文推薦

VMware vSAN 6.7 U1
Deep Dive 中文版

作　　　者：Cormac Hogan、Duncan Epping
譯　　　者：王偉任
責任編輯：盧國鳳

董 事 長：蔡金崑
總 編 輯：陳錦輝

出　　　版：博碩文化股份有限公司
地　　　址：221 新北市汐止區新台五路一段112號10樓A棟
　　　　　　電話(02) 2696-2869　傳真(02) 2696-2867

郵撥帳號：17484299　戶名：博碩文化股份有限公司
博碩網站：http://www.drmaster.com.tw
讀者服務信箱：dr26962869@gmail.com
訂購服務專線：(02) 2696-2869 分機 238、519
（週一至週五 09:30 ～ 12:00；13:30 ～ 17:00）

版　　　次：2019 年 8 月初版一刷

建議零售價：新台幣 550 元
I　S　B　N：978-986-434-408-6
律師顧問：鳴權法律事務所 陳曉鳴律師

本書如有破損或裝訂錯誤，請寄回本公司更換

國家圖書館出版品預行編目資料

VMware vSAN 6.7 U1 Deep Dive中文版 / Cormac
Hogan, Duncan Epping著；王偉任譯. -- 新北市：博碩
文化, 2019.08
　面；　公分
譯自：VMware vSAN 6.7 U1 Deep Dive
ISBN 978-986-434-408-6(平裝)

1.虛擬實境 2.電腦軟體 3.作業系統

312.8　　　　　　　　　　　　　108010458

Printed in Taiwan

博碩粉絲團

歡迎團體訂購，另有優惠，請洽服務專線
(02) 2696-2869 分機 238、519

VMware 台灣專文推薦

在多年耕耘之下，VMware 在超融合系統（HCI）軟體市場高踞領先地位，並持續擴大市佔成為市場主流。至今，全球已有二萬多家企業單位，建置超融合系統解決方案，其中不乏全球及台灣頂尖的科技業、金融業、電信、政府及學術單位等等，各行各業現在都已理解私有雲必須做到軟體定義資料中心（software-defined data center，SDDC），而 vSAN 是 SDDC 的核心元件，也是全球唯一核心內建（Kernel-based）技術，對 VM 及容器的支援堪稱無縫；同樣的技術也已部署至全球前四大公有雲，以及中華電信、遠傳電信、數位通等國內大型 VCPP 雲服務夥伴之上，此時得知王偉任計畫出版《VMware vSAN 6.7 U1 Deep Dive》的中文版，我們欣然樂見。

王偉任活躍於 IT 領域 10 多年，早在 ESX 4.0 時代就擔任教育訓練講師，一路以來偉任對各種 IT 先進技術均有極佳的洞見，精研各種虛擬化技術、區域網路、系統管理、開源軟體，以及最新的軟體定義資料中心（SDDC）技術等等。此外，偉任不僅擔任 VMware vExpert 專家多年，並取得各種 IT 認證，同時也是各大 IT 相關研討會最受歡迎的講者之一，其間已出版超過 18 本各式主題的 IT 叢書，造福不少有志投身 IT 業界的朋友。

本書的二位原作者 Cormac Hogan 和 Duncan Epping 都是 VMware「儲存與可用性業務部」（Storage and Availability Business Unit）技術長辦公室的首席技術專家。這本著作是二位技術專家鑽研 vSAN 多年後所撰寫的最新一本技術含金量高的著作，內容詳細說明如何使用 vSAN 為企業打造一個穩定、高效能、並且符合雲端特性的超融合儲存架構，是進入 vSAN 領域絕佳的敲門磚。

VMware 台灣總經理　陳學智

20 年前的 x86 伺服器多是以單機運作並以本身內部硬碟作為儲存空間，而隨著 VMware 虛擬化技術的迭代進步，VMware 建議企業建置虛擬化平台時，應使用可共享的外接式磁碟陣列設備來儲存虛擬機的資料，以增加整體服務的可用度及可靠度，因此 x86 伺服器虛擬化直接加速外接式儲存設備市場快速成長的曲線。

直至今日進入資料快速成長與雲端運算廣而應用的年代，x86 伺服器具備更快速的讀取資料速度，且更靈活、更彈性的線上擴充能力，逐漸成為新一代分散式儲存的明日之星。以往儲存設備的主流硬碟是 SAS／SATA 介面，但在資料存取路徑最後端的硬碟速度往往成為最大阻礙，但自從 SSD 固態硬碟每 TB 成本價格下降至接近到跟 SAS／SATA 硬碟的費用時，企業轉而開始大量使用 SSD，使存取速度的限制轉換到磁碟陣列控制、光纖交換器（SAN switch）、及相關網路連線裝置上。

大約五年前開始，讓虛擬機存取資料越接近伺服器越好的觀念漸漸廣為周知，由於資料傳輸的路徑愈短愈可縮減時間提高效能，因此「超融合基礎架構（Hyper Converged Infrastructure，HCI）」的概念便逐漸成形衍生。

「超融合基礎架構」是「超融合」與「基礎架構」等單詞結合而成的 IT 名詞。超融合基礎架構就是將包括伺服器、網路、儲存等硬體裝置，搭配 VMware 虛擬化軟體平台，整合成為一個可快速完成組裝、測試與優化調校並上線的系統，後續不僅能快速部署虛擬機，還可節省大量配置部署時間，讓 IT 人員更集中資源在業務相關的服務開發與管理 VMware vSAN 支援領先業界的超融合式基礎架構解決方案，與 VMware vSphere 全面整合以提供適用於私有雲和公有雲部署的 vSphere 原生全閃存（All Flash）最佳化儲存架構。

各位想進一步了解 VMware vSAN 的讀者，必定能由此書完整了解學習以下知識：

1. vSAN 是一套符合企業級高可靠性、安全性和效能的超融合基礎架構，用以執行企業最關鍵業務應用程式。

2. vSAN 提供一個簡單、具成本效益和高可用性的解決方案，能從主要資料中心集中管理多套 vSAN 叢集架構，亦能同時納管遠端辦公室和分公司辦公室（ROBO）的 vSAN，大幅簡化管理的複雜度。

3. vSAN 具備絕佳的使用架構彈性，讓企業可從小規模開始導入使用，然後隨著需求演變，在不中斷作業的情況下進行擴增，進而減少基礎架構投資的浪費。

4. vSAN 可提供高效能，與傳統儲存陣列相比，能降低總持有成本，並讓 IT 在從單一資料中心內的整合式叢集上執行虛擬機，進而擴展成 vSAN 延伸集群（Stretched Cluster），並以較低的成本實現了跨網站的災備解決方案，並且位於兩個網站內的伺服器都可以是活動的，從而實現了雙活資料中心。

這本 vSAN 中文實戰手冊絕對是各位認識、了解、學習 vSAN 必備的一本寶典。

VMware 台灣副總經理暨技術長　吳子強

譯者序

自從西元 1999 年 VMware 透過「二進位轉譯技術」（Binary Translation）順利解決了「x86 硬體架構虛擬化的難題」之後，VMware 就一直是市場上「雲端技術」的領導先驅。在 VMware 的 SDDC 軟體定義資料中心願景當中，在 SDC 軟體定義運算的部分有 ESXi 虛擬化平台，在 SDN 軟體定義網路的部分有 NSX/NSX-T，至於 SDS 軟體定義儲存的部分，便是本書所要深入討論，能夠同時解決「運算／儲存」難題的 VMware vSAN 超融合解決方案。

從知名市調機構 Gartner 在「超融合基礎架構魔力象限」（Magic Quadrant for Hyperconverged Infrastructure）的調查報告結果可知，VMware 的 vSAN 超融合基礎架構解決方案，多年以來一直處於領導者象限，同時也是領導者象限中唯一「純軟體式」（Software Only）的超融合解決方案。

很高興能夠翻譯由兩位 VMware 技術專家 Cormac Hogan 以及 Duncan Epping 精心撰寫的著作，將他們廣泛且具有深度的 vSAN 規劃設計、安裝部署、組態設定、維運管理等實戰經驗，透過各種使用案例和實戰演練，同時加入多年豐富經驗的獨特見解，搭配 VMware 官方各項最佳建議作法，全化為文字和圖片，在本書之中一一呈現。閱讀本書，相信一定能夠幫助你打造出「高靈活性／高可用性／高擴充性」的 vSAN 超融合基礎架構運作環境。

事實上，要打造極佳運作效能的 vSAN 超融合基礎架構，除了要有「良好的 vSAN 架構規劃設計」之外，所採用的 NVMe/SSD 儲存裝置，在 vSAN 效能方面，將具有舉足輕重的地位。在我個人的職涯中，於 2018 年 10 月加入「美光」（Micron）這個大家庭，並在 2019 年 3 月前往「印度－班加羅爾」（Bengaluru, India）建置 vSAN 超融合基礎架構。在規模僅四台 vSAN 節點主機的 vSAN 叢集當中，便能展現出驚人的 50 萬 IOPS 儲存效能，這在過去傳統儲存設備架構中是非常難以達成的，如今透過 vSAN 超融合解決方案便可輕鬆達成。

除了採用本書各種最佳建議作法之外，我想能夠比「一般的 vSAN 叢集」發揮「更大的 IOPS 儲存效能」的原因，就在於採用了美光高效能高耐用性的 NVMe/SSD 儲存裝置。因此，建議有興趣建置 vSAN 叢集的管理人員，可以參考 Micron Accelerated VMware vSAN Ready Nodes 網站內容。在網站中，除了提供「解決方案簡介」（Solution Brief）的資訊之外，更提供了內容詳盡的「參考架構」文件（Reference Architecture），內容除了包括 vSAN 叢集參考架構、硬體配置、韌體版本之外，更提供了各種儲存效能的壓力測試數值，對於評估 vSAN 超融合基礎架構將有更進一步的幫助。

Micron Accelerated VMware vSAN Ready Nodes 網址：

https://www.micron.com/solutions/micron-accelerated-solutions/micron-accelerated-solutions-for-vmware-vsan-ready-nodes

王偉任（weithenn.org）

VMware vExpert 2012 ~ 2019

（https://vexpert.vmware.com/directory/788）

作者簡介

Cormac Hogan 是 VMware「儲存與可用性業務部」（Storage and Availability business unit）CTO 辦公室的首席技術專家。Cormac 是 2005 年 VMware 在愛爾蘭 EMEA 總部成立時的首批員工之一，曾經擔任「技術行銷」和「企業支援」等職務，並撰寫大量有關儲存技術的白皮書、儲存最佳實務、新功能介紹等等。同時，Cormac 也是知名的 CormacHogan.com 網站站長；在他的網站中，有許多關於「儲存技術」和「虛擬化技術」的精采文章。有興趣的朋友，可以追蹤他的 Twitter 帳號 **@CormacJHogan**。

Duncan Epping 是 VMware「儲存與可用性業務部」CTO 辦公室的首席技術專家。Duncan 負責為現有的產品和功能開拓新的可能性與商業機會，同時將客戶或使用者所遭遇到的問題轉化為各種不同的機遇，並以成為「儲存與可用性」的全球領先技術傳教士（evangelist）為己任。同時，Duncan 也是知名的 Yellow-Bricks.com 網站站長，並撰寫數本 VMware 技術著作，包括「vSphere Clustering Deep Dive」系列等書籍。有興趣的朋友，可以追蹤他的 Twitter 帳號 **@DuncanYB**。

致謝

首先，我們要感謝 VMware 管理團隊的 Christos Karamanolis 和 Yanbing Li，感謝他們支援此書的撰寫計劃。此外，特別感謝 VMware 的技術審校者 Frank Denneman 和 Pete Koehler，感謝你們對本書的貢獻。

最後，我們想要謝謝購買和支持本書的讀者，以及所有參加「VMUG 社群聚會」、「VMworld 大會」和瀏覽我們「技術部落格」的每一個人。非常感謝你們的建議、回饋和支持！

目錄

前言

當我們談論「虛擬化」和「底層基礎架構」時，免不了要提及重要的基礎元件「儲存」（Storage）。原因很簡單，在許多運作環境之中，儲存資源一向是個痛點（pain point）。雖然「快閃記憶體儲存技術」的問世能夠緩解過去許多傳統儲存技術的痛點和問題，但許多企業和組織仍未導入此新興儲存技術，必須持續不斷地與傳統儲存架構中的「各項痛點」和「老舊問題」奮戰。

企業或組織「持續採用傳統儲存技術」必須要面對的挑戰，從「儲存效能」、「架構複雜度」到「服務可用性」，絕大部分的問題都是來自相同的原因：「老舊的基礎架構」（Legacy Architecture）。多數的傳統儲存架構，都是在虛擬化技術「蔚為風潮之前」，就已經開發或建置完成了，因此才會產生「老舊基礎架構」的問題。同時，虛擬化技術的出現，也改變傳統共用儲存資源的使用方式。

某種程度上，可以說因為「虛擬化技術」的出現，迫使傳統儲存平台尋找新的建構方式。因為虛擬化技術並非只是讓「x86 伺服器」能夠連接到儲存設備的「邏輯單元編號」（Logical Unit Number，LUN）而已。虛擬化技術的風行，不僅增加了儲存資源的工作負載，同時也改變了使用和運作模式，所需的儲存空間也不斷增加，複雜性也跟著提高了。

因此，對於大部分的儲存管理人員來說，需要在管理思維上進行改變。我需要規劃多少個儲存裝置？建立多大的儲存空間？如何規劃儲存效能？VM 虛擬主機的儲存資源該如何規劃？…等等。可想而知，這不僅在管理思維上需要改變，同時也需要與其它 IT 團隊協同合作才能達成。在過去，管理「伺服器、網路以及儲存」這三個技術領域的人員可以各司其職，無須太多溝通和合作。現在，他們必須互相溝通並且協同合作，才能確保整個「虛擬化基礎架構」的服務可用性。在過去，當組態設定發生錯誤時，可能只會影響到某一台伺服器或某一項服務，現在則會同時影響許多 VM 虛擬主機，甚至擴大到影響整個營運服務。

許多 IT 管理人員應該已經察覺到,當我們與其它團隊協同合作,並思考如何規劃虛擬化基礎架構時,有許多管理思維的重大改變正在發生,也就是「**軟體定義網路**」(Software-Defined Networking,**SDN**),以及「**軟體定義儲存**」(Software-Defined Storage,**SDS**)。然而,我們不應該讓歷史重演。面對這次管理思維的重大改變,請一開始就召集資料中心內「所有與 IT 技術有關的管理人員」,讓大家能夠聚在一起開誠佈公的討論,因為大家的目標都是希望徹底擺脫傳統資料中心的痛點和包袱。

目標讀者

本書內容是針對已經熟悉「VMware vSphere 虛擬化環境」的 IT 管理人員所撰寫的。在理想的情況下,閱讀本書的你應該已經使用過 VMware vSphere 虛擬化技術一段時間了,或者已經具備 VMware vSphere 管理技能,或是參加過 VMware vSphere ICM(Install、Configure、Manage)教育訓練課程。本書並非一本初學者指南,而是深入討論 VMware 的各項技術,適合 VMware 技術管理人員或架構師閱讀。

其它參考書籍

本書為「Deep Dive series」(深入剖析系列書籍)的其中一本。請將本書與《vSphere 6.5 Host Deep Dive》和《vSphere 6.7 Clustering Deep Dive》搭配閱讀。閱讀完這些書籍之後,在企業或組織中任職的你,將會具備全方位「規劃設計」以及「管理維運」VMware vSphere 基礎架構所需要的各項技能與資訊。

音樂獻禮

Ah Here I am, on a road again
There I am, up on the stage
Here I go, playing the star again
There I go, turn the page

Ah, here I am, on a road again
There I am, up on the stage
Here I go, playing the star again
There I go, there I go

上述歌詞為 **Metallica** 所翻唱的《**Turn the page**》（原唱者為 **Bob Seger**）：
https://spoti.fi/2zUiHgn

僅將本書獻給所有在 vSAN 旅程中的戰士們，在漫長的旅途中
不斷分享各種 vSAN 的故事。

推薦序

我們正面臨前所未有的各種「顛覆式技術創新」，而這些技術正在重新塑造我們的生活方式。隨著商業軟體應用逐漸成為「商業數位化」的基礎，現在每家企業和組織都極力往「商業數位化」的方向前進，於是又再度推動了「IT 基礎架構」以及「應用服務方式」的改變。新興的 IT 基礎架構，必須具備「可隨意擴充」、「高度安全性」、「容易管理和維運」、「可程式化」、「以服務應用為導向」等等特質。因此，只有當 IT 基礎架構成為「**軟體定義**」（Software-Defined）時，才能達成這個目標。

VMware 在 2012 年率先發表了「**軟體定義資料中心**」（Software-Defined Data Center，**SDDC**）的概念，也是第一家提供完整建構「SDDC 軟體定義資料中心解決方案」的廠商。解決方案的內容包含了「運算」、「網路」、「儲存」、「自動化」、「安全性」…等「SDDC 軟體定義資料中心」所需要的「資源」。同時，「超融合基礎架構」（Hyper-Converged Infrastructure，HCI）亦成為建構「SDDC 軟體定義資料中心」的首選。你可以參考知名市調機構 Gartner 在 2018 年 11 月 27 日所發布的「Magic Quadrant for Hyperconverged Infrastructure」調查報告。該份報告將「HCI 超融合基礎架構」定義為：『一種採用模組化的方式，輕鬆建構水平擴充的軟體式基礎架構，還能提供企業和組織所需的運算、網路、儲存…等各項資源』。

VMware 在 2014 年推出了 VMware vSAN 解決方案，開始進入「HCI 超融合基礎架構」的旅程。簡單來說，vSAN 是內建於 vSphere ESXi 虛擬化平台中的「SDS 軟體定義儲存解決方案」，可以為任何服務或應用程式提供極佳的儲存效能，且與傳統儲存架構相比，IT 預算更低。vSAN 的設計理念，就是以「軟體方式」為基礎所運作的「HCI 超融合解決方案」，並支援一般通用的「x86 伺服器」。同時，VMware 也以各種不同的方式，不斷擴展 VMware HCI 的觸及範圍，並加入不斷創新的理念和改良，使 vSAN 成為高效能的企業級儲存平台。首先，VMware 將 vSAN 從支援一般通用的 x86 伺服器，擴充為支援軟硬體整合的設備，例如：VxRail 和 VxRack，並擴充到「HCI 即服務」（HCI as a Service）的層面。接著，將 vSAN 解決方案擴充到「SDDC 軟體定義

資料中心」，與 VMware Cloud Foundation 解決方案協同運作，讓「vSAN 超融合解決方案」能夠從地端的資料中心擴展到邊緣運算，再擴展到雲端環境。

很高興能夠看到我們的客戶選擇將「vSAN 超融合解決方案」當成資料中心首選的主要基礎架構，也很榮幸能夠提供客戶營運服務和應用程式所需的硬體資源。目前，全球採用「VMware vSAN 超融合解決方案」的客戶已經超過 17,000 家，其中超過 50% 的客戶為 Global 2000，由此可知，vSAN 是業界主流和最常使用的 HCI 超融合解決方案。這些客戶主要將 vSAN 解決方案應用於「關鍵型應用程式」、「子公司辦公室」、「災難復原」、「VDI 虛擬桌面」和「雲端原生應用程式」等等。我和許多採用「vSAN 優先」策略、或是「以 vSAN 為主要基礎架構」的客戶討論過，確保 vSAN 成為他們儲存資源的首選，並確保「vSAN 超融合解決方案」能夠順利建構在客戶資料中心的基礎架構之中。

除了眾多客戶在自家資料中心皆採用「vSAN 超融合解決方案」之外，還有多達 500 多家的雲端服務供應商（其中包含最大的雲端服務供應商，例如：AWS 和 IBM）也已經透過我們的「vSAN 解決方案」為客戶提供「HCI 超融合即服務」。

感謝我們的研發團隊不斷持續創新，同時也謝謝客戶們熱情的提供各種意見，讓「VMware vSAN 解決方案」成為 HCI 超融合領域之中的領導者。過去兩年，VMware vSAN 一直是發展最快速的業務，在短短不到三年的時間，業務速度成長高達 10 倍。

目前，最新的 VMware vSAN 解決方案已經來到「第七個版本」。在我們龐大的客戶群當中，有許多的 IT 管理人員和專家亟需一本「深入剖析 vSAN 技術」的書籍。在我領導研發工程團隊的期間，我與 vSAN 解決方案的工程師和架構師們進行非常多的互動，其中 Duncan 和 Cormac 這兩位傑出的技術專家，不僅對於建構 vSAN 環境有獨到且深入的見解，還可以用簡單的方式講解艱深且複雜的 vSAN 技術，讓客戶和 IT 管理人員能夠充分理解，並進行實際部署和維運。因此，我對於他們能將技術「化繁為簡」的能力，有著極為深刻的印象。事實上，我也經常觀看他們的部落格以及 Youtube 影片，當成我學習 vSAN 技術的主要來源。

再次謝謝你對「VMware vSAN 超融合解決方案」感興趣。相信在閱讀本書之後，將會對你在「現代化基礎架構」的旅程有很大的幫助。

Yanbing Li, Ph.D
前資深副總裁兼總經理（Senior Vice President and General Manager）
VMware「儲存與可用性業務部」（Storage and Availability, VMware）

推薦語

自 Cormac 和 Duncan 合作撰寫第一本 VMware vSAN 實戰書籍至今，VMware vSAN 的版本和技術也不斷演進。透過兩位作者深入淺出介紹 VMware vSAN 技術，無論你是剛接觸 vSAN 的管理人員，或是資深的 vSAN 架構師，閱讀本書就能幫助你深入了解「最新版本的 VMware vSAN 技術」以及「底層運作架構的各項細節」。

— Pete Koehler

這本書的寫作結構非常完善，而且內容深度一致。我從不認為技術書寫可以引人入勝，但這本書做到了。閱讀本書可以讓你從「vSAN 的新手」蛻變成為「精通 vSAN 技術的高手」。因此，無論你是 IT 管理人員還是架構師，都應該把本書放在你隨手可得的地方，以便隨時翻閱和查詢本書的內容！

— Frank Denneman

1

VMware vSAN 簡介

本章將簡介「**軟體定義資料中心**」（Software-Defined DataCenter，**SDDC**），且本章的重點將會圍繞在「儲存資源」的部分。因此，在介紹完「SDDC 軟體定義資料中心」的概念之後，便開始深入「**軟體定義儲存**」（Software-Defined Storage，**SDS**）的技術、相關概念和解決方案，例如：Server SAN，以及「**超融合基礎架構**」（Hyper-Converged Infrastructure，**HCI**）。

SDDC 軟體定義資料中心

2012 年，VMware 在 VMworld 年度大會中宣布推出「**SDDC 軟體定義資料中心**」。在 VMware SDDC 的願景之中，無論是私有雲還是公有雲的資料中心基礎架構，包括運算、儲存、網路和相關服務等等，所有的資源都會被「抽象化」和「虛擬化」。當資料中心內的各項資源都被虛擬化之後，IT 管理團隊變得更加靈活了，不但提高了服務和應用程式的「可用性」和「彈性」，同時還降低了維運管理上的「複雜度」與「預算」，並有效縮短企業或組織「新服務上線」的工作流程和推出時間。

事實上，為了達成 SDDC 軟體定義資料中心的願景，僅將「硬體資源」或「運作元件」虛擬化是不夠的。承載服務和應用程式的平台也必須將「安裝和設定的流程」完全自動化才行。更重要的是，能幫助管理人員採用「更智慧的方式」管理並監控基礎架構，這才是「SDDC 軟體定義資料中心」的基本精神與願景！VMware 資深副總裁 Raghu Raghuram 將「SDDC 軟體定義資料中心」的本質以一句話簡述：『抽象化、資源集區、自動化流程』（abstract, pool, and automate）。

然而，「SDDC 軟體定義資料中心」之所以能夠達到「抽象化、資源集區、自動化流程」的目標，是因為在硬體資源中透過「**虛擬化層級**」（virtualization layer）來完成。相信閱讀本書的你已經很熟悉「伺服器虛擬化」和「VMware vSphere 的產品」。但是，可能有較少的管理人員熟知「網路虛擬化」（Network Virtualization），或稱「**軟體定義網路**」（Software-Defined Network，**SDN**）解決方案。VMware 已經提供「NSX 網路虛擬化解決方案」，但是 NSX 並非單純將實體網路環境虛擬化而已，它還同時提供了「應用程式開發介面」（Application Programming Interface，API），來協助管理人員自動化所有的維運流程。

事實上，自動化機制不單單只是撰寫執行腳本而已。它還包括了使用「原則」的方式進行管理，例如：自動化組態設定 VM 虛擬主機和相關資源。透過預先定義好「不同用途的 VM 虛擬主機佈建原則」，藉此快速達到簡單且一致性的「VM 虛擬主機自動化工作流程」。舉例來說，「資源集區設定」或「vApp 容器」就是如此，能有效幫助管理人員建立保留、限制、優先權等等各項資源的使用規則。在網路原則方面，可以透過「**服務品質**」（Quality of Service，**QoS**）機制，來達到所需的服務品質。然而，在儲存資源方面，許多企業和組織仍侷限在傳統儲存設備上，所以在許多情況下無法滿足或因應客戶需求。

本書將著重討論「SDDC 軟體定義資料中心」當中儲存資源的部分。具體而言，我們將探討 **VMware vSAN** 解決方案以及願景。透過本書，管理人員將會學會如何在資料中心內「建構」以及「整合」VMware vSAN 解決方案，並規劃設計基礎運作架構與後續維運項目，以便充分利用它的強大功能。然而，在進一步深入了解 vSAN 解決方案之前，應該先對 vSAN 和 SDS 軟體定義儲存技術在「運作架構方面」有全面的了解才行。

SDS 軟體定義儲存

「**軟體定義儲存**」（Software-Defined Storage，**SDS**）這個技術名詞已經被許多儲存供應商所濫用。雖然「SDS 軟體定義儲存技術」仍有許多不同的定義，但是 VMware 對這個技術名詞的定義如下：

「SDS 軟體定義儲存技術」將業界標準通用的 x86 伺服器透過「軟體定義的方式」，達到了「建構儲存資源集區」和「儲存資源自動化」的目的，除了簡化管理人員的維運工作之外，與傳統儲存架構相比，更能有效節省成本。

「SDS 軟體定義儲存解決方案」將儲存資源抽象化之後，建構儲存資源集區，並透過「GUI 圖形化管理介面」或是「API 應用程式開發介面」輕鬆提供儲存資源給客戶使用。在無須增加維運管理成本的情況下，達到「**垂直擴充**」（Scale Up）以及「**水平擴充**」（Scale Out）的彈性架構。

許多管理人員對於「SDS 軟體定義儲存」的認知，只是將儲存資源從「傳統儲存設備」轉移到「x86 伺服器上」運作而已。會有這樣的認知趨勢，主要是因為有許多虛擬化版本儲存設備的出現所導致，例如：HPE 所推出的 StoreVirtual VSA，接著逐漸演變成不同硬體平台上的解決方案，其中最知名的使用案例就是 Nexenta。這些虛擬化儲存設備解決方案，都代表了儲存新時代的開始。

超融合／伺服器 SAN 解決方案

近年來，有許多圍繞在「超融合」（Hyper-Converged）和「伺服器 SAN」（Server SAN）解決方案的討論議題。在我們看來，這兩者之間最大的差別在於運作平台的整合性和交付模式。在交付模式方面，主要為以下兩種模式：

- **融合式解決方案（Appliance based）**
- **純軟體式解決方案（Software only）**

簡單來說，「融合式解決方案」（Appliance-Based Solution）將軟體與硬體設備進行整合。一般情況下，軟體與硬體平台會進行深度整合，例如：將儲存功能的 API 介面嵌入到「Hypervisor 虛擬化管理程序」之中。

透過軟體與硬體平台進行深度整合之後，將儲存資源抽象化並建構出儲存集區，同時整合「原有的運算資源」達到超融合的目標。目前，業界普遍的融合式解決方案包括了 Dell VxRail、Nutanix、HPE SimpliVity 等等，當然也包括 vSAN 整合特定硬體設備的解決方案。因此，幾年前若有人詢問管理人員「典型的 HCI 超融合硬體設備外觀」時，通常得到的答案會是：『有 2U 高度四個節點的伺服器』。如**圖 1-1** 所示，傳統的 HCI 超融合解決方案硬體設備，都是以「2U 高度四個節點」這種多節點伺服器所打造而成的。

事實上，我們所認為的「HCI 超融合解決方案」並不侷限於此，大多數的解決方案供應商也開始轉換此概念。因此，現在所看到的「HCI 超融合解決方案」，可以是「不同外觀」以及「不同硬體配置」的 x86 伺服器。可能是 1U 或 2U 高度的單節點伺服器；或是 1U 高度二節點和 2U 高度四節點的多節點伺服器；甚至也可以是刀鋒伺服器。

簡單來說，真正的 HCI 超融合解決方案，硬體伺服器不會是特定的硬體設備和外觀，而是採用業界標準通用的 x86 伺服器即可，讓管理人員能夠簡單地進行安裝、組態設定、維運管理、監控…等工作。

圖 1-1：傳統硬體式超融合解決方案常用的「多節點伺服器」外觀

現在，你可能會有疑問：『在一般的 x86 伺服器當中，直接將負責儲存資源的「VM 虛擬主機」或是將「儲存堆疊」嵌入到「Hypervisor 虛擬化管理程序」之中，與傳統儲存設備相比，能有什麼好處？』以下便是「HCI 超融合解決方案」的優點：

- 非常快速的上線時間，安裝及部署作業少於 1 小時。

- 非常容易進行整合及管理。

- 高可擴充性，幫助管理人員輕鬆擴充儲存空間並提升運作效能。

- 和傳統式儲存設備相比，有更低的「整體擁有成本」（Total Cost of Ownership，TCO）。

上述硬體式超融合架構解決方案，在銷售時都是以「**最小庫存單位**」（Stock Keeping Unit，**SKU**）進行銷售，讓後續的技術支援以及討論作業更加容易。但是，硬體式的超融合架構解決方案，其實有一個嚴重的缺點，就是許多解決方案供應商的產品，都必須搭配「特定的硬體規格及組態設定」才行。同時，解決方案供應商所提供的「特殊硬體規格」，通常是管理人員習慣合作的硬體供應商「無法接觸」或「無法提供」的，所以當硬體式超融合架構解決方案需要進行「軟體更新」或「更換故障損壞的料件」時，就會出現維運管理上的困擾。此外，某些企業及組織對於「特定品牌」有特殊偏好，並不

想要在自家的資料中心內採用「其它品牌」的硬體伺服器，這也是「硬體式超融合架構解決方案」在導入時容易受限的主要原因之一。此時，便可以考慮採用「純軟體式的超融合解決方案」。

「純軟體式解決方案」（Software-only Solution），主要有兩種作法。目前最常見的解決方案，就是採用「**虛擬化儲存主機**」（Virtual Storage Appliance，**VSA**），這種解決方案會將負責調度儲存資源的 VM 虛擬主機，部署到已經安裝 Hypervisor 虛擬化管理程序的伺服器上，然後建構儲存資源集區，例如：Maxta。純軟體式解決方案最大的「優勢」在於採用「**硬體相容性清單**」（Hardware Compatibility List，**HCL**），只要符合清單中的 x86 伺服器即可建構。在大部分情況下，只要採用符合規範的硬體設備，且 VM 虛擬主機能夠運作在「Hypervisor 虛擬化管理程序」上即可，但某些情況下，可能會發生「硬碟控制器」或「快閃記憶體」的匹配問題。

事實上，vSAN 也是「純軟體式的超融合解決方案」。但是 vSAN 與 VSA 解決方案有很大的不同，它並非採用「額外的 VM 虛擬主機」運作在 Hypervisor 虛擬化管理程序伺服器之上，而是直接「內建整合」在 Hypervisor 虛擬化管理程序之中。同時，vSAN 也能與硬體進行深度整合，例如：VxRail 便是 vSAN 與 Dell/EMC 硬體整合的產品。

VMware vSAN 簡介

VMware 的「SDS 軟體定義儲存設計理念」，主要是希望能在「VMware SDDC 軟體定義資料中心」之中提供一套與「本地端儲存」、「共享儲存」和「儲存／資料」有關的服務。簡單來說，VMware 希望將 vSphere 打造成儲存資源平台。

在過去，每當企業及組織的專案開始時，管理人員便需要組態設定以及部署儲存資源，而當維運需求改變時，還必須調整某些 LUN 的組態設定。在很多情況下，這是有一定程度風險的操作，因為管理人員必須先刪除原有的 LUN 或 Volume，接著建立新的 LUN 或 Volume，然後重新為主機及 VM 虛擬主機進行「儲存資源掛載」的動作，這樣的維運需求變更作業，通常可能要花費數週的時間才能完成。

然而，採用「SDS 軟體定義儲存解決方案」時，則無須使用舊有的 LUN 或 Volume 機制。面對 VM 虛擬主機的工作負載或需求變更時，能夠直接以「動態」的方式提供儲存資源。vSAN 透過與底層結合，直接且快速的提供儲存服務，同時提升儲存資源整體的「**服務等級協議**」（Service Level Agreement，**SLA**）。

在我們看來，SDS 軟體定義儲存技術的關鍵因素，就是採用「**儲存原則管理**」（Storage Policy-Based Management，**SPBM**）進行維運管理的機制。

採用 SPBM 和 vSphere API 機制，將儲存資源整合並抽象化為「資源集區」之後，即可提供給 vSphere 管理人員進行「部署 VM 虛擬主機」的任務。部署過程中，組態設定的部分包括了「儲存效能」、「可用性」、「儲存服務」、「精簡配置」、「壓縮」、「複本」…等等。然後，vSphere 管理人員便可以決定「不同服務等級的 VM 虛擬主機」套用不同的**「VM 虛擬主機儲存原則」（VM Storage Policy）**。此時便是透過「SPBM 儲存原則管理機制」進行 VM 虛擬主機的部署任務，並針對不同服務等級的 VM 虛擬主機「部署」和「存放」在適當的儲存資源之中。

如此高靈活性的管理方式，主要歸功於 vSAN 能夠「深度整合」在 Hypervisor 虛擬管理程序之中，同時具備 SPBM 儲存原則管理機制。因此，部署後的 VM 虛擬主機，即便隨著「時間或專案內容的變更」導致工作負載增加，或者因為「資料 I/O 大幅增長」而無法滿足，這時候，不必再像過去那樣「人為介入操作」。vSphere 管理人員只要套用「新的 VM 虛擬主機儲存原則」，系統便會在背景自動執行，並且自動套用和變更（相較於傳統儲存設備，vSphere 管理人員必須人為介入，還要搭配多項操作步驟才行，例如：為 VM 虛擬主機掛載以及卸載虛擬磁碟…等等的手動作業）。

vSAN 是什麼？

VMware 在 2013 年發布了第一個 vSAN Beta 測試版本，接著在 2014 年的 3 月發布了第一個 vSAN 正式版本。時至今日，最新的 vSAN 6.7 Update1 版本則是在 2018 年 10 月時發布的。「vSAN 超融合基礎架構」是與 vSphere 虛擬化平台「深度整合」的軟體定義儲存解決方案。它是採用「物件」（Object）為基礎的儲存系統，並具備 SPBM 儲存原則管理機制，以便管理和部署 VM 虛擬主機。其目的是靈活部署或重新部署 VM 虛擬主機，以便降低 vSphere 管理人員的工作負擔，同時也與其它 vSphere 核心功能緊密整合，例如：vSphere HA（High Availability）、vSphere DRS（Distributed Resource Scheduler）、vSphere vMotion 等等的「進階特色功能」（如**圖 1-2** 所示）。

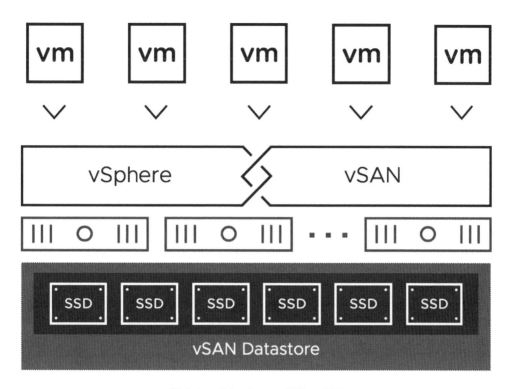

圖 1-2：vSAN Cluster 運作示意圖

vSAN 的目標是希望提供「高靈活度」和「水平擴充」的儲存平台，同時透過 SPBM 儲存原則管理機制，針對「每一台 VM 虛擬主機」以及「掛載的 vDisk 虛擬磁碟」，動態提供所需的 QoS 服務品質儲存資源。

vSAN 是分散式軟體管控的儲存平台解決方案。它不像其它軟體式的解決方案需要一台「獨立的 VM 虛擬主機」，而是直接「內建」並「整合」於 Hypervisor 虛擬管理程序之中。雖然在技術方面這樣的簡要說明並不完全正確，但是可以把 vSAN 視為核心以及 Hypervisor 整合運作的解決方案。簡言之，建置 vSAN 運作環境無須額外安裝「其它軟體」或「VM 虛擬主機」，只需安裝管理人員所熟悉的 vSphere 即可。

因此，vSAN 環境非常容易建構和使用。想要嘗試建構 vSAN 解決方案嗎？只要建立 vSAN 專用的 VMkernel Port，並在 vSAN 叢集設定頁面中「啟用 vSAN 功能」即可（如**圖 1-3** 所示）。當然，在開始建置 vSAN 運作環境之前，仍需符合幾項先決條件，相關資訊將在「第 2 章，vSAN 部署條件和環境需求」詳細說明。

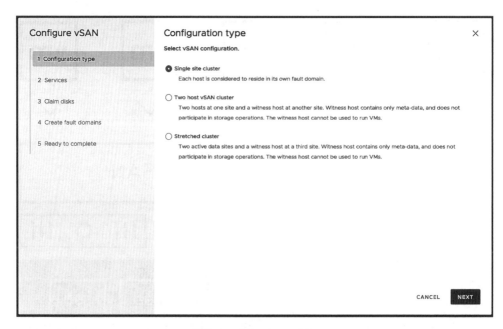

圖 1-3：啟用 vSAN 功能

現在，管理人員已經了解 vSAN 非常容易建構和管理。那麼 vSAN 解決方案還有哪些優點？在銷售上又有哪些優勢呢？

- **軟體定義（Software defined）**：採用業界標準的 x86 伺服器。

- **靈活性（Flexible）**：根據運作規模和需求，可隨時進行垂直或水平擴充。

- **簡單性（Simple）**：非常容易進行管理和操作。

- **自動化（Automated）**：透過 SPBM 儲存原則管理機制，可以針對「每台 VM 虛擬主機」以及「每個虛擬磁碟」進行動態管理。

- **超融合（Hyper-converged）**：幫助管理人員以類似「堆樂高積木的方式」輕鬆打造「高密度的儲存平台解決方案」。

聽起來非常棒，對吧？那麼，vSAN 適合哪些應用情境？是否有使用案例可以參考？vSAN 不適合哪些環境和應用情境？以下便是適合採用 vSAN 的應用情境和說明：

- **企業關鍵應用服務（Business critical apps）**：vSAN 是高效能和高可用性的儲存平台，能夠承載各種正式環境所需的營運服務，無論是 Microsoft Exchange、SQL、Oracle 等等都沒問題。

- **虛擬桌面（Virtual desktops）**：vSAN 具備可預測性，以及輕鬆水平擴充的運作架構，能夠有效降低基礎架構的成本，同時提升資料中心的管理效率。

- **研發和測試（Test and dev）**：無須採購昂貴且複雜的傳統式儲存設備（降低 TCO 整體擁有成本），同時能夠有效縮短建構環境的時程。

- **管理 DMZ 隔離環境（Management or DMZ infrastructure）**：在完全隔離的高度安全環境之中，仍然能夠方便管理，無任何依賴性。

- **異地備援（Disaster recovery target）**：整合內建的 vSphere Replication 遠端複寫機制，提供成本相對較低的異地備援解決方案。

- **ROBO 遠端小型辦公室及分公司（Remote office/branch office）**：在 vSAN 叢集架構中，支援雙節點建構 vSAN 叢集的特色功能，這是 ROBO 遠端小型辦公室以及分公司的最佳選擇。

- **延伸叢集（Stretched cluster）**：為遠端站台提供高可用性，以便滿足各種潛在的工作負載和需求。

現在，管理人員已經了解「vSAN 是什麼」，也能為各種類型的工作負載「提供高儲存效能的服務」。那麼，讓我們簡單介紹每個 vSAN 版本的「特色功能」和「歷史演進」吧：

2014 年 3 月：vSAN 1.0

- 第一個 vSAN 正式版本。

2015 年 3 月：vSAN 6.0

- 支援 All-Flash 全快閃記憶體架構。

- vSAN 叢集，擴大支援至最多 64 台節點主機。

- Hybrid 模式運作架構效能提升二倍。

- 新的快照機制。

- 增強原有複製功能。

- 支援容錯網域和機櫃感知功能。

2015 年 9 月：vSAN 6.1

- 延伸叢集之間，最大 RTT 延遲時間為 5 毫秒。

- 適用於 ROBO 遠端小型辦公室以及分公司的「雙節點 vSAN 叢集」。

- 與 vRealize Operations 產品整合。

- 與 vSphere Replication 遠端複寫機制整合（RPO 為 5 分鐘）。
- vSAN 叢集健康狀態監控機制。

2016 年 3 月：vSAN 6.2

- RAID 5 和 RAID 6 儲存原則（Erasure Coding）。
- 重複資料刪除和壓縮的儲存空間節省機制。
- QoS 整合 IOPS 管理機制。
- 軟體式總和檢查碼機制。
- 支援 IPv6。
- 儲存效能監控機制。

2016 年 11 月：vSAN 6.5

- vSAN iSCSI 服務。
- vSAN 雙節點直接連接機制。
- 支援新式 512e 儲存裝置。
- 支援雲端原生應用程式。

2017 年 4 月：vSAN 6.6

- 延伸叢集增強本地端保護機制。
- 移除多點傳送機制。
- 新式 HTML 5 管理介面，支援管理和監控功能。
- 增強重新負載平衡、修復與重新同步機制。
- 增強重新同步管理機制。
- 進入維護模式前的預先檢查機制。
- GUI 圖形管理介面，支援延伸叢集見證機制。
- vSAN 支援深入解析機制。
- vSAN 輕鬆部署機制。
- vSAN 組態設定助手和韌體更新機制。
- 增強儲存效能和健康狀態監控機制。

2017 年 11 月：vSAN 6.6.1

- 整合 vUM 更新管理員。

- 儲存效能診斷分析結果，整合至雲端分析機制之中。

- 儲存裝置可維護性。

- 適用於 ROBO 和 VDI 虛擬桌面運作環境的軟體授權。

2018 年 4 月：vSAN 6.7

- 正式支援新式 HTML 5 管理介面。

- 在新式 HTML 5 管理介面中，整合 vRealize Operations 儀表板。

- vSAN iSCSI 服務支援 Microsoft WSFC 叢集。

- 更快速的網路容錯移轉機制。

- 最佳化：調適性重新同步機制。

- 最佳化：延伸叢集支援將見證流量分離。

- 最佳化：延伸叢集支援覆蓋慣用站台。

- 最佳化：延伸叢集支援高效率重新同步。

- 最佳化：增強網路分區診斷機制。

- 最佳化：高效率儲存裝置退役機制。

- 最佳化：高效率儲存原則管理機制。

- 支援新式 4K 儲存裝置。

- 支援 FIPS 140-2 Level 1 加密保護機制。

2018 年 10 月：vSAN 6.7 U1

- Trim/Unmap 儲存空間回收機制。

- vSAN 叢集快速建置精靈。

- 支援混合式 MTU 網路環境。

- 儲存空間歷時記錄報表。

- 新增其它 vRealize Operations 儀表板。

- 增強技術支援使用者體驗。

- 增強機櫃感知 FTT 機制。（此功能必須提出特殊請求支援才能開通！）

事實上，以上 vSAN 版本的「演進」和「特色功能簡述」並無法完整說明與剖析 vSAN 特色功能。雖然上面列出非常多項的 vSAN 特色功能，但這並不代表 vSAN 的「組態設定」、「管理」或「監控」等維運任務是非常龐大或非常複雜的。那麼，讓我們從管理人員的角度來看看「vSAN 到底是什麼」？

管理人員眼中的 vSAN 是什麼？

當管理人員在 vSAN 叢集中啟用 vSAN 特色功能之後，對 vSAN 叢集內所有的 vSAN 節點主機而言，將會看到一個「單一且非常巨大的」共享儲存資源 vSAN Datastore。就像其它儲存解決方案一樣，「vSAN Datastore 儲存資源」能夠儲存 VM 虛擬主機和其它元件，例如：VMDK 虛擬磁碟、SWAP 檔案、VM 虛擬主機組態設定檔…等等。因此，當管理人員部署一台「新的 VM 虛擬主機」時，便會在熟悉的管理介面之中，看到 vSAN Datastore 儲存資源（如圖 1-4 所示）。

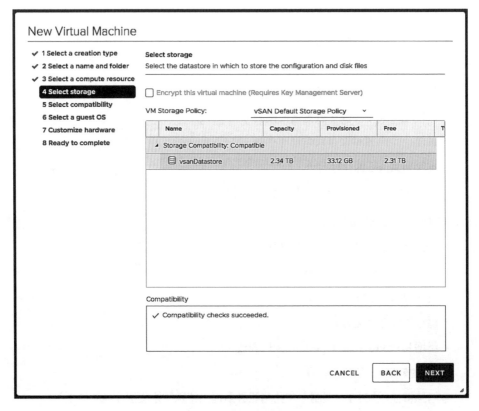

圖 1-4：vSAN 儲存資源

此時管理人員所看到的「vSAN Datastore 儲存資源」，便是在 vSAN 叢集之中，由所有 vSAN 節點主機的「本地端儲存資源」匯集而成的。每台 vSAN 節點主機中所採用的「快閃記憶體儲存裝置」，將會決定屆時 vSAN Datastore 儲存資源的「運作效能」；而「一般機械式硬碟」則會決定屆時 vSAN Datastore 儲存資源的「可用空間」。因此，當 vSAN 叢集加入新的 vSAN 節點主機時，整體運作效能和儲存空間便會跟著增加，這就是**「水平擴充」（Scale Out）**運作架構，或者在原有的 vSAN 節點主機中，增加硬體資源達成**「垂直擴充」（Scale Up）**。

在 vSAN 叢集架構中，至少需要「三台 vSAN 節點主機」貢獻本地端儲存資源（若是在 ROBO 遠端小型辦公室或分公司，僅需「兩台 vSAN 節點主機」，並搭配「見證機制」即可，詳細資訊將在「第 8 章，雙節點 vSAN 叢集使用案例」中進行說明）。而每台 vSAN 節點主機，至少需要一個「快閃記憶體裝置」（PCIe Flash/SSD），以及一個「機械式硬碟」（SAS/NL-SAS/SATA）。當 vSAN 叢集建構完成之後，其它 vSAN 節點主機「即使未提供儲存資源」也能加入。如**圖 1-5** 所示，在 vSAN 叢集中一共有四台節點主機，其中 **esxi-01、esxi-02、esxi-03** 節點主機已經貢獻了本地端儲存資源，然而 **esxi-04** 主機並沒有貢獻本地端儲存資源，只是單純使用了 vSAN Datastore 儲存資源。雖然技術上不會限制這樣的建構方式，但是我們強烈建議管理人員應該建構「統一規格的 vSAN 叢集環境」，才能確保獲得良好的儲存空間使用率、運作效能以及高可用性。

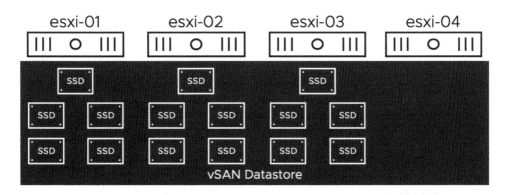

圖 1-5：儲存資源不平均的 vSAN 叢集

vSphere 叢集已經與 vSAN 叢集整合，所以 vSAN 叢集也支援「最多 64 台 vSAN 節點主機」。單台 vCenter Server 主機可以管理「最多 64 台 vSAN 節點主機的 vSAN 叢集」。每台 vSAN 節點主機可以運作「200 台 VM 虛擬主機」。而整個 vSAN 叢集最多可以運作「6,400 台 VM 虛擬主機」。但是，對於大部分的客戶來說，vSAN 叢集「最大規模」約為 20 台 vSAN 節點主機即可，主要原因在於考量後續的維運管理，例如：更新 vSAN 叢集中「所有 vSAN 節點主機」所需花費的時間。同時，管理人員可以想

像，若是 vSAN 叢集只採用機械式硬碟，將無法提供良好的「儲存效能」以及「使用者操作體驗」。因此，vSAN 叢集採用快閃記憶體的儲存特性，提供「讀取快取」（Read Cache）和「寫入緩衝」（Write Buffer）機制，以便最大化「儲存效能」和「使用者操作體驗」。

在 vSAN 叢集環境之中，為了提供不同的「**服務等級目標**」（Service Level Objectives，**SLO**），便允許管理人員為「每台 VM 虛擬主機」以及「每個 VMDK 虛擬磁碟」分別套用「不同的 vSAN 儲存原則」，以因應「不同的工作負載和需求」。舉例來說，不同大小的讀取快取空間，或是「虛擬磁碟條帶化」（Disk Striping），或者 VM 虛擬主機「複本」（Replica）機制，這些都能確保應用程式和服務的高可用性。

如果管理人員曾經使用過 VM 虛擬主機儲存原則，應該會想知道「存放在 vSAN Datastore 的 VM 虛擬主機」是否都需要採用「相同的」vSAN 儲存原則。答案是否定的。在 vSAN 叢集環境之中，允許管理人員針對「不同工作負載的 VM 虛擬主機」套用「不同的 vSAN 儲存原則」。甚至在「同一台 VM 虛擬主機」，但是針對「不同的 VMDK 虛擬磁碟」，套用「不同的 vSAN 儲存原則」。

因此，vSAN 叢集透過 SPBM 儲存原則管理機制，可以精細到針對「每台 VM 虛擬主機」以及「每個掛載的 VMDK 虛擬磁碟」。例如，透過 SPBM 儲存原則，定義 VM 虛擬主機建立幾份 **RAID-1** 複本，或是採用 Erasure Coding（**RAID-5/RAID-6**）提供運作靈活性。所以，在 vSAN 叢集環境之中，並不需要「本地端 RAID 磁碟陣列」來保護資料。

管理人員可以「分別定義」不同的 vSAN 儲存原則，以便因應 VM 虛擬主機發生災難事件。舉例來說，管理人員可以定義一項 vSAN 儲存原則：「允許三台 vSAN 節點主機在發生故障損壞事件時，VM 虛擬主機仍能正常運作」，此時，vSAN 叢集便會自動建立足夠的物件複本。下面的範例當中，我們將會說明「vSAN 解決方案」與「傳統儲存設備解決方案」有哪些主要的差別。

vSAN 儲存原則範例：

在以下的 vSAN 儲存原則範例當中，我們已經配置可以容忍「單一」VMDK 虛擬磁碟故障的儲存原則。此時 vSAN 叢集將會自動建立兩份相同的「物件」（Objects）和一份「見證」（Witness），其中見證的部分與 VM 虛擬主機進行關聯，以便發生故障損壞事件時，vSAN 叢集能夠「確認」物件的擁有權。若是管理人員熟悉叢集技術的話，便會知道在故障事件發生時，叢集會進行仲裁並判定擁有權。如圖 1-6 所示，可以幫助管理人員了解 vSAN 儲存原則的運作概念。在圖 1-6 之中，運作的 VM 虛擬主機套用了 **FTT=1** 的 vSAN 儲存原則組態設定，因此可以容忍「單一」VMDK 虛擬磁碟發生故

障。事實上，還包括單一 vSAN 節點主機、網路卡、SSD 固態硬碟、機械式硬碟等等發生故障損壞事件。

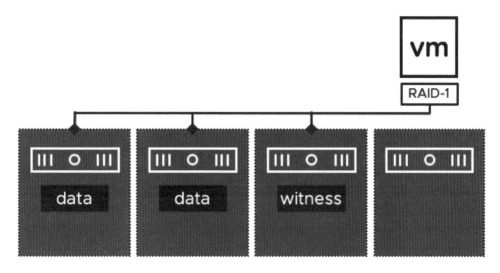

圖 1-6：FTT=1 的 vSAN 儲存原則組態設定

如圖 **1-6** 所示，VM 虛擬主機運作在最右邊的 vSAN 節點主機上，而 VMDK 虛擬磁碟存放於其它 vSAN 節點主機內。在 vSAN 叢集環境中，vSAN 網路主要用於儲存 I/O 作業，同時允許 VM 虛擬主機在 vSAN 叢集之中自由遷移，無須移動或遷移儲存物件和元件。因此，建構 vSAN 叢集的第一步，便是建立 vSAN 網路，至少需要 **1 Gbps** 的專用網路環境。在 VMware 最佳建議作法中，建議採用 **10 Gbps** 專用網路環境。若是採用 All-Flash 全快閃記憶體架構時，則 vSAN 網路必須要有 **10 Gbps** 專用網路環境。

閱讀至此，管理人員對於 vSAN 運作概念，可能會覺得有點籠統且稍微複雜。不過平心而論，vSAN 解決方案已經幫忙處理掉所有複雜程序了。透過本書後續章節的討論，我們將陸續說明相關細節，相信管理人員將對 vSAN 技術更加熟悉，並了解其「強大的功能」與「簡單易用的特性」。

整合硬體的 vSAN 解決方案：VxRail

本章多次提到 Dell EMC 的 VxRail 產品。值得一提的是，此硬體式 HCI 超融合解決方案在「軟體的部分」便是整合 vSAN。雖然，從部署和組態設定的角度來看，可能與本書建構 vSAN 的方式有所不同，但這就是 VxRail 的優點之一，所以 VxRail 的管理人員與架構師也能從本書內容中獲益。

VMware Cloud on AWS 和 VMware vSAN

事實上，在 VMware Cloud on AWS 運作環境之中，儲存資源的首選也是 VMware vSAN 解決方案。雖然，我們在本書中並未討論 VMware Cloud on AWS，但是我們希望閱讀本書的管理人員對此產品也能有所了解。VMware Cloud on AWS 解決方案是建構 SDDC 軟體定義資料中心「最簡單、最快速的方法」，此解決方案同時也包含了 VMware vSAN 和 NSX，其它特色功能則超出本書介紹的範圍。

小結

綜上所述，VMware vSAN 是「市場上的領導者」，也是與 Hypervisor 深度整合的「分散式儲存平台」。透過 vSAN 技術建構的「HCI 超融合基礎架構解決方案」，能夠同時融合運算和儲存資源，並且整合 SPBM 儲存原則管理機制，讓管理人員自行定義 VM 虛擬主機的服務等級，同時還能管理 VM 虛擬主機的「資料可用性」和「運作效能」。而這一切的維運需求卻又非常簡單即可達成。

本章已經針對 vSAN 技術進行「概念性的介紹」。現在，管理人員可以開始閱讀更進階的 vSAN 技術內容。讓我們開始進入「第 2 章」吧！

2

vSAN 部署條件和環境需求

在開始深入研究 vSAN 的安裝和配置之前,必須先了解 vSAN 的部署條件和環境需求。
首先,要建構 vSAN 叢集運作環境,必須先部署 VMware vSphere 虛擬化基礎架構環
境。

VMware vSphere

VMware 在 2014 年發布了第一個 vSAN 正式版本,當時最新的 VMware vSphere 5.5
Update 1 虛擬化平台版本也跟著釋出。後續隨著不同 vSphere 版本的發布,VMware 也
同時發布了不同的 vSAN 版本和特色功能。目前最新的 vSAN 版本是 2018 年所發布的
「VMware vSphere 6.7 Update 1 虛擬化平台版本」,以及整合的 vSAN 6.7 Update 1
版本。有關 vSAN 版本和特色功能的說明,請參考「第 1 章」。

在 VMware vSphere 虛擬化的環境之中,包含了兩個主要的運作元件,分別是
「**VMware vCenter Server 管理主機**」以及「**vSphere ESXi 虛擬化平台**」。管理人員
在建構 vSAN 環境之前,必須先部署「vCenter Server 管理主機」以及「vSphere ESXi
虛擬化平台」才行。

VMware vCenter Server 為 VMware vSphere 虛擬化環境提供了「集中式」的一個管理
平台,用來部署 VM 虛擬主機、組態設定 ESXi 主機,以及執行與「虛擬化平台的基礎
架構環境」有關的維運任務。

事實上，VMware 已經正式於 2018 年 9 月 19 日停止對 vSphere 5.5 版本的支援。雖然 VMware 的最佳作法建議盡可能採用最新的 vSphere 版本，但如果企業或組織仍使用「舊版本運作環境」的話，則至少需要 vCenter Server 6.0 管理平台（這是在本書撰寫時，所支援的最舊版本）。

在早期的 vSphere 版本之中，可以建構 Windows 版本的 vCenter Server 管理平台，或是部署 VMware 官方以 Linux 建構的 vCSA（vCenter Server Appliance）管理平台。現在，VMware 強烈建議，管理人員應該採用「vCSA 管理平台」來管理 vSAN 叢集運作環境。同時，在 vSphere 6.7 版本之後，VMware 官方正式宣布，已經不再提供 Windows 版本的 vCenter Server 管理平台。

當管理人員採用最新 vSphere 6.7 Update 1 版本時，可以直接使用「最新的 HTML 5 管理介面」進行管理和監控 vSAN 叢集的工作。此外，管理人員也可以透過「**命令列介面**」（Command-Line Interface，**CLI**）或是 vSphere「**應用程式開發介面**」（Application Programming Interface，**API**），來完成 vSAN 環境的「自動化組態設定」、「監控」、「維運管理」等任務。目前，每一個 vSAN 叢集環境，只能有一個 vSAN Datastore 儲存資源集區，但是單台 vCenter Server 管理主機，可以同時管理多組 vSphere 叢集和 vSAN 叢集。

ESXi

VMware vSphere ESXi 是企業級虛擬化平台的解決方案，也是全球大部分虛擬化環境的基礎。ESXi 採用「**裸機**」（Bare-Metal）運作架構，代表無須額外的作業系統，便可以在一台實體伺服器上「同時運作」多台互相隔離的 VM 虛擬主機。

在標準的資料中心內，管理人員在部署 vSAN 運作環境時，至少需要「三台」vSAN 節點主機。而每一台 vSAN 節點主機都必須提供「本地端儲存資源」，以便匯整為 vSAN Datastore 儲存資源集區，並建立 vSAN 叢集運作環境。最小的 vSAN 叢集可以允許「一台」vSAN 節點主機發生故障，並不會影響任何服務的運作。當然，管理人員也可以選擇部署「兩台」vSAN 節點主機，搭配「一台」vSAN 見證主機即可。但是此部署架構主要用於「ROBO 遠端小型辦公室及分公司」，而非「標準資料中心運作環境」。事實上，關於建構雙節點 vSAN 叢集，還有許多部署和管理維運的細節必須注意。詳細資訊我們會在「第 8 章」中說明，所以請暫時先不用擔心這些。

從 vSAN 6.0 版本開始，每個 vSAN 叢集環境，最多支援 64 台 vSAN 節點主機，而這也是 vSphere 叢集支援的「最大節點主機數量」。因此，在 vSAN 運作架構之中，管理

人員至少要採用 vCenter Server 6.0 和 ESXi 6.0 的版本，才能確保「最大運作規模」為 64 台節點主機。

讓我們先從 CPU 工作負載的角度來討論。在選擇 vSAN 節點主機硬體元件時，別忘了 CPU 處理器將會同時承載「虛擬化」和「儲存資源工作負載」。同時，隨著專案不斷增加，將會運作「更多台 VM 虛擬主機」在 vSAN 叢集之中，這表示 CPU 工作負載將更為沉重。因此，在考量 vSAN 叢集規模大小時，必須考慮這些有限資源的使用，以及日後逐漸增加的工作負載問題。值得一提的是，採用「新一代 CPU 處理器」將會具備更高的工作負載處理效率。舉例來說，採用支援 **AES-NI**（Advanced Encryption Standard–New Instructions）和 **Intel c2c32c 指令集**的 CPU 處理器，將會有效提升 VM 虛擬主機在「加密」和「解密」方面的處理效率。

在記憶體工作負載方面，則是取決於每台 vSAN 節點主機在本地端的「儲存裝置數量」和「配置情況」。管理人員可以參考 **VMware KB2113954** 文章內容，以便正確配置 vSAN 節點主機記憶體。VMware 的最佳作法建議為每一台 vSAN 節點主機至少配置「**32GB**」的實體記憶體，以便確保「基本的工作負載」、「vSAN」和「Hypervisor 虛擬平台」在管理程序時，能擁有所需要的基本資源。若是 vSAN 節點主機配置的記憶體空間「小於 32GB」，將會影響到 vSAN 叢集的整體運作效能。

此外，在 vSAN 叢集架構之中，每一台 vSAN 節點主機將會配置「0.4%」的記憶體空間，最多配置到 1GB 記憶體空間。VM 虛擬主機在本地端所使用的「讀取快取機制」被稱作「**Client Cache**」。簡單來說，它是一項 In-Memory 快取機制，將 VM 虛擬主機所使用的「資料讀取部分」快取一份到 vSAN 節點主機之中，以便加快後續資料讀取的速度。詳細資訊將在「第 4 章，深入了解 vSAN 運作架構」中說明。

快取及容量儲存裝置

在 vSAN 叢集架構中，共有兩種運作模式，分別為 **Hybrid** 模式及 **All-Flash** 模式。在 Hybrid 運作模式中，「快取層」（Cache Tier）由「Flash 快閃記憶體」或「SSD 固態硬碟」所組成。至於「容量層」（Capacity Tier）的部分，則由「**機械式硬碟**」（Hard Disk Drives）所組成（本書後續將會以 **HDD** 稱之）。在 All-Flash 運作模式中，快取層和容量層的部分都會採用「快閃記憶體」或「SSD 固態硬碟」所組成，但是在儲存效能和耐用度方面，快取層和容量層會配置不同的等級。因此，在某些情況下，可以採用接近 SAS 等級的成本，建構儲存效能更佳的 All-Flash 運作模式（例如，採用 SATA 儲存裝置）。

ESXi 啟動裝置注意事項

當管理人員，開始部署 vSAN 運作環境時，有多種安裝選項可供選擇。vSphere ESXi 可以安裝在本地儲存裝置、USB 隨身碟、SD 卡、SATADOM 等等的儲存裝置之中。請注意，在撰寫本書時的 vSAN 6.7 U1 版本尚未支援「**無狀態**」（Stateless）的自動化部署機制。

當管理人員將 vSphere ESXi 安裝於 USB 隨身碟或 SD 卡時，雖然可以節省一個儲存裝置的儲存空間，以便增加 vSAN Datastore 儲存資源，但是，此安裝選項的缺點，就是「vSAN 追蹤日誌」和「ESXi 系統日誌」必須額外指定儲存空間進行存放，同時 USB 隨身碟或 SD 卡的「耐用性」通常也比較低，這一點也必須留意。

此外，採用 USB 隨身碟或 SD 卡安裝選項還有另一項缺點，也就是當 ESXi 發生當機事件時，例如，**PSOD（Purple Screen of Death）**，所採用的 USB 隨身碟或 SD 卡是否具備「足夠的儲存空間」存放「當機時的記憶體傾印資料」。一般來說，當配置的實體記憶體「小於 512 GB」時，建議採用 USB 隨身碟或 SD 卡安裝選項，因為預設情況下記憶體傾印資料大小為 2.7GB，所以 USB 隨身碟或 SD 卡能夠順利儲存。

但若是配置的實體記憶體「大於 512 GB」時，採用 USB 隨身碟或 SD 卡安裝選項可能「無法順利儲存」記憶體傾印資料，並導致核心傾印資料被截斷。

在 vSAN 6.5 版本，當 vSAN 節點主機記憶體大於 512 GB 時，管理人員必須在安裝完成後透過指令「手動指定」記憶體傾印資料存放路徑。在 vSAN 6.6 版本，允許管理人員透過指令，在 USB 隨身碟或 SD 卡儲存裝置中，指定記憶體傾印資料存放路徑。詳細資訊請參考 **VMware KB2147881** 文章內容。在最新的 vSAN 6.7 版本之中，安裝程序會自動處理，無須管理人員介入，管理人員只要確保採用「足夠大小的儲存空間」即可。在絕大多數的情況下，只要 8GB 空間大小的 USB 隨身碟或 SD 卡儲存裝置即可。

因此，建議管理人員若無特殊需求的話，請將 vSphere ESXi 安裝在 USB 隨身碟或 SD 卡當中。原因在於若是不安裝在 USB 隨身碟或 SD 卡之中，而是安裝在其它儲存裝置時，那麼該儲存裝置的「剩餘儲存空間」屆時也無法納入到「磁碟群組」以及「vSAN Datastore 儲存資源」之內。

VMware 硬體相容性指南

在安裝和部署 vSAN 之前，管理人員應先確認，要安裝和啟用 vSAN 的「實體伺服器」，是否已經符合「VMware 硬體相容性指南」內各項條列的硬體規格。管理人員可

以在 VMware HCL 網站找到「VMware 硬體相容性指南」：http://vmwa.re/vsanhcl。

vSAN 節點主機的硬體元件將會關係到屆時 vSAN 叢集的「整體效能」，因此 vSAN 對於儲存控制器、快閃記憶體裝置、機械式硬碟…等等硬體元件的要求非常嚴謹，管理人員可以查詢「硬體相容性指南」之後，自行選購適合的硬體伺服器，或直接採用通過 VMware 認證程序的 vSAN ReadyNodes。

vSAN ReadyNodes

簡單來說，vSAN ReadyNodes 已經幫管理人員完成所有規劃設計的「前置作業」了，例如：查詢硬體相容性指南、自行組建硬體伺服器等等煩雜事項。通過了「VMware 硬體相容性認證」的 vSAN ReadyNodes，除了「硬體元件」通過了認證程序並可以放心部署 vSAN 叢集之外，更像是一種「硬體保證」，確保屆時的 vSAN 叢集能夠發揮「極佳的運作效能」。管理人員可以在「硬體相容性指南」中查詢不同硬體廠商的 vSAN ReadyNodes（如**圖 2-1** 所示）。

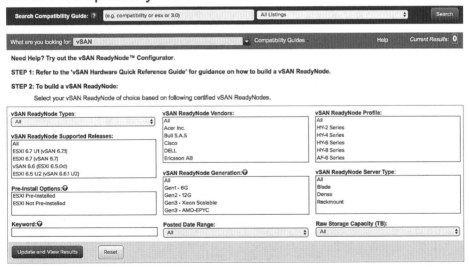

圖 2-1：vSAN ReadyNodes 硬體相容性指南

如果管理人員喜歡自行動手組建 vSAN 伺服器，或是對於特定伺服器品牌有所偏好，但是 vSAN ReadyNodes 清單之中「並未列出」所喜好的伺服器品牌時，那麼在自行配置硬體元件的時候，必須特別注意「儲存控制器」的部分，在下一小節當中將會說明需要特別注意的地方。

儲存控制器

vSAN 叢集中的每一台 vSAN 節點主機，在「儲存控制器」（Storage Controller）的部分，必須支援 **Pass-Through**、**HBA** 或 **JBOD（Just a Bunch Of Disks）** 模式。因為，在 vSAN 叢集的環境中，並非將本地端儲存資源「先建立 RAID 磁碟陣列之後」，才將 RAID 儲存資源傳遞給 vSAN 節點主機，而是將管控硬碟的工作任務「直接交給 vSAN 叢集來處理」，並且透過 vSAN 的 SPBM 儲存原則管理機制，定義 VM 虛擬主機的可用性和執行效能。在 vSAN 硬體相容性指南中，已經條列出通過 VMware 驗證程序的「儲存控制器」資訊。

市場上，每家硬體伺服器供應商，對於每款硬體伺服器，都有相對應的儲存控制器。因此，當管理人員在選擇儲存控制器時，必須詳細查閱硬體規格和相關資訊，例如：儲存控制器是否支援 SAS Expanders。

在某些情況下，管理人員可能已經選擇並收到硬體伺服器，但是選購的儲存控制器卻不支援 Pass-Through 模式。換句話說，採用這樣的儲存控制器時，vSAN 無法看到連接至儲存控制器的儲存裝置。在這樣的情況下，如果儲存控制器支援建立 **RAID-0**（在韌體支援的情況下），那麼管理人員可以針對本地端的「每一個」儲存裝置「建立 **RAID-0**」，如此一來，vSAN 便可以看到連接至儲存控制器的儲存裝置。因此，在為 vSAN 節點主機選擇儲存控制器時，必須特別注意在 VMware 硬體相容性指南中「選擇支援 Pass-Through 模式的儲存控制器」。此外，在 VMware 硬體相容性指南中，也條列出每個儲存控制器支援的儲存裝置數量，以及韌體版本和驅動程式版本。當管理人員建構 vSAN 叢集後，在部署 VM 虛擬主機之前，應該先透過 vSAN 健康狀況檢查機制，確保採用的儲存控制器已經「通過驗證程序」並且「處於健康狀態」。

共享儲存控制器和非 vSAN 儲存裝置

在 vSAN 6.7 版本之前，VMware 建議不要將「vSAN 儲存裝置」和「非 vSAN 儲存裝置」（例如，安裝 ESXi 的儲存裝置）連接到「相同的儲存控制器」上。主要原因在於，當 vSAN 儲存裝置發生錯誤時，有可能會對非 vSAN 儲存裝置產生連鎖效應，反之亦然。雖然問題發生時產生的症狀各異，但是在極端的情況下，可能會造成儲存控制

器鎖定，必須要「重新啟動」vSAN 節點主機，才能解決異常鎖定的問題。在 **VMware KB2129050** 文章內容中，詳細介紹當 vSAN 儲存裝置和非 vSAN 儲存裝置採用「共享儲存控制器運作架構」時，管理人員必須要注意的部分。雖然，從最新的 vSAN 6.7 版本開始，已經可以支援 vSAN 儲存裝置和非 vSAN 儲存裝置「共享同一個儲存控制器」，但是 VMware 強烈建議，最好將 vSAN 儲存裝置和非 vSAN 儲存裝置「隔離」，而非混合使用並共享同一個儲存控制器。

RAID-0 儲存控制器

對於不支援 Pass-Through、HBA 或 JBOD 模式的儲存控制器來說，vSAN 可以在儲存控制器韌體支援的情況下，針對每一個儲存裝置建立 **RAID-0** 模式，以便後續將儲存資源匯整，並建立 vSAN Datastore 儲存資源集區。但是，當 **SSD 固態硬碟**採用 **RAID-0** 模式之後，可能會發生「無法正確辨識」SSD 固態硬碟儲存裝置類型的情況。此時，管理人員可以透過 vSphere HTML 5 Client 管理工具，將無法被正確辨識的儲存裝置類型「重新標記」為正確的 SSD 即可。

另一個常見的問題是，因為某些 SAS 儲存控制器「允許」多台主機同時進行存取，所以連接至該 SAS 儲存控制器的儲存裝置，雖然是本地端的儲存裝置，但是會顯示為「**共享磁區**」（Shared Volume）。此時，管理人員可以透過 vSphere HTML 5 Client 管理工具，將無法正確辨識的儲存裝置，重新標記為「**本地端**」（Local）即可。

如**圖 2-2** 所示，當管理人員需要為「無法正確辨識的儲存裝置」進行「重新標記」的工作任務時，可以透過 vSphere HTML 5 Client 管理工具，將 HDD 儲存裝置類型「重新標記」為 SSD 儲存裝置類型，或是將誤判為遠端儲存裝置「重新標記」為本地端儲存裝置。

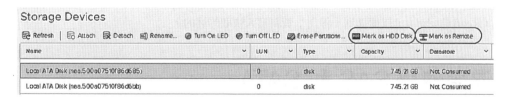

圖 2-2：重新標記儲存裝置類型

管理人員應該會好奇，Pass-Through 模式與 RAID-0 模式之間，到底有什麼樣的差異？首先，採用 **Pass-Through** 模式時，因為使用直接傳遞的方式，所以無須額外的組態設定，便能正確辨識儲存裝置類型。而採用 **RAID-0** 模式時，除了可能無法正確辨識 SSD

固態硬碟之外，使用 RAID-0 模式時必須以「一對一的方式」建立，且日後儲存裝置發生故障時，更換新的儲存裝置後，管理人員必須「手動設定」這些對應關係。然而，採用 Pass-Through 模式的話，日後儲存裝置發生故障時，只需「移除」故障的儲存裝置並「更換」即可，管理人員「無須介入」手動重新組態設定儲存裝置的對應關係。

使用不同的 RAID 儲存控制器，若是整個 RAID 儲存控制器損壞了，可能需要硬體供應商「特定的工具」，才能順利進行「更換」和「重新啟用」作業。實務上，可能還需要完全刪除原始的 RAID-0 組態設定，並在建立新的 RAID-0 設定之後，才能讓 vSAN「重新對應」每個儲存裝置。從資料中心維運角度來看，這是非常「不切實際」且「浪費維運成本」的動作；在理想的情況下，當儲存裝置發生故障損壞時，管理人員只需更換新的儲存裝置，vSAN 即可立即辨識並使用它，無須管理人員手動介入進行處理。這就是為什麼 VMware **強烈建議**應該採用 **Pass-Through、HBA 或 JBOD 模式**儲存控制器。如果管理人員想進一步簡化配置，建議可以考慮採用 NVMe 儲存裝置，因為 NVMe 使用嵌入式儲存控制器，無須依賴共用的儲存控制器，可以有效降低資料中心維運成本。

效能和 RAID 快取機制

VMware 針對不同類型的儲存控制器，分別進行多種儲存效能測試。測試的結果顯示，在絕大多數的情況下，儲存控制器無論是採用「Pass-Through 模式」或是「RAID-0 模式」，儲存效能幾乎是相同的。

值得注意的是，當管理人員採用 **RAID-0** 模式的儲存控制器時，必須「停用」（Disabled）內建的「寫入快取」（Write Cache）功能，以便 vSAN 能夠完全掌控資料寫入行為。然而，管理人員有可能會發現，在 BIOS 組態設定中，並沒有「停用」資料寫入快取功能的設定項目。此時，可以將組態設定調整為 **100%** 採用「讀取快取」（Read Cache），以便達到「停用」資料寫入快取的目的。

混合使用 SAS 和 SATA

雖然 VMware 最佳作法並沒有針對混合使用 SAS 和 SATA 提出具體建議；只要在儲存控制器支援的情況下，就可以混合使用 SAS 和 SATA 儲存裝置，甚至連接至同一個儲存控制器。值得注意的是，因為 vSAN 會將 VM 虛擬主機的儲存資源「分散」在不同台 vSAN 節點主機上運作，所以「混合」不同介面及等級的儲存裝置，有可能會影響屆時 VM 虛擬主機的運作效能。

磁碟群組

在 vSAN 叢集的架構中，無論採用的是「Hybrid 模式」或是「All-Flash 模式」，都包括了「**快取層**」（caching tier）和「**容量層**」（capacity tier）。採用 **Hybrid 模式**時，快閃記憶體或 SSD 固態硬碟將擔任「快取層」，搭配一個或多個機械式硬碟為「容量層」。採用 **All-Flash 模式**時，顧名思義，不管是快取層或容量層，都會使用快閃記憶體或 SSD 固態硬碟，只是使用了不同效能和耐用度等級而已。

為了在快取層與容量層之間建立關係，在 vSAN 架構中採用了「**磁碟群組**」（Disk Group）的概念（如**圖 2-3** 所示）。在每個磁碟群組中，最多包含「一個」快取儲存裝置以及「七個」容量儲存裝置；在發生資料存取行為時，都會快取在「同一個」磁碟群組的快取儲存裝置內。詳細資訊將在「第 4 章」中說明，包括「重複資料刪除」、「加密」等等。在目前的階段，管理人員只要先了解「磁碟群組的概念」以及「如何建立磁碟群組」即可。

每台 vSAN 節點主機，最多可以建立「五個」磁碟群組，而每個磁碟群組最多支援「七個」容量儲存裝置，所以最多可以支援 **35 個**容量儲存裝置。

在每個磁碟群組中，包含快取和容量儲存裝置。

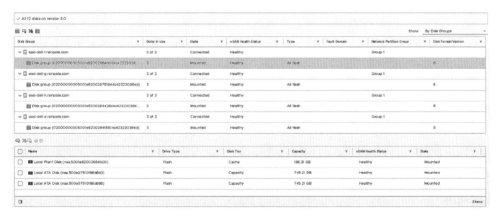

圖 2-3：磁碟群組管理畫面

磁碟群組可用性

在規劃 vSAN 基礎架構時，管理人員通常會想知道是否有「最小磁碟群組數量」的建議。事實上，從 vSAN ReadyNodes 清單中可以看到「所有的 vSAN ReadyNodes 硬體配置」至少會規劃**兩個**磁碟群組。原因很簡單，因為可以增加**「容錯網域」（Failure Domain）**。

請想像一下，每一台 vSAN 節點主機只有「單一」磁碟群組。而該磁碟群組具備「一個快取儲存裝置」以及「六個容量儲存裝置」。現在，假設磁碟群組中的「快取儲存裝置」發生故障損壞事件。這代表整個磁碟群組發生了故障，而 vSAN 叢集「無法」在此台 vSAN 節點主機上「存放」任何 VM 虛擬主機的資料。這時候，必須在其它位置「重建」VM 虛擬主機和整個 vSAN 叢集儲存資源集區，並同時「失去」這台 vSAN 節點主機所貢獻的儲存效能和儲存空間。

我們來看看另外一種情況。假設規劃了 vSAN 節點主機，建立了「兩個」磁碟群組，每個磁碟群組配置了「一個快取儲存裝置」以及「三個容量儲存裝置」。同樣的故障情況，當其中一個磁碟群組的「快取儲存裝置」發生故障損壞事件時，只會影響「三個容量儲存裝置」。整個「容錯網域的彈性」變大了，表示被影響的 VM 虛擬主機數量較少，於是，「重建的作業」和「受影響的儲存空間」也跟著減少了，且 vSAN 叢集還能使用「另一個正常運作的磁碟群組」。

當然，如果這兩個磁碟群組都連接至「同一個儲存控制器」，當儲存控制器發生故障時，那麼在這種情況下，多個磁碟群組並「無法縮小」容錯網域。此時，管理人員可以考慮「增加」儲存控制器，並將「不同的磁碟群組」連接到「不同的儲存控制器」，如此一來，當儲存控制器發生故障時，便能夠有效縮小容錯網域。有關多個儲存控制器的其它優點，我們將會在稍後進行討論。

簡言之，即「容量較小但多個磁碟群組的配置」優於「容量較大但單一磁碟群組的配置」。當然，管理人員必須在可用性和預算方面，考量多個磁碟群組以及多個儲存控制器的配置。

磁碟群組效能

現在，我們將焦點拉回多個儲存控制器上。當每台 vSAN 節點主機規劃配置了「兩個」磁碟群組，且每一個磁碟群組都分別連接至「不同的儲存控制器」時，除了在可用性方面能有效「縮小容錯網域」之外，從儲存效能的角度來看，同樣能得到「效能提升」的

結果。從 VMware 的測試結果來看，每個磁碟群組連接至專屬的儲存控制器時，可以明顯提升 vSAN 叢集整體的運作效能。同樣的，管理人員必須在可用性和預算方面，規劃、設計和考量多個磁碟群組以及多個儲存控制器的配置。

容量層儲存裝置

VMware 最佳作法強烈建議 vSAN 叢集中的每一台 vSAN 節點主機在「硬體配置方面」應該要達成「一致性」。這包括了「每台 vSAN 節點主機的磁碟群組數量」以及「每個磁碟群組中的儲存裝置數量」。然而，VMware 也了解在資料中心內，隨著時間的推移，vSAN 叢集中的「vSAN 節點主機」可能因為「使用年限」而逐漸汰換，所以，在許多情況下，可能不得不加入新的伺服器來「擴充」vSAN 叢集，或是使用新的伺服器「替換」舊有伺服器。事實上，vSAN 叢集支援這樣的配置，所以當這樣的情況發生時，請不用擔心。

在 vSAN 叢集中，每台 vSAN 節點主機的磁碟群組，至少要包含一個容量儲存裝置。當磁碟群組的容量儲存裝置「數量增加」的情況下，可以提升 vSAN Datastore 的儲存空間，也可以提升儲存效能。因為 VM 虛擬主機物件和元件可以「跨越多個容量儲存裝置」，甚至可以「跨多個磁碟群組存放」，這表示 VM 虛擬主機可以使用多個快取儲存裝置，所以能夠有效提升運作效能。

當容量儲存裝置在儲存空間使用率達到「**80%**」時，vSAN 叢集服務會「自動嘗試」將該容量儲存裝置內的物件和元件「移動」到同一台 vSAN 節點主機之中的「其它容量儲存裝置」，防止部分容量儲存裝置的儲存空間被耗盡。

vSAN 叢集架構支援多種類型的 HDD 儲存裝置。從 VMware 硬體相容性指南中可以看到，支援的範圍從 SATA 7200 RPM 到 SAS 15,000 RPM。同時，大部分的快取儲存裝置都可以「滿足」VM 虛擬主機在「資料 I/O 儲存效能」方面的要求。值得注意的是，無論採用高效能的快閃記憶體，或者是 SSD 固態硬碟，甚至是大容量儲存空間的 SATA 容量儲存裝置，管理人員都必須在「儲存效能」以及「預算」方面取得平衡點，詳細資訊請詢問選擇的硬體供應商。

快取層儲存裝置

在 vSAN 叢集中，每台 vSAN 節點主機（Hybrid 模式或 All-Flash 模式）在每個磁碟群組之中，至少要配置一個快取層儲存裝置。在 **Hybrid 模式**中，快取層儲存裝置將會處理

所有的資料讀取和寫入，其中儲存空間的 **70%** 用於**「讀取快取」**（**Read Cache**），而 **30%** 用於**「寫入緩衝」**（**Write Buffer**）。在 **All-Flash 模式**時，則會將快取層儲存裝置**「100%」**的儲存空間**「全部」**用於資料寫入緩衝的部分，而容量層儲存裝置則負責讀取快取。原因在於 All-Flash 模式之中，擔任「容量層」的儲存裝置，也是採用快閃儲存記憶體或 SSD 固態硬碟，而與「快取層」儲存裝置的差別，僅在於「儲存效能」和「耐用度」不同而已。

由於每台 vSAN 節點主機最多支援至「五個」磁碟群組，因此用於快取層儲存裝置最多也是「五個」；當 vSAN 節點主機快取層儲存裝置的空間越大，可以緩衝的資料 I/O 也就更多，所以整體儲存效能表現也就越高。同時，當快取層儲存裝置空間大於 600GB 時，可以延長快取層儲存裝置的使用壽命。

當管理人員希望獲得 vSAN 叢集的「最佳效能」時，請選擇高規格的快閃記憶體儲存裝置。VMware 硬體相容性指南已經列出各種支援的 PCIe 快閃裝置、SSD 固態硬碟以及 NVMe…等等。因此，管理人員在選購 vSAN 節點主機時，請詳細查閱 VMware 硬體相容性指南，確保選購支援的快取層儲存裝置。

VMware 硬體相容性指南當中，「快取層儲存裝置」的等級如下：

- **Class B**：5,000-10,000 每秒寫入次數
- **Class C**：10,000-20,000 每秒寫入次數
- **Class D**：20,000-30,000 每秒寫入次數
- **Class E**：30,000-100,000 每秒寫入次數
- **Class F**：100,000+ 每秒寫入次數

此外，經常也有管理人員詢問：『vSAN 是否支援消費者等級的 SSD 固態硬碟？』事實上，從技術角度來看，vSAN 當然支援「消費者等級的 SSD 固態硬碟」，但是在絕大多數的情況下，消費者等級的 SSD 固態硬碟，不僅「耐用度低」且「缺乏斷電保護機制」，也可能會發生無法預測的延遲時間峰值，範圍可能從幾百毫秒到數秒，這也是 VMware 硬體相容性指南中，為何會刪除 **Class A** 的主要原因。雖然，從價格的角度來看，採用「消費者等級 SSD 固態硬碟」在預算方面相當具有吸引力，然而，當耐用度不佳的消費者等級 SSD 固態硬碟「發生故障損壞事件」進而影響磁碟群組的運作時，將會嚴重影響整個資料中心的維運成本。因此，在 VMware 硬體相容性指南中，第二個重要的數據，便是快閃記憶體的「耐用性」等級：

- **Class A**：>= 365 TBW
- **Class B**：>= 1825 TBW

- **Class C**：>= 3650 TBW

- **Class D**：>= 7300 TBW

簡單來說，儲存裝置的耐用性等級越高，表示可靠性越好、使用壽命更長。可能有些管理人員不熟悉這個儲存裝置，常用的表示單位「**TBW**」是 Terabytes Written 的縮寫，即儲存裝置的資料寫入總量。

了解各種 SSD、PCIe 和 NVMe 快閃記憶體儲存裝置之後，我們得到了一個結論：『我們**幾乎不可能**建議企業或組織應該採用**哪一種**通用型的儲存裝置。』因為「專案預算的多寡」、「硬體伺服器供應商是否支援」、更重要的是在 vSAN 叢集中運作的 VM 虛擬主機內部的「應用程式」，甚至是「服務對於儲存資源效能的要求」等種種原因，都是左右這項關鍵決策的重要考量。

有關 NVMe 的一些說明

一般來說，NVMe 儲存裝置用於 vSAN 快取層時，在儲存效能的表現非常優異。即便從 vSAN 容量層的角度來看，NVMe 儲存裝置也完全支援容量層級使用。目前，VMware 正努力針對 NVMe 儲存裝置進行特定增強功能的「最佳化」，以便讓 NVMe 儲存裝置能夠更適合用於「vSAN 容量層」。因此，在撰寫本書時，若是企業將 NVMe 儲存裝置用於 vSAN 容量層，那麼可能無法獲得「儲存資源效能大幅提昇」的效果，但是在未來的 vSAN 版本之中，將 NVMe 儲存裝置用於 vSAN 容量層時，便能達到儲存資源效能大幅提昇的期望。

網路環境需求

本節將針對「vSAN 部署條件」以及「網路方面的環境需求」進行探討。vSAN 為分散式儲存解決方案，所以非常依賴 vSAN 叢集中每一台 vSAN 節點主機之間的「網路通訊」。因此，針對 vSAN 節點主機建立一致、專屬又可靠的 vSAN 網路環境，將是非常重要的一環。

網路介面卡

在 vSAN 叢集架構中，採用 **Hybrid 模式**時，在每一台 vSAN 節點主機中，至少應配置一張 **1 GbE 網路**卡給予 vSAN 網路專屬使用。如果採用 **All-Flash 模式**，至少需要一

張 **10 GbE 網路**卡給予 vSAN 網路專屬使用。然而,當企業或組織在建立 vSAN 正式營運環境時,建議至少配置一張 **10 GbE 網路**卡給予 vSAN 網路專屬使用。此外,建議為 vSAN 節點主機配置多張網路卡,並且建立「NIC 整併」(NIC Teaming),以便達到 vSAN 網路容錯備援的目的。

事實上,市場上已經陸續出現速度更快的網路卡。在 vSAN 運作環境之中,也已經完全支援新式的 25 GbE 和 40 GbE 網路卡,能夠為 vSAN 網路帶來更佳的網路頻寬,以及更低的網路延遲時間。

值得注意的是,當企業或組織採用新式的網路卡時,請再次確認網路卡的驅動程式和韌體版本。由於,在 vSAN 叢集環境中,負責 vSAN 網路的「網路卡穩定性」非常重要,因此建議管理人員在配置之前,務必至 VMware 硬體相容性指南中(http://vmwa. re/28h),確認使用的網路卡是否支援,並確保韌體版本和驅動程式皆正確無誤。

支援的虛擬交換器類型

在 vSAN 叢集環境中所支援的 VMware vSphere 虛擬交換器種類,分別是「**標準型交換器**」(vNetwork Standard Switch,**vSS**)和「**分散式交換器**」(vNetwork Distributed Switch,**vDS**)。有關 vDS 分散式交換器的優點,我們將會在「第 3 章,vSAN 安裝和組態設定」中說明,並討論採用 vDS 分散式交換器的優點。

與 NSX-T 協同運作

NSX 是 VMware 的網路虛擬化平台。在撰寫本書時,VMware 仍在 NSX-T 網路虛擬化環境中測試 vSAN。從目前的測試結果來看,只有當 NSX-T 網路虛擬化平台使用「VLAN 流量類型」時才能順利支援 vSAN。若是 NSX-T 採用「**覆蓋**」(Overlay)流量類型時,並無法支援 vSAN 的運作。此外,在 NSX-T 網路虛擬化平台之中,採用 vSAN 時也存在著「健康檢查機制」的運作問題。因此,當企業及組織希望整合 NSX-T 與 vSAN 的運作環境時,請務必事先諮詢 VMware 相關人員。

Layer 2 或 Layer 3

在 vSAN 6.6 版本之前,vSAN 網路流量是採用「多點傳送」(Multicast)類型。這表示在使用 vSAN 6.6 或之前的版本時,企業及組織的網路環境(無論是 Layer 2 或 Layer 3)

都必須支援「多點傳送類型」才行；而企業及組織的網路環境也必須支援「**網際網路群組管理通訊協定**」（Internet Group Management Protocol，**IGMP**）和「**獨立多點傳送協定**」（Protocol-Independent Multicast，**PIM**）。然而，我們與眾多客戶在多次的討論中得到的結論是，企業及組織的網路環境通常「不允許」多點傳送網路流量，所以，當管理人員在建構 vSAN 叢集之前，必須與網路團隊進行長時間的「溝通」和「討論」。這也是為什麼從 vSAN 6.6 版本開始，我們將 vSAN 網路多點傳送機制「移除」的原因。

VMkernel 網路

在 vSAN 叢集的架構中，每台 vSAN 節點主機都必須建立專用的 VMkernel 網路。這個 vSAN 專用的 VMkernel 網路，除了用於 vSAN 叢集的通訊之外，也同時負責在每台 vSAN 節點主機之間進行「資料 I/O 的交換作業」。如**圖 2-4** 所示，**vmk2** 是 vSAN 節點主機配置的 VMkernel 網路，負責 vSAN 叢集中的 vSAN 網路流量傳輸，此外，在第一台 vSAN 節點主機上運作的 VM 虛擬主機，將會透過 vSAN 網路完成「所有資料的讀取和寫入作業」，原因是 VM 虛擬主機「所有的物件和元件」都在其它台 vSAN 節點主機之中。

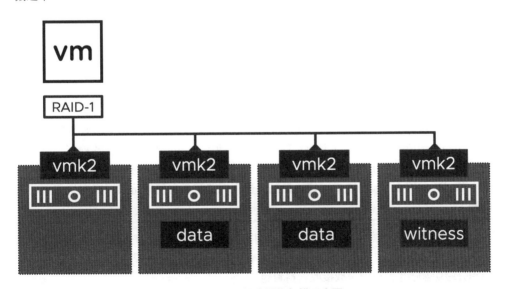

圖 2-4：vSAN 網路運作架構示意圖

vSAN 網路流量

在 vSAN 叢集中，VMware 在 vSAN 節點主機之間所使用的專屬通訊協定為「**可靠資料傳輸**」（Reliable Datagram Transport，**RDT**）。但是 VMware 尚未公布這項通訊協定的規範。這與 vSphere vMotion、FT（Fault Tolerance）以及 vSphere Replication 等 VMware 的其它特色功能相同。目前，在 vSAN 網路環境中，有三種不同的網路流量類型，且需要與實體網路環境進行搭配：

- **多點傳送心跳偵測（Multicast heartbeats）**：在 vSAN 6.6 版本之前，這被 vSAN 叢集用於偵測每台 vSAN 節點主機的運作狀態，而與另外兩項網路流量類型相比，所耗用的網路資源較少。但是，在 vSAN 6.6 版本之後，已經棄用「多點傳送」網路類型了。

- **叢集監控、成員資格、目錄服務（CMMDS）**：vSAN 叢集服務 CMMDS 是「Cluster Monitoring, Membership, and Directory Service」的縮寫，此網路流量類型負責統計和更新 vSAN 叢集的「中繼資料」（Metadata）和「物件」（Object）。在 vSAN 整體網路流量中，只佔用非常小的部分。在 vSAN 6.6 版本之後，僅使用「單點傳送」（Unicast）網路類型。

- **儲存流量（讀取／寫入）**：在 vSAN 叢集環境中，佔用絕大部分的網路流量，並且在 vSAN 節點主機之間，將會透過「單點傳送網路類型」進行通訊和傳輸儲存流量等工作。

Jumbo Frames

vSAN 叢集環境完全支援 Jumbo Frames 網路傳輸機制。但是無論從 vSAN 組態設定，或者從網路環境的角度來看，其實很難決定是否啟用 Jumbo Frames 傳輸機制。原因在於，網路環境欲啟用 Jumbo Frames 傳輸機制時，管理人員必須確保「所有端對端的設備」都已經啟用 Jumbo Frames 傳輸機制，否則網路流量在傳輸時很可能發生非預期的問題。

在 vSAN 網路環境中啟用 Jumbo Frames 網路傳輸機制，最主要的優點在於，網路封包能夠以「較少的數量」進行傳輸（當封包大小為 8KB 或更小時，即可一次傳送完畢），無須分段切割後才進行傳送或接收資料封包。

在某些情況下，啟用 Jumbo Frames 網路傳輸機制後，確實能提升大約 15 % 的網路傳輸效率，並減少 CPU 處理器的工作負載；但是在某些情況下，則沒有任何提升效果（例如，IOPS 或 Throughput）。

因此，是否要在 vSAN 網路環境中啟用 Jumbo Frames 網路傳輸機制，就讓資料中心所有管理人員共同討論之後，再一起決定吧。

NIC 整併

管理人員可以為 vSAN 節點主機配置多張且多個連接埠的網路卡，並且整合 NIC 整併機制，即可為 vSAN 網路流量提供最佳化傳輸機制。值得注意的是，NIC 整併所採用的「負載平衡演算法」，針對的是網路流量的「高可用性」，而不是「提升效能」。簡單來說，採用 NIC 整併唯一的缺點，就是增加 vSAN 網路環境組態設定的「複雜度」，詳細資訊將在「第 3 章」中說明。

NIC 整併：效能 vs. 可用性

如前所述，採用 NIC 整併機制，通常是為了提供網路流量的「高可用性」而非提升效能。這是因為 NIC 整併所採用的「負載平衡演算法」大部分「無法同時使用」多張實體網路卡的網路頻寬。在我們的測試環境中，當網路環境整合「**連結彙總控制通訊協定**」（Link Aggregation Control Protocol，**LACP**）和「**連結彙總群組**」（Link Aggregation Groups，**LAG**）並搭配「多張實體網路卡」和「不同 IP 位址」時，將能有效為 vSAN 節點主機提供「跨多個 vSAN 網路流量的目標」。因此，當「效能」是管理人員的主要目標時，那麼採用「LACP 網路傳輸機制」為最佳選擇，但缺點是必須搭配「實體網路交換器」進行組態設定，增加資料中心在維運管理上的複雜度。若管理人員的主要目標是「可用性」，那麼採用其它 NIC 整併負載平衡演算法即可。

NIOC 網路流量管控機制

雖然我們建議在 vSAN 網路的環境中採用 10 GbE 網路卡，但是並沒有「強制」所有的網路頻寬只能給 vSAN 網路獨享。管理人員可以透過 VMware 的「**網路流量控制**」（Network I/O Control，**NIOC**）管理機制，將網路頻寬分配給其它類型使用（例如，vSphere vMotion），同時定義保留網路頻寬給 vSAN 網路流量，以避免網路環境發生流量壅塞時，影響 vSAN 的運作。值得注意的是，VMware NIOC 網路流量管控機制「並不支援」vSS 標準型虛擬交換器，僅「支援」vDS 分散式虛擬交換器而已。幸好在所有 vSAN 軟體授權版本之中，都已經包含了「vDS 分散式虛擬交換器軟體授權」。

在「第 3 章」，我們將會深入剖析「NIOC 網路流量管控機制」的相關細節。

防火牆連接埠號

當 ESXi 主機加入 vSphere 叢集和啟用 vSAN 特色功能之後，ESXi 主機將會成為 vSAN 節點主機，並「自動開啟」許多通訊協定和防火牆連接埠號。這些通訊協定用於 vSAN 叢集以及 vSAN 節點主機之間溝通和通訊。如**表格 2-1** 所示，這些是 vSAN 節點 主機使用的「通訊協定」以及「防火牆連接埠號」，其中 vSAN 叢集的「Port 2233 的 RDT 通訊協定」，將佔用絕大多數的 vSAN 網路流量（98% 或更多）。

服務名稱（NAME）	連接埠號（PORT）	通訊協定（PROTOCOL）
CMMDS	12345, 23451, 12321	UDP
RDT	2233	TCP
VSANVP	8080	TCP
Health	443	TCP
Witness Host	2233	TCP
Witness Host	12321	UDP
KMS Server	Vendor specific	Vendor specific

表格 2-1：vSAN 節點主機使用的通訊協定和防火牆連接埠號

vSAN 延伸叢集

「**vSAN 延伸叢集**」（vSAN Stretched Cluster）允許管理人員能夠「跨不同的資料中心 站台」進行部署 VM 虛擬主機的工作。當資料中心或資料中心站台發生「災難事件」導 致故障時，便可以透過 vSphere HA 高可用性機制，在正常運作的資料中心站台之中， 「重新啟動」故障站台的 VM 虛擬主機。值得注意的是，建構 vSAN 延伸叢集時，需要 考慮許多環境因素，例如：站台和見證節點之間的「網路頻寬」和「延遲時間」。有關 vSAN 延伸叢集的詳細資訊，我們會在「第 7 章，延伸叢集使用案例」中說明。以下是 部署「vSAN 延伸叢集」的基本條件：

- 資料中心站台之間，最大 RTT 網路延遲時間為 5 毫秒（ms）。（**必要**）
- 資料中心站台和見證節點之間，最大 RTT 網路延遲時間為 200 毫秒（ms）。 （**必要**）
- 資料中心站台之間，必須採用 10 Gbps 網路頻寬環境。
- 資料中心站台和見證節點之間，必須採用至少 100 Mbps 的網路頻寬環境。

vSAN 雙節點 ROBO 遠端小型辦公室及分公司

vSAN 雙節點的網路環境要求，大致上與 vSAN 延伸叢集差不多，但是也有「網路頻寬」和「延遲時間」的環境要求。以下是部署「vSAN 雙節點」的基本條件：

- vSAN 雙節點和見證節點之間，最大 RTT 網路延遲時間為 500 毫秒（ms）。（**必要**）

- vSAN 雙節點和見證節點之間，必須採用至少 1 Mbps 的網路頻寬環境。

在 vSAN 6.5 版本之前，vSAN 雙節點運作架構必須透過「實體網路交換器」才能讓 vSAN 節點主機相互通訊。從 vSAN 6.5 版本開始，vSAN 開始支援在 vSAN 雙節點運作架構之中透過「背對背」（Back-to-Back）直接連線的方式來通訊。

vSAN 環境需求

在啟用 vSAN 叢集功能之前，強烈建議管理人員再次確認「是否已經滿足所有 vSAN 部署條件和環境需求」。以下是給管理人員參考的「相關確認項目」，其中還包括了資料中心基礎架構方面的建議：

- 在資料中心內部署 vSAN 叢集，請至少配置三台 vSAN 節點主機。在 ROBO 遠端小型辦公室及分公司環境，請記得配置見證主機。

- 至少採用 VMware vCenter Server 6.0 或最新版本；且 vCenter Server 的運作版本必須「等於或高於」管控的 ESXi 版本。請記得，vCenter Server 管理平台包含了大量的 vSAN 管理和監控功能。

- 無論採用 Hybrid 模式或 All-Flash 模式，每台 vSAN 節點主機至少需要配置一個「容量層」儲存裝置。

- 無論採用 Hybrid 模式或 All-Flash 模式，每台 vSAN 節點主機至少需要配置一個「快取層」儲存裝置。

- 安裝 ESXi 的儲存裝置，必須確保有足夠儲存空間存放「核心傾印資料」；詳細資訊請參考 **VMware KB2147881** 文章內容。

- 每台 vSAN 節點主機至少應配置一個儲存控制器，並支援 Pass-Through 模式或 JBOD 模式。

- 每台 vSAN 節點主機應配置「專屬的 1 GbE 或 10 GbE 實體網路卡」，並建立「vSAN VMkernel 網路連接埠」。採用 10 GbE 的實體網路卡時，可以搭配

NIOC 網路流量管理機制，將部分網路頻寬「共享」給其它網路類型，例如：vSphere vMotion。管理人員也可以考慮配置「更大網路頻寬」的網路卡，以便有效降低 vSAN 網路的延遲時間。

- 請參考 **VMware KB2113954** 文章內容，為每台 vSAN 節點主機配置「正確的實體記憶體空間」。

- 在 vSAN 6.6 版本之前，由於 vSAN 網路採用**「多點傳送」**（Multicast）網路類型，所以網路環境中必須支援 **IGMP** 或 **PIM** 才行。從 vSAN 6.6 版本開始，已經改為採用**「單點傳送」**（Unicast）網路類型，所以無須為 vSAN 網路環境進行特殊組態設定。

小結

雖然建構 vSAN 叢集環境非常容易，管理人員只要輕鬆透過滑鼠點選，即可建構完成。但最重要的是，應該在建置 vSAN 叢集之前，確認所有的 vSAN 部署條件和環境需求，才能保證屆時建置出來的 vSAN 叢集環境能夠提供「穩定且高效能的儲存資源」，以及「良好的使用者操作體驗」。在進入「第 3 章」之前，管理人員應該已經了解關於 vSAN 叢集的建置需求了。

此外，雖然某些建議並非建置 vSAN 叢集的必要條件，但是在正式營運環境中，建議管理人員應該把這些重要因素考慮進去，例如：為 vSAN 網路建置容錯機制、啟用 Jumbo Frames 傳輸機制、啟用 NIOC 網路流量管控機制…等等。

3

vSAN 安裝和組態設定

本章我們將詳細說明「vSAN 安裝和組態設定的流程」、「建置 vSAN 叢集之前需要考量的項目」，以及「安裝的前置準備作業」，當然也包括了「網路和儲存資源組態設定資訊」，最後還會介紹「如何部署 vSAN 叢集的最佳化技巧」。

vSAN 6.7 Update 1

在 vSAN 6.7 Update 1 版本之前，管理人員必須在建構 vSAN 叢集前「**手動**」進行多項操作步驟才行。首先，必須確保 vCenter Server 管理平台建置完成，並且將多台 ESXi 虛擬化平台納入管理，然後將納入管理的 ESXi 主機進行組態設定，例如：建立 vSAN VMkernel 連接埠、建立 vMotion VMkernel 連接埠、vSS 或 vDS 虛擬交換器、連接埠群組等等（除非已經完成「自動化安裝」和「組態設定」，否則這些都需要管理人員「手動操作」）。最後，管理人員才能建立 vSAN 叢集，並將 vSAN 節點主機加入至 vSAN 叢集之中。

雖然整個手動組態設定的流程並不是很複雜，但是管理人員必須在管理介面中，不斷進行切換和執行不同的操作步驟，例如：在「傳統的 vSphere Web Client 管理介面」和在「新式的 vSphere HTML5 Client 管理介面」之間進行切換。因此，VMware 推出全新自動化組態設定工具，稱之為「**叢集快速入門工作流程**」（**Cluster Quickstart Workflow**）。有了這個自動化組態設定工具，管理人員可以透過與精靈互動式對話，輕鬆完成 vSAN 叢集的組態設定和建置流程。

vSAN 叢集快速入門工作流程

當管理人員順利部署了 vCenter Server 管理平台之後，接著便是建立 vSAN 叢集。在建立 vSAN 叢集時，可以選擇同時啟用 vSphere DRS、vSphere HA 和 vSAN 叢集功能。管理人員建立 vSAN 叢集的時候，選擇啟用 vSAN 叢集功能，系統將會自動引導至 vSAN「叢集快速入門工作流程」。

讓我們更深入地了解這個工作流程吧。首先，在 vSphere HTML5 Client 管理介面中，點選「**Datacenter**」項目之後，按下滑鼠右鍵，然後選擇「**New Cluster**」項目，接著在彈出視窗中鍵入叢集名稱「**vSAN Deep Dive**」，並選擇要啟用的叢集功能項目。如**圖 3-1** 所示，便是建立 vSAN 叢集，同時啟用 vSphere DRS、vSphere HA 和 vSAN 叢集功能。

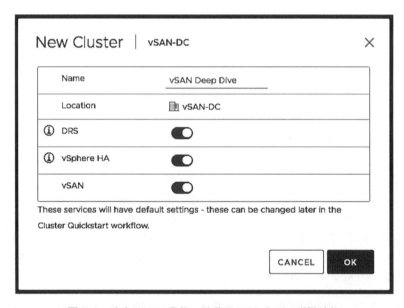

圖 3-1：建立 vSAN 叢集，並啟用 DRS 和 HA 進階功能

點選「**OK**」鈕之後，將會自動進入 vSAN「叢集快速入門工作流程」頁面（如**圖 3-2** 所示），然後點選「**Add hosts**」區塊中的「**ADD**」鈕，將 ESXi 主機加入新建立的 vSAN 叢集之內。

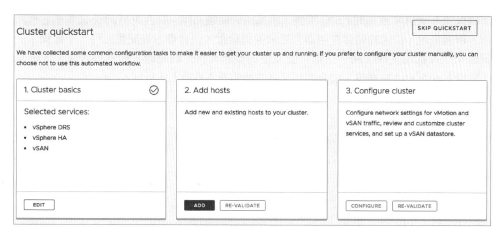

圖 3-2：vSAN「叢集快速入門工作流程」管理介面

如**圖 3-3** 所示，在本書的實作環境中，可以看到 vCenter Server 管理平台已經納管了 9 台 ESXi 主機。因此，只要點選「**Existing hosts**」頁籤項目之後，即可看到已經納管的 9 台 ESXi 主機；勾選「**全選項目**」即可一次選擇 9 台 ESXi 主機。由於這 9 台 ESXi 主機皆已經被 vCenter Server 納入管理，所以可以看到 ESXi 主機的相關資訊。

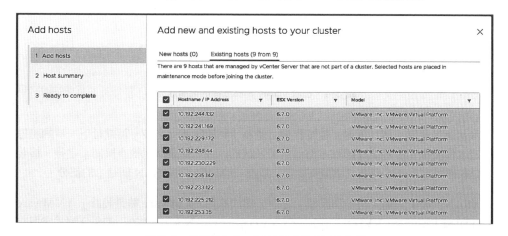

圖 3-3：選擇欲加入 vSAN 叢集的 ESXi 主機

點選「**FINISH**」鈕，確認勾選的 ESXi 主機加入至 vSAN 叢集之後，勾選的 ESXi 主機將會自動進入「**維護模式**」（Maintenance Mode）。這是系統為了「防止」任何應用程式或服務使用「尚未完成組態設定的 vSAN 節點主機」的防護機制。接著，系統將會針對這些「欲加入 vSAN 叢集的 ESXi 主機」進行運作狀態的「健康情況檢查」。這是為

了確保加入 vSAN 叢集的 ESXi 主機「所採用的硬體元件」符合 VMware 硬體相容性指南。舉例來說，採用的儲存控制器若是未通過驗證，便會顯示該硬體元件「不健康」，確保 vSAN 節點主機使用「正確且受支援的硬體元件、驅動程式與韌體版本」，好讓「建構完成的 vSAN 叢集」能夠順利又高效能的運作各項工作負載。

圖 3-4：檢查 vSAN 節點主機的健康狀態

確保 vSAN 節點主機「通過了檢查作業」並為「健康狀態」之後，再進行下一步的組態設定工作流程。當 vSAN 節點主機通過了系統的「多項健康狀態檢查機制」之後，接著便是組態設定「vDS 分散式虛擬交換器」以及「vMotion 和 vSAN 網路」的部分。

在 vSAN「叢集快速入門工作流程」之中，預設採用「**VMware 驗證設計**」（VMware Validated Designs，**VVD**）工作流程。VVD 能為 vSAN 叢集建立「vDS 分散式虛擬交換器」以及相關的「連接埠群組」（Port Group）。

如**圖 3-5** 所示，將兩張實體網路卡（**vmnic0** 和 **vmnic1**）加到「vDS 分散式虛擬交換器」之中。

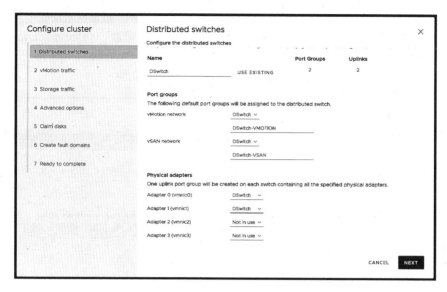

圖 3-5：組態設定 vDS 分散式虛擬交換器

在建立「vDS 分散式虛擬交換器」之後，接著組態設定 vSphere vMotion 以及 vSAN 流量的「VMkernel 連接埠」。在工作流程中可以指定採用 DHCP 動態 IP 位址，或者是固定 IP 位址。請注意，在此工作流程之中，管理人員可以為 vSAN 叢集中「所有的 vSAN 節點主機」組態設定 vMotion 和 vSAN 流量的 IP 位址。

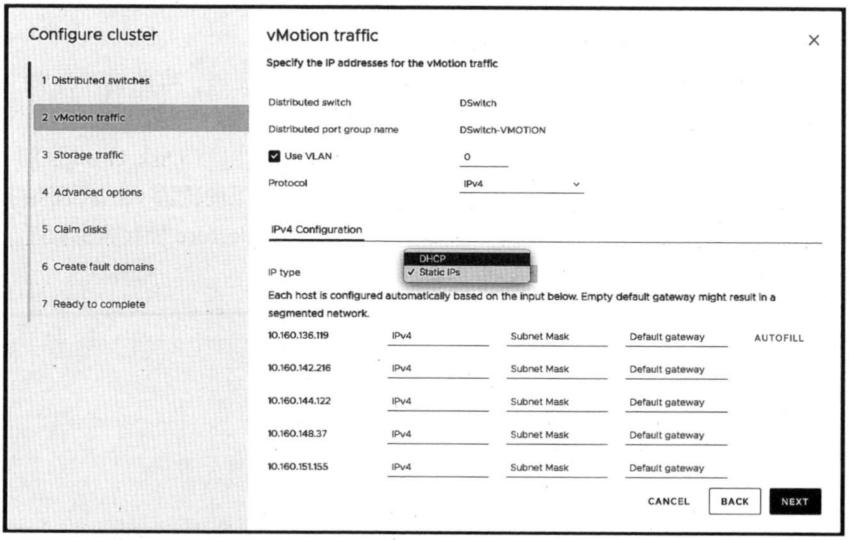

圖 3-6：組態設定 vMotion 和 vSAN 流量的 VMkernel 連接埠

接著，為 vSAN 叢集組態設定 vSphere HA 以及 vSphere DRS 叢集進階功能，同時也可以為 vSAN 叢集啟用特色功能，例如：「重複資料刪除和壓縮」（Deduplication and Compression）、「加密」（Encryption）、「延伸叢集」（Stretched Clusters）等等。我們將會在後續章節中，陸續討論這些 vSAN 叢集進階特色功能。

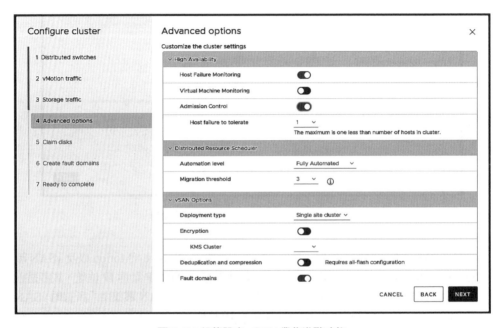

圖 3-7：組態設定 vSAN 叢集進階功能

這個組態設定的步驟，將會「宣告」vSAN 節點主機內，要將「哪些儲存裝置」加入 vSAN 叢集之中，以便匯整為「vSAN Datastore 儲存資源集區」。請注意，vSAN 叢集將會根據「儲存裝置類型」進行分類，然後建立「磁碟群組」（Disk Groups）。如圖 3-8 所示，管理人員可以採用「儲存裝置類型」進行排序，以便確認 vSAN 節點主機中有哪些儲存裝置，好加入 vSAN 叢集，並匯整為「vSAN Datastore 儲存資源集區」。

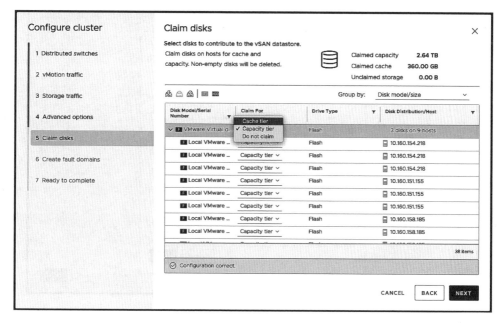

圖 3-8：宣告 vSAN 節點主機中的儲存裝置

順利宣告 vSAN 節點主機的儲存裝置之後，vSAN「叢集快速入門工作流程」將會依照剛才管理人員所勾選的「進階功能選項」，進行組態設定「容錯網域」（Fault Domain）以及「延伸叢集」（Stretched Cluster）。在延伸叢集的部分，則會另外顯示兩個組態設定的步驟，分別是「選擇見證主機」和「見證主機磁碟」。這部分的詳細資訊我們將會在後續章節中說明。如**圖 3-9** 所示，在「容錯網域」組態設定的頁面中，vSAN 節點主機將會分別部署在三個機櫃內，所以每個容錯網域會配置三台 vSAN 節點主機。

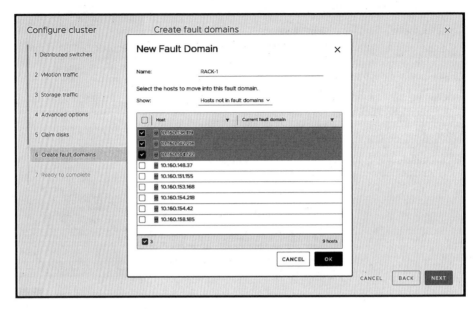

圖 3-9：建立容錯網域

有關「容錯網域」的運作原理和詳細資訊，我們將會在「第 4 章，深入了解 vSAN 運作架構」說明。現在，只需要先了解 vSAN「叢集快速入門工作流程」即可。

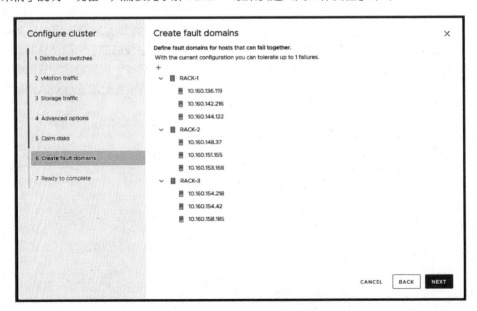

圖 3-10：容錯網域組態設定

現在已經完成整個 vSAN「叢集快速入門工作流程」。再次檢查相關的組態設定內容，若有任何組態設定錯誤的部分，請退回至先前的組態設定頁面，再做修改即可。

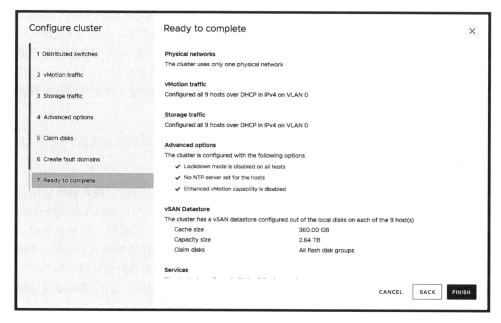

圖 3-11：再次檢視組態設定內容

再次確認組態設定內容無誤後，按下「**FINISH**」鈕，系統便立即執行「建立 vSAN 叢集」以及「相關組態設定」的工作。整個建立 vSAN 叢集的作業約需花費數分鐘，因為這取決於管理人員「進行了哪些組態設定」，以及「啟用了哪些 vSAN 叢集進階特色功能」。例如，啟用 vSAN 加密機制時，系統需要針對磁碟群組採用新的磁碟格式，這個動作將會花費許多時間。簡言之，和舊 vSAN 版本相比，採用最新的 vSAN 6.7 Update 1 版本建置 vSAN 叢集，管理人員可以透過 vSAN「叢集快速入門工作流程」快速建置和組態設定 vSAN 叢集。

當 vSAN「叢集快速入門工作流程」完成之後，所有 vSAN 節點主機將會自動退出維護模式，並準備運作各項應用程式或服務等工作負載。當然，在運作任何工作負載之前，仍需要考量其它項目。

網路環境

在 vSAN 叢集的環境中,「vSAN 網路」是整個運作架構的核心。因為 vSAN 叢集中的 vSAN 節點主機就是透過「網路」進行溝通並運作 VM 虛擬主機。因此,「正確且一致的網路組態設定」是成功部署 vSAN 叢集的重要關鍵。由於 vSAN 節點主機需要透過「網路」運作各式各樣的工作負載和服務,所以 VMware 建議至少採用「10 GbE 的網路環境」。請注意,雖然 Hybrid 模式支援 1 GbE 頻寬的網路環境,但是當運作規模擴大時,便會造成傳輸瓶頸。

前一章我們已經學到 VMware vSphere 提供兩種不同類型的虛擬網路交換器,且 vSAN 網路完全支援這兩種不同類型的虛擬網路交換器。

預設情況下,我們建議採用「vDS 分散式虛擬網路交換器」;若是管理人員希望採用較為簡單的「vSS 標準式虛擬網路交換器」,也請不用擔心,因為 vSAN 叢集亦同樣支援。請注意,在預設情況下,採用 vSAN「叢集快速入門工作流程」將會直接建立「vDS 分散式虛擬網路交換器」,同時啟用「NIOC 網路流量管控機制」,以便在後續發生「網路資源搶奪情況」時,能夠透過「NIOC 機制」進行網路流量管控。在我們深入討論「NIOC 機制」之前,讓我們先了解 vSAN 網路的一些基礎,以及整個虛擬網路架構的設計考量。

vSAN 專用的 VMkernel 網路

在 vSAN 叢集中,所有的 vSAN 節點主機都必須事先建立 vSAN 專用的 VMkernel 網路(如**圖 3-12** 所示)。無論是管理人員手動建立,或是透過 vSAN「叢集快速入門工作流程」,都必須確保每一台 vSAN 節點主機能夠透過「vSAN 專用的 VMkernel 網路」互相溝通,那麼 vSAN 叢集才能順利啟用和運作。

圖 3-12：每台 vSAN 節點主機，都必須事先建立 VMkernel 網路

vSAN 叢集中的「vSAN 節點主機」如果沒有建立正確的 vSAN VMkernel 網路，那麼該台 vSAN 節點主機屆時將「無法順利」加入 vSAN 叢集。若是整個 vSAN 叢集中的「vSAN 節點主機」無法透過 vSAN VMkernel 網路互相溝通，那麼整個 vSAN 叢集中就「只會有一台 vSAN 節點主機」，而整個 vSAN Datastore 儲存資源也「僅由一台 vSAN 節點主機提供」，同時系統將會顯示警告訊息。如果管理人員在建立 vSAN VMkernel 網路之前「嘗試手動建立 vSAN 叢集」，那麼系統將會顯示 vSAN 節點主機之間「無法透過 vSAN VMkernel 網路互相通訊」；在建立正確的 vSAN VMkernel 網路之後，警告訊息便會消失。

vSS：vSAN 網路組態設定

使用「**標準型交換器**」（vNetwork Standard Switch，**vSS**）來為 vSAN 網路流量建立「連接埠群組」（Port Group）是非常容易的一件事。管理人員安裝 ESXi 虛擬化平台之後，便已經自動建立好「vSS 標準型交換器」，包括 Management 和 VM Network 這兩個連接埠群組。管理人員可以使用「原有的 vSS 標準型交換器」，來為 vSAN 網路流量建立「連接埠群組」，或者額外建立「新的 vSS 標準型交換器」。請注意，當 vSAN 叢集新增 vSAN 節點主機時，必須確保「新加入的 vSAN 節點主機」的「vSS 標準型交換器的組態設定」與其它 vSAN 節點主機一致；所以，使用「vSS 標準型交換器」時，將會造成資料中心維運成本提高，這也是建議採用「vDS 分散式交換器」的原因之一。

vDS：vSAN 網路組態設定

使用「**分散式交換器**」（vNetwork Distributed Switch，**vDS**）時，必須為 vSAN 網路建立「分散式連接埠群組」（Distributed Port Group），然後為每台 vSAN 節點主機建立「專用的 vSAN VMkernel 網路」，並對應至 vSAN 網路用途的「分散式連接埠群組」。

雖然，VMware 官方文件並沒有明確說明採用哪一個 vDS 分散式交換器版本，但是我們建議管理人員應該採用「最新的」vSAN 版本以及 vDS 分散式交換器版本。請注意，選擇 vDS 分散式交換器版本時，連接至此 vDS 分散式交換器的「vSAN 節點主機」，其所採用的「ESXi 版本」必須一致。如果使用「舊版」的 ESXi 虛擬化平台版本，將無法連接至「新版」的 vDS 分散式交換器。

在建立 vDS 分散式交換器時，系統將會請管理人員選擇「啟用」或者「停用」NIOC 網路流量管理機制。我們建議管理人員保留預設值（即啟用 NIOC 機制）。稍後我們將會討論，為何「NIOC 網路流量管理機制」在整個 vSAN 叢集環境之中如此重要。

組態設定連接埠群組和連接埠數量

在建立 vDS 分散式連接埠群組時，需要考慮的重要因素便是連接埠數量。預設情況下，vDS 分散式連接埠群組的連接埠數量為「**8**」，連接埠組態設定值為「**彈性**」（Elastic）。這表示系統會建立一組「全新的 vDS 分散式連接埠群組」，而這個 vDS 分散式連接埠群組內有「8 個連接埠」。當連接的設備數量超過 8 個時，系統將會「自動」彈性增加連接埠數量。事實上，管理人員可以考慮將連接埠組態設定為「**固定**」（Static），並評估 vSAN 叢集的 vSAN 節點主機數量，決定連接埠的固定數量為何。採用「固定連接埠組態設定值」的好處是，vDS 分散式交換器不會因為「刪除」或者「彈性增加」連接埠數量而產生額外的資源開銷。

此外，在建立 vDS 分散式虛擬交換器時，仍有其它進階選項可以進行組態設定。例如：「**連接埠繫結**」（Port Binding）。這些進階選項，在 VMware 官方文件中都有詳細資訊；然而這些組態設定內容，已經超出本書重點討論的範圍，所以不熟悉這些虛擬網路組態設定的管理人員，可以在 VMware 官方文件之中，找到相關的詳細資訊。簡單來說，管理人員可以建立 vDS 分散式交換器，並採用預設值，即可部署 vSAN 叢集。

TCP/IP 堆疊

我們還想討論的另一個重點是「TCP/IP 堆疊」（TCP/IP Stack）。許多管理人員經常會問：『vSAN 是否能夠自行定義 TCP/IP 堆疊？』或是『vSAN 是否擁有自己的 TCP/IP 堆疊？』這些問題的答案都是**否定**的。在撰寫本書時，vSAN 仍僅支援「預設」的 TCP/IP 堆疊；至於「部署用途」的 TCP/IP 堆疊，只能用於部署流量，而「vMotion 用途」的 TCP/IP 堆疊，只能用於遷移流量。因此，管理人員可以在 VMware 官方文件中，找到如何組態設定「不同的網路堆疊方式」，但這些組態設定內容，也已經超出本書所要討論的範圍。簡單來說，管理人員無法為 vSAN 流量「指定」或「自訂」所要採用的 TCP/IP 堆疊。

在標準的 vSAN 叢集中，無須自訂任何 vSAN 用途的 TCP/IP 堆疊。但是，當企業與組織在部署 vSAN 延伸叢集時，便需要為「vSAN 叢集」和「vSAN 節點主機」進行額外的組態設定才行，例如：為 vSAN 網路配置 Layer 3（路由環境），或在建立 vSAN VMkernel 網路時，採用「覆蓋預設網路閘道的方式」，或者是透過 CLI 指令組態設定靜態路由。有關 vSAN 延伸叢集網路組態設定的部分，我們會在「第 7 章」說明。

IPv4 和 IPv6

當管理人員手動設定 vSAN 堆疊網路時，需要決定採用 **IPv4** 或 **IPv6** 網路環境，以及決定採用「DHCP 動態 IP 位址」，或者是「靜態的固定 IP 位址」。在 vSAN 網路架構之中，VMware 支援 IPv4 和 IPv6 網路環境，而在選擇動態 IP 位址和固定 IP 位址時，我們建議管理人員選用「固定 IP 位址」。這是因為如果採用 DHCP 動態 IP 位址的話，網路管理人員必須「保留」某一段 IP 位址，以便提供給 vSAN 節點主機使用，如此一來，就會增加後續故障排除作業的困難度。

網路健康情況

如果 vSAN 節點主機中「vSAN VMkernel 組態設定」不正確，管理人員可以在管理介面中，依序點選「**vSAN Cluster > vSAN > Health**」項目，即可看到 vSAN 叢集的健康情況。在健康狀態的頁面中，管理人員可以展開「**Network**」項目，查看哪些健康偵測項目發生警告或錯誤。如**圖 3-13** 所示，在 vSAN 叢集中，一共有 9 台 vSAN 節點主機，但卻發生了「**叢集分區**」（Cluster Partition）的錯誤情況：其中有 8 台 vSAN 節點主機位於「**分區 1**」（Partition 1），最後一台 vSAN 節點主機則位於「**分區 2**」（Partition 2）。

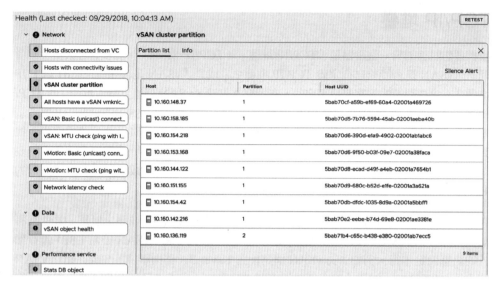

圖 3-13：查詢 vSAN 叢集健康情況

發生這種情況時，管理人員可以接著檢視「實體磁碟」頁面，將會發現系統警告訊息，說明 vSAN 叢集發生連接問題。因為 vSAN 節點主機之間「無法順利透過 vSAN 網路互相溝通」，導致 vSAN 叢集「儲存資源集區」無法提供「最大化」儲存空間。

⚠ There are connectivity issues in this cluster. One or more hosts are unable to communicate with the vSAN datastore. Data below does not reflect the real state of the system.   Reload

Name	⊤	Disk Group	Drive Type	Capacity	Used Capacity	Reserved Capacity	Fault Domain	State	vSAN Health Status	Ac
∨ 🖥 10.160.154.218				300.00 GB	3.61 GB	408.00 MB	RACK-3			
🔲 Local VMware Disk (mpx.v...	🖴 Disk group (0000000000766d...	Flash	40.00 GB	--	0.00 B		Mounted	Healthy	vr
🔲 Local VMware Disk (mpx.v...	🖴 Disk group (0000000000766d...	Flash	100.00 GB	1.20 GB	136.00 MB		Mounted	Healthy	vr
🔲 Local VMware Disk (mpx.v...	🖴 Disk group (0000000000766d...	Flash	100.00 GB	1.20 GB	136.00 MB		Mounted	Healthy	vr
🔲 Local VMware Disk (mpx.v...	🖴 Disk group (0000000000766d...	Flash	100.00 GB	1.20 GB	136.00 MB		Mounted	Healthy	vr
∨ 🖥 10.160.151.155				300.00 GB	3.61 GB	408.00 MB	RACK-2			

圖 3-14：vSAN 網路發生問題時，檢視「實體磁碟」（Physical Disks）查看警告資訊

NIOC 使用案例

如同本章一開始所提到的，管理人員可以採用「**網路流量管控**」（Network I/O Control，**NIOC**）機制，來確保 vSAN 叢集運作環境中「vSAN 節點主機之間」的互相通訊和網路頻寬。值得注意的是，NIOC 網路流量管控機制僅支援「vDS 分散式交換器」，而不支援「vSS 標準型交換器」。此外，管理人員無須擔心採用的 vSphere 軟體授權版本問題，因為在 vSAN 軟體授權當中，已經包含所需要的 vSphere 軟體授權版本。

雖然我們已經針對「所有版本的 vDS 分散式交換器」進行相關測試，且在 VMware 官方文件之中，並沒有明確表示一定要採用新版 vDS 分散式交換器。然而，當企業與組織建立「正式營運環境」的 vDS 分散式交換器時，我們建議管理人員應該採用最新的 vDS 分散式交換器（6.6.0 版本）。

Network I/O Control

在 NIOC 網路流量管控機制中，有一個名稱為「**vSAN Traffic**」的 QoS 流量管理項目。在 vSAN 叢集的網路環境之中，如果管理人員已經規劃好「專屬的網路頻寬」給 vSAN 網路使用，那麼便無須使用 NIOC 網路流量管控機制。如果 vSAN 網路與其它網路流量類型「共享 10GbE 網路頻寬」時，那麼就需要使用 NIOC 網路流量管控機制，以便確保 vSAN 網路**不會**受到其它網路流量的影響。舉例說明：當 **vMotion** 遷移流量與 vSAN 網路共用、且管理人員透過 **vMotion** 遷移 VM 虛擬主機時，系統會盡可能使用「所有的網路頻寬」，以便快速遷移 VM 虛擬主機的記憶體狀態，達到迅速且無任何停機事件的遷移。但這樣的使用方式卻會影響到共享網路中的 vSAN 網路流量，以及 vSAN 節點主機之間的通訊和 I/O 流量。此時便可以透過 NIOC 網路流量管控機制，來避免這樣的情況發生。

預設情況下，當「vDS 分散式虛擬網路交換器」建立時，系統便會啟用「NIOC 網路流量管控機制」。若是未啟用的話，管理人員也可以隨時啟用。事實上，組態設定「NIOC 網路流量管控機制」非常簡單，且設定後即可保障 vSAN 網路頻寬。請在 vSphere HTML5 Client 管理介面中，依序點選「**vDS Switch > Configure > Resource Allocation > System traffic**」項目，就可以看到「NIOC 網路流量管控機制」。相關預設組態內容如**圖 3-15** 所示。

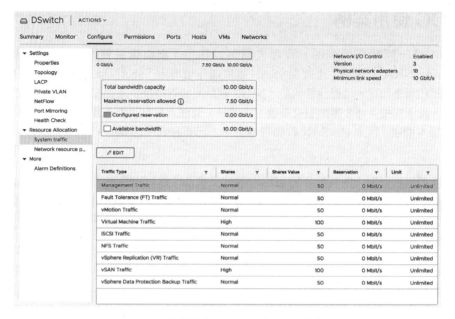

圖 3-15：組態設定 NIOC 網路流量管控機制

當管理人員需要在 NIOC 組態設定頁面中「調整」vSAN 網路使用的網路頻寬時，組態設定的動作其實非常簡單，只要點選「**vSAN Traffic**」項目之後，按下「**EDIT**」鈕即可調整（如**圖 3-16** 所示）。

圖 3-16：調整 vSAN 網路使用的網路頻寬

預設情況下，vSAN 網路流量的組態設定內容為「**Unlimited**」，即無限制任何網路流量。其中「無限制網路流量」的意思是，當共享網路頻寬充足的情況下，vSAN 網路流量可以「最大限度的使用」所有網路頻寬。一般情況下，我們不建議設定「**Limit**」選項，主要原因在於這是「強制性的網路頻寬設定」。舉例來說，當管理人員設定 vSAN 網路只能使用 2 Gbps 網路頻寬時，即使在共享網路頻寬充足的情況下，vSAN 網路仍無法使用剩餘的網路頻寬。

「**Reservation**」則保留了網路頻寬設定值，可以針對「特定網路流量類型」保留最小使用網路頻寬。值得注意的是「保留的網路頻寬」不可以超過 75% 的全速網路頻寬。同樣的，我們也不建議設定保留網路頻寬，主要原因在於保留網路頻寬即便不使用，也無法共享給其它網路類型使用。因此，我們的建議是採用預設的「**Shares**」組態設定值即可。

如前面的**圖 3-16** 所示，「**Shares**」共享數值為「**100**」。這代表共享的網路頻寬發生擁塞時，系統將會依據實體網路介面卡的共享數值「**100**」，經過共享資源分配後，得到一定比例的網路頻寬。因此，管理人員可以依據資源使用情況和需求，調整特定網路流量的共享數值。

在 vSAN 正式營運的環境中，VMware 建議採用 10 GbE 網路環境，並且為每台 vSAN 節點主機，配置兩張 10 GbE 網路介面卡，同時分別連接至兩台 10 GbE 網路交換器，避免「**單點失敗**」（Single Point of Failure，**SPOF**）的情況發生。在這樣的網路環境下，如果需要將 vSAN 網路與其它網路流量共享時，便可以透過 NIOC 網路流量管控機制，來確保 vSAN 網路獲得足夠的網路頻寬。

設計考量：vDS 和 NIOC

為了確保屆時 vSAN 網路能夠具備一定程度的「網路頻寬」，管理人員應該為 vSAN 網路提供「QoS 網路頻寬管理機制」，也就是在 vDS 分散式交換器之中，啟用 NIOC 網路流量管控機制，同時考慮以下將會共享網路頻寬的其它服務類型：

- **管理網路**（**Management Network**）
- **即時遷移網路**（**vMotion Network**）
- **vSAN 網路**（**vSAN Network**）
- **VM 虛擬主機網路**（**VMs Network**）

如前所述,也應該為 vSAN 網路規劃「兩台 10 GbE 網路交換器」,以避免發生單點失敗的情況;我們也會針對兩種不同的使用情境進行說明:

1. 兩台獨立式 10 GbE 網路交換器,「未」啟用 LACP 連結彙總控制通訊協定機制。

2. 兩台堆疊式 10 GbE 網路交換器,「已」啟用 LACP 連結彙總控制通訊協定機制。

> 注意:「連結彙總控制通訊協定」(Link Aggregation Control Protocol,LACP)是 IEEE 802.3ad 標準協定。簡單來說,就是將實體網路交換器之中的「多個實體連接埠」,匯整為「一個邏輯連接埠」,以提供頻寬合併和容錯移轉機制。

無論管理人員採用上述哪一種使用情境,都應該為「不同的網路流量類型」建立專屬的 VMkernel Port 和連接埠群組:

- 1 × 管理網路 (VMkernel Port)

- 1 × 即時遷移網路 (VMkernel Port)

- 1 × vSAN 網路 (VMkernel Port)

- 1 × VM 虛擬主機網路 (Port Group)

若是管理人員想要簡化配置,可以只建立一個 VMkernel Port,然後同時啟用 vSAN 和 vMotion 網路流量類型。但是,建議管理人員為「不同的網路流量類型」建立「專屬的 VMkernel Port」,同時為 vSAN 網路規劃不同的網段。

此外,為了確保「不同的網路流量類型」在使用實體網路介面卡時,能夠將「不同類型的網路流量」分離,以避免發生「嘈雜鄰居」(Noisy Neighbor)的情況,我們將透過以下多種使用案例進行說明。

使用案例 1:兩台獨立式 10GbE 網路交換器,未啟用 LACP 功能

在這個使用案例當中,vSAN 節點主機的兩個 10 GbE 網路頻寬都可以分別進行有效的規劃和運用。建議讓 vSAN 網路獨佔一個 10 GbE 網路頻寬;另一個 10 GbE 網路頻寬,則依照不同的網路流量類型,規劃不同比例的網路頻寬。此外,我們經常被詢問每種網路流量類型「需要規劃多少網路頻寬」才足夠。請參考底下根據我們過往經驗所提供的建議值:

- **管理網路**：1 GbE

- **vMotion 即時遷移網路**：5 GbE

- **VM 虛擬主機網路**：2 GbE

- **vSAN 網路**：10 GbE

如前所述，我們將「管理網路」、「vMotion 即時遷移網路」以及「VM 虛擬主機網路」，規劃並使用了「**Uplink 1**」實體網路卡；而「vSAN 網路」則專屬使用了「**Uplink 2**」實體網路卡。因此，在 vSAN 叢集的環境之中，各種網路流量類型都具備了足夠的網路頻寬。

同時，為了確保在網路頻寬發生擁塞的情況下，**不會**因為部分網路流量類型暴增而「佔用」大部分的網路頻寬，導致「其它類型的網路流量」受到影響，因此啟用了「NIOC 網路流量管控機制」，並針對「不同的網路流量類型」組態設定網路頻寬共享比例。

在此使用案例當中，我們也同時考慮了最差的情況，那就是當 vSAN 節點主機中的某個實體網路卡、或是某一台實體網路交換器「發生故障」時，仍可確保 vSAN 網路具備「**50%**」的可用網路頻寬，且其它網路流量類型仍然可以使用「剩餘的 **50%** 網路頻寬」。

請在啟用 NIOC 網路流量管控機制之後，為每一項網路流量類型使用「**Shares**」（共享）的組態設定值，確保網路頻寬充足時，能夠盡量使用所有的網路頻寬。當網路頻寬擁塞時，也能確保每一項網路流量類型「享有一定比例的網路頻寬」。如**表格 3-1** 所示，這個表格列出了「vSAN 網路」和「其它網路流量類型」在設定網路流量共享比例的建議數值：

網路流量類型（TRAFFIC TYPE）	共享數值（SHARES）	限制（LIMIT）
管理網路	20	N/A
vMotion 即時遷移網路	50	N/A
VM 虛擬主機網路	30	N/A
vSAN 網路	100	N/A

表格 3-1：「NIOC 網路流量管控機制」共享比例的建議數值

網卡容錯移轉順序

針對「vSAN 網路」和「其它網路流量類型」組態設定「共享網路流量數值」之後，為了避免故障事件影響可用性，可以組態設定「網卡容錯移轉順序」。簡單來說，選擇另一張實體網路卡並設定為備援，當主要網路卡故障失效時，備援網路卡便會在第一時間接手網路流量，保持應用程式或服務的高可用性。以下是「網卡容錯移轉順序」組態設定的建議：

- **管理網路**

  容錯移轉順序設定值 ＝ Uplink 1 為 Active，Uplink 2 為 Standby

- **vMotion 即時遷移網路**

  容錯移轉順序設定值 ＝ Uplink 1 為 Active，Uplink 2 為 Standby

- **VM 虛擬主機網路**

  容錯移轉順序設定值 ＝ Uplink 1 為 Active，Uplink 2 為 Standby

- **vSAN 網路**

  容錯移轉順序設定值 ＝ Uplink 2 為 Active，Uplink 1 為 Standby

如**圖 3-17** 所示，經過上述組態設定之後，在「**管理網路**」（Management Network）的網路流量類型之中，平時只會使用「**作用中**」（Active）的「**vmnic0**」介面卡，當發生故障事件時，便會自動切換至「**待命**」（Standby）的「**vmnic1**」介面卡。

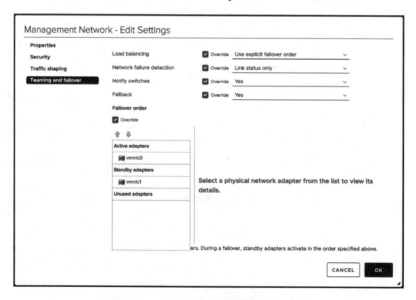

圖 3-17：網卡容錯移轉順序的組態設定

事實上，使用「**根據實體 NIC 負載進行路由**」（Load Based Teaming，**LBT**）這個「網路流量負載平衡機制」，可以讓網路流量在實體網路卡之間「依據網路流量的多寡」即時進行負載平衡。然而，**LBT** 負載平衡機制必須每隔「**30 秒**」的時間，才會進行網路流量偵測和調整；而當網路流量瞬間暴增時，**LBT** 負載平衡機制可能無法即時反應。於是 VMware 的最佳作法建議將「vSAN 網路」和「其它網路流量類型」使用實體網路卡「直接隔離」，或者採用 NIOC 網路流量管理機制，搭配邏輯定義共享網路頻寬的方式。

而「**IP 雜湊進行路由**」（Route Based on IP Hash）這個「網路流量負載平衡機制」，則是由實體網路卡「搭配」隨機 IP 位址所達成的。當 vSAN 節點主機上運作「許多 VM 虛擬主機」時，這樣的負載平衡機制非常有效，可以跨越不同實體網路卡，使用更多的網路頻寬。然而，在 vSAN 叢集架構之中，每台 vSAN 節點主機通常只會配置一個 vSAN 網路和 IP 位址，這表示 vSAN 網路僅能使用其中「一個」實體網路卡的網路流量而已。

因此，在此使用案例當中（如**圖 3-18** 所示），雖然能為 vSAN 網路提供網路流量高可用性，但是卻未提供 vSAN 網路流量的負載平衡。因此，這種使用案例的最大缺點，就是 vSAN 網路流量「永遠無法超過」單一實體網路卡。在下一個使用案例當中，我們將會討論如何組態設定，以便達成 vSAN 網路流量的高可用性和負載平衡。

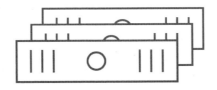

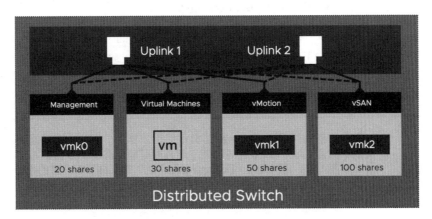

圖 3-18：使用案例 1 的網路流量組態設定示意圖

使用案例 2：兩台堆疊式 10GbE 網路交換器，已啟用 LACP 功能

在此使用案例當中，vSAN 網路環境的實體網路交換器已經啟用了「頻寬合併功能」（通常這個功能又被稱作 EtherChannel 或 Link Aggregation）。而 vSAN 網路與其它網路流量類型的規劃，則採用與「**使用案例 1**」同樣的設計：

- **管理網路**：1 GbE
- **vMotion 即時遷移網路**：5 GbE
- **VM 虛擬主機網路**：2 GbE
- **vSAN 網路**：10 GbE

當管理人員為實體網路交換器啟用了「頻寬合併功能」之後，請將 vDS 分散式交換器內的「網路負載平衡機制」組態設定進行調整：

- **實體網路交換器**：啟用 EtherChannel 或 LACP（Link Aggregation Control Protocol）功能。
- **vDS 負載平衡機制**：選擇「IP 雜湊進行路由」（Route Based on IP Hash）項目。

「IP 雜湊進行路由」網路負載平衡機制，將會透過「來源」和「目的地」的 IP 位址，進行「雜湊演算」之後，負載平衡網路流量。然而，此網路負載平衡機制，可能不適用於 vSAN 網路，原因在於每一台 vSAN 節點主機通常只會有「一個 vSAN VMkernel IP 位址」。

管理人員可以在 vDS 分散式交換器中建立「**連結彙總群組**」（Link Aggregation Groups，**LAGs**），以便匯整 vSAN 節點主機上「多個實體網路卡的網路流量」，並連接至實體網路交換器的 **LACP Port Channels** 連接埠。

VMware 的官方文件當中，有更多關於啟用實體網路交換器的「LACP 功能」，以及關於 vDS 分散式交換器的「IP-Hash 負載平衡機制」的資訊。此外，請參考在 VMware StorageHub 中專門探討「vSAN 搭配 LACP」的各種使用案例：https://storagehub. vmware.com/t/vmware-vsan/vmware-r-vsan-tm-network-design/。

> 注意：雖然採用「IP-Hash 網路負載平衡演算法」搭配「實體網路交換器啟用 LACP 頻寬合併功能」能夠盡可能負載平衡各種網路流量，然而，當「資料流」（Datastream）的「來源端」與「目的端」採用「相同的 IP 位址」時，仍然只能使用「單一」實體網路卡頻寬，而無法達到「頻寬合併」的效果。

VMware 最佳作法建議將「vSAN 網路」和「其它網路流量類型」連接至實體網路交換器中已經「開啟」LACP 功能的「網路連接埠」，並在「vDS 分散式交換器中」的組態設定採用「IP-Hash 負載平衡機制」：

- **管理網路　=　LACP/IP-Hash**

- **vMotion 即時遷移網路　=　LACP/IP-Hash**

- **VM 虛擬主機網路　=　LACP/IP-Hash**

- **vSAN 網路　=　LACP/IP-Hash**

同樣的網路流量規劃概念，當網路頻寬發生擁塞時，為了確保 vSAN 網路能夠享有一定程度的網路頻寬，所以啟用了 NIOC 網路流量管理機制，以便確保 vSAN 網路的網路流量。

事實上，不管採用哪一種使用案例，建議管理人員為 vSAN 網路至少保留「**50 %**」的網路頻寬。剩下的網路頻寬再以「共享」的方式，給予其它網路流量類型使用。因為 vSAN 網路必須具備充足的網路頻寬，才能保持「低延遲通訊」和「高效能儲存 I/O」。

因此，在兩個 10 GbE 網路正常運作時，vSAN 網路應該可以得到「專屬的 10 GbE 網路頻寬」。即使發生了故障損壞事件，導致僅剩一個 10 GbE 網路頻寬，vSAN 網路仍然可以得到 **5 GbE** 的網路頻寬。

如**表格 3-2** 所示，表格列出了「vSAN 網路」和「其它網路流量類型」在網路流量共享比例時的建議數值：

網路流量類型（TRAFFIC TYPE）	共享數值（SHARES）	限制（LIMIT）
管理網路	20	N/A
vMotion 即時遷移網路	50	N/A
VM 虛擬主機網路	30	N/A
vSAN 網路	100	N/A

表格 3-2：「NIOC 網路流量管控機制」共享比例建議數值

圖 3-19 是「**使用案例 2**」的網路流量組態設定示意圖。

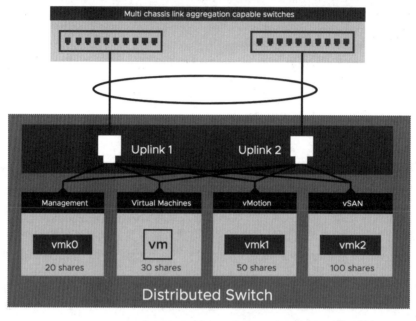

圖 3-19：使用案例 2 的網路流量組態設定示意圖

上述這兩種使用案例都可以為 vSAN 叢集提供網路流量的「高可用性」。在「**使用案例 1**」當中，雖然無法為 vSAN 網路流量提供負載平衡，但是能簡化了 vSAN 組態設定和維運管理。在「**使用案例 2**」當中，雖然搭配「實體網路交換器啟用 LACP 功能」能夠達到 vSAN 網路流量負載平衡的目的，但是會增加 vSAN 組態設定的複雜度，同時提升資料中心的維運管理成本。

vSphere HA 高可用性

「**vSphere HA**」（vSphere High Availability）替「vSAN 叢集中的 VM 虛擬主機」提供持續運作的「高可用性機制」。然而，為了確保「vSphere HA 高可用性機制」能夠與「vSAN」正確的協同運作，所以 VMware 對 vSphere HA 機制進行了重大改變與調整。這些改變非常重要，因為它影響了後續 vSphere HA 的組態設定內容。

vSphere HA 網路隔離偵測機制

在非 vSAN 叢集的環境中啟用「vSphere HA 高可用性機制」時，vSphere HA 通訊流量將透過「管理網路」進行溝通。在 vSAN 叢集環境中啟用「vSphere HA 高可用性機制」之後，vSphere HA 通訊流量則是透過「vSAN 網路」在「vSAN 節點主機之間」進行溝通。這是因為在網路環境發生「故障事件」的情況下，VMware 希望「vSphere HA」和「vSAN 節點主機」處於「同一個網路分區」之中，以避免故障時 vSphere HA 和 vSAN 節點主機「處於不同網路分區」可能會發生的衝突。因為在不同的網路分區之中，都包含了 vSAN 叢集的物件和元件。因此，當管理人員希望在 vSAN 叢集中啟用「vSphere HA 高可用性機制」時，請先完成 vSAN 叢集的組態設定，否則系統將會顯示「必須先停用 vSphere HA 機制」的資訊。

> 注意：請確保 vSAN 叢集已經設定完畢，然後才能啟用 vSphere HA 高可用性機制。否則，管理人員必須先停用 vSphere HA 機制之後，才能組態設定 vSAN 叢集！

預設情況下，在 vSAN 叢集中啟用 vSphere HA 機制之後，仍將繼續使用「管理網路」的「預設閘道」進行 vSAN 節點主機之間的「**隔離偵測**」（Isolation Detection）。在大部分的 vSAN 叢集環境之中，vSAN 節點主機的「管理網路」和「vSAN 網路」，通常共享相同的「實體基礎架構」（特別是 **10GbE** 網路環境），然後透過 VLAN 的方式，在邏輯上進行網路環境的隔離。因此，「管理網路」和「vSAN 網路」若是處於不同的實體或邏輯網路，則必須調整 vSphere HA 隔離偵測機制，將「vSphere HA 隔離位址」從原本的「管理網路」調整為「vSAN 網路」。原因在於當「vSAN 網路」發生中斷事件，導致 vSAN 節點主機「觸發」隔離偵測機制時，若是 vSphere HA 隔離偵測機制採用「管理網路」，此時的 vSphere HA 將「不會執行」任何因應動作，因為 vSAN 節點主機之間在「管理網路」方面仍可正常運作並互相溝通。

因此，在 vSAN 叢集中啟用 vSphere HA 機制之後，VMware 建議將 vSphere HA 的隔離 IP 位址，調整為 vSAN 網路中的 IP 位址，以便 vSAN 網路發生中斷事件時，能夠觸發 vSphere HA 高可用性機制。請在下列兩項 vSphere HA 進階設定中，進行組態設定調整：

- das.useDefaultIsolationAddress=false
- das.isolationAddress0=<vSAN 網路 IP 位址 >

在某些網路環境中，vSAN 網路可能沒有適合的隔離偵測 IP 位址。但是，大部分的實體網路交換器，都能夠建立交換機虛擬介面，用來擔任 vSAN 網路中的隔離偵測 IP 位址。請與負責 vSAN 網路的管理人員討論此作法。

vSphere HA 儲存資源心跳偵測機制

在傳統 SAN 或 NAS 的共享儲存資源當中，透過 vSphere HA 的**儲存資源心跳偵測機制**（Datastore Heartbeat），能夠有效辨別 VM 虛擬主機的儲存資源所有權，並排除 vSphere 叢集發生故障時「分區」的問題。但是，在 vSAN 叢集中，無法使用 vSphere HA 儲存資源心跳偵測機制，管理人員也無法啟用此組態設定。

> **注意：當 vSAN 叢集環境中的「vSAN 節點主機」也能存取「傳統共享儲存資源」時，例如：VMFS（Virtual Machine File System）或 NFS（Network File System），那麼這些傳統共享儲存資源，仍可使用 vSphere HA 儲存資源心跳偵測機制。**

vSphere HA 許可管控機制

針對 vSAN 叢集和 vSphere HA 機制的部分，還有另一個需要考量的重要因素：在啟用 vSphere HA 高可用性機制時，是否需要「許可管控」（Admission Control）機制？在傳統應用上，啟用 vSphere HA 許可管控機制之後，可以確保發生災難事件時，vSphere HA 具備足夠的資源「重新啟動」VM 虛擬主機和各項工作負載。

請注意，即便管理人員在 vSAN 叢集的環境之中啟用了「許可管控」機制，vSAN 叢集並不會「自動」預留資源來因應可能發生的災難事件。

因此,當災難事件發生時,vSAN 叢集將會使用「剩餘可用的儲存空間」,重建遺失或故障的元件,並讓 VM 虛擬主機處於相容性狀態。此外,在最新的 vSAN 6.7 U1 版本當中,增加了下列各項檢查機制,以避免舊版 vSAN 只會盡力重建各項元件,卻不檢查「剩餘可用的儲存空間」是否足夠的問題。

從維運管理簡易性的角度來看,我們建議在 vSAN 叢集的環境之中,將 vSphere HA「許可管控」機制調整為「**手動**」(Manual),以便與 vSAN 叢集的預設因應機制相同。因為,在一般正常運作的情況下,透過 vSphere HTML 5 Client 管理介面所觀察到的 vSAN 資源,便是真正可用的剩餘資源,方便管理人員進行容量規劃和預測。當 vSAN 叢集發生災難事件時,能夠具備足夠與可用的儲存空間,進行 VM 虛擬主機物件的各項重建作業。

vSphere HA 主機隔離偵測機制

在 vSAN 叢集的環境之中,當 vSphere HA 啟用「主機隔離偵測」(Host Isolation Response)機制時,可以有以下三種不同類型的隔離選項,以便因應「被隔離的 vSAN 節點主機」當中那些正在運作的 VM 虛擬主機和工作負載:

- **Leave power on** (預設值)
- **Power off and restart VMs** (vSAN 環境建議值)
- **Shut down and restart VMs**

在 vSAN 叢集環境中,建議將「主機隔離偵測選項」調整為「**Power off and restart VMs**」(如圖 **3-20** 所示),以便 vSAN 節點主機在發生主機隔離事件時,能夠將其上運作的 VM 虛擬主機「**強制斷電**」並「**重新啟動**」在其它正常運作的 vSAN 節點主機上。

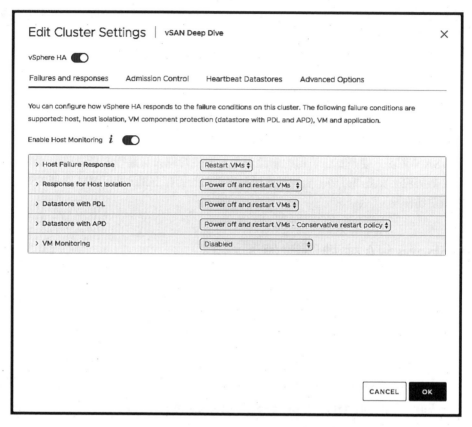

圖 3-20：調整 vSphere HA 主機隔離偵測選項

為何採用「**斷電**」（Power Off）並重新啟動 VM 虛擬主機的選項，而非「**關機**」（Shutdown）並重新啟動 VM 虛擬主機的選項呢？主要原因在於，當 vSAN 叢集發生主機隔離事件時，vSAN 叢集已經無法針對「隔離的 vSAN 節點主機」進行任何的資料讀取或寫入動作，此時就算隔離 vSAN 節點主機上的 VM 虛擬主機，也無法存取相關物件和元件，所以我們建議採用「**Power off and restart VMs**」選項。

vSphere HA 元件保護

在傳統的 SAN 和 NAS 共享儲存環境當中，可以透過「**所有路徑關閉**」（All Paths Down，**APD**）和「**永久裝置遺失**」（Permanent Device Loss，**PDL**）機制，避免 VM 虛擬主機的元件受損或遺失。但是，在撰寫本書時，vSAN 仍未支援 vSphere HA「**元件保護**」（Component Protection）機制。在**表格 3-3** 中，我們列出各種災難事件，包括是

否啟用儲存資源心跳機制，以及會產生什麼樣的影響：

隔離位址 （ISOLATION ADDRESS）	儲存資源心跳偵測 （DATASTORE HEARTBEATS）	運作狀態 （OBSERVED BEHAVIOR）
隔離 IP 位址為 **vSAN 網路**	未啟用	隔離的 vSAN 節點主機**無法** ping 到 vSAN 網路中設定的隔離 IP 位址；**觸發**主機隔離偵測機制；所以將 vSAN 節點主機上的 VM 虛擬主機**斷電**，並在其它台 vSAN 節點主機上**重新啟動**。
隔離 IP 位址為 **管理網路**	未啟用	隔離的 vSAN 節點主機仍然**能夠** ping 到管理網路中設定的隔離 IP 位址；**不會觸發**主機隔離偵測機制；vSAN 節點主機上的 VM 虛擬主機**持續運作**，但其它 vSAN 節點主機，將會**重新啟動**這些 VM 虛擬主機。
隔離 IP 位址為 **vSAN 網路**	啟用	隔離的 vSAN 節點主機**無法** ping 到 vSAN 網路中設定的隔離 IP 位址；**觸發**主機隔離偵測機制；所以將 vSAN 節點主機上的 VM 虛擬主機**斷電**，並在其它台 vSAN 節點主機上**重新啟動**。
隔離 IP 位址為 **管理網路**	啟用	隔離的 vSAN 節點主機仍然**能夠** ping 到管理網路中設定的隔離 IP 位址；**不會觸發**主機隔離偵測機制，並透過儲存資源心跳偵測**確認** vSAN 節點主機的運作狀態，因此 VM 虛擬主機**不會斷電和重新啟動**。

表格 3-3：網路隔離偵測機制，以及儲存資源心跳偵測機制協同運作表

重要心得

- 在 vSAN 叢集的環境當中管理網路和 vSAN 網路同時採用時，無論實體或邏輯網路是否分離，請確保使用「vSAN 網路中的 IP 位址」擔任「網路隔離偵測 IP 位址」，以確保網路隔離事件發生時，vSAN 節點主機採用「vSAN VMkernel IP 位址」進行互相通訊和驗證作業。

- 確保主機隔離偵測機制調整為「**Power off and restart VMs**」選項，以避免發生主機隔離事件時，網路上出現重複 MAC 位址和 IP 位址的情況。

- 如果 vSAN 叢集中仍有傳統共享儲存資源時，可以啟動 vSphere HA 儲存資源心跳偵測機制；雖然沒有增加太多的可用性，但是 vSphere HA 可以透過儲存資源心跳進行偵測。

現在，我們已經了解傳統 vSphere 叢集和 vSAN 叢集在 vSphere HA 高可用性機制方面的差異。接著，讓我們來看看 vSAN 核心架構的部分。

All-Flash 模式快取和容量裝置的比例原則

從硬體資源角度來看，在規劃設計 vSAN 叢集時，會發現 vSAN 叢集儲存資源效能的部分「非常依賴」快取裝置來提供儲存效能。在先前的 vSAN 版本之中，「快取裝置」和「容量裝置」在儲存空間的比例原則建議為「**10%**」，這表示容量層級為 5TB 時，需要規劃 500GB 的快取層級儲存空間。在 2017 年 1 月時，這個比例原則建議已經發生變化，在 VMware 官方部落格文章之中（https://blogs.vmware.com/virtualblocks/2017/01/18/designing-vsan-disk-groups-cache-ratio-revisited/），已經給予「新的比例原則建議」，但是這項新的比例原則建議，僅適用於 **All-Flash** 模式，對於 **Hybrid** 模式的 vSAN 叢集，VMware 仍然建議採用「10% 的比例原則」。**表格 3-4** 就是採用 **All-Flash** 模式的 vSAN 叢集在「快取裝置」和「容量裝置」方面建議的比例原則。

讀取／寫入 類型	工作負載 類型	AF-8 80K IOPS	AF-6 50K IOPS	AF-4 25K IOPS
100% 隨機 （70% 讀取／30% 寫入）	讀取密集型	800GB	400GB	200GB
100% 隨機 （超過 30% 寫入）	中等寫入密集型	1.2TB	800GB	400GB
100% 循序寫入	重負荷循序寫入型	1.6TB	1.2TB	600GB

表格 3-4：All-Flash 模式新的比例原則建議值

請注意，上述 **All-Flash** 模式比例原則建議值，是採用通過 vSAN ReadyNodes 驗證的硬體伺服器。若是管理人員採用自行配置的硬體伺服器，除了上述建議的比例原則之外，還必須考慮快取裝置的儲存效能和耐用性。

有關 vSAN ReadyNodes 硬體配置詳細資訊，請參考 VMware vSAN 硬體相容性指南（http://vmwa.re/vsanhcl）。

Hybrid 模式快取和容量裝置的比例原則

在 VMware 最佳建議作法中，**Hybrid** 模式的快取和容量裝置比例原則為 **10%**。但是 vSAN 完全支援低於 10% 的比例原則。當採用越大的比例原則時，由於在快取裝置中可以快取更多資料，所以可以有效改善 VM 虛擬主機效能。

值得注意的是，在 vSAN 快取層級中，最大邏輯空間為 600GB；同時，在 **Hybrid** 模式快取層級的比例內，其中 **30%** 為寫入緩衝而 **70%** 為讀取快取空間；所以當快取裝置的

儲存空間大小為 2TB 時，可以充分利用快取裝置中所有的儲存空間。在這樣的使用案例之中，如果快取裝置的儲存空間大於 2TB，則可以增加快取裝置的寫入耐用性。

在 VMware 最佳作法中，建議 **Hybrid 模式**的快取和容量裝置比例原則為 10%。在這個比例原則的經驗法則中，VM 虛擬主機的應用程式或服務等「工作負載」應該都會快取資料在快取層級之中。

舉例來說，當 vSAN 叢集中運作 100 台 VM 虛擬主機，每台 VM 虛擬主機配置一個 100GB 的虛擬硬碟，而該虛擬硬碟的平均使用量為 50GB。在這樣的使用案例之中，使用的快取層級儲存空間如下：

```
10% of (100 × 50 GB) = 500 GB
```

如上所述，計算後「得到的快取層級儲存空間」，必須除以 vSAN 叢集中「vSAN 節點主機數量」。假設 vSAN 叢集中有「五台」vSAN 節點主機，那麼每台 vSAN 節點主機建議至少配置「100GB 的快取儲存裝置」。

預估 VM 虛擬主機儲存空間使用量有兩種方式：第一種方式是為 VM 虛擬主機建立「快照」（snapshot），然後觀察快照使用儲存空間的情況；另一種方式為「檢查 VM 虛擬主機增量備份大小」。這兩種方式可以幫助管理人員了解 VM 虛擬主機中「儲存空間使用量的變化」。

新增儲存裝置至 vSAN 磁碟群組

採用自動或手動的方式將儲存裝置加入「vSAN 磁碟群組」（vSAN Disk Group），在過去曾經是個熱門的討論話題。但是，根據眾多 VMware 客戶意見反應的結果，管理人員希望可以完全掌控和管理這個動作，所以從 vSAN 6.6 版本開始，便移除了「自動模式」（Automatic Mode）。

建立磁碟群組的使用案例

只有在「建立 vSAN 叢集」或是「後續需要新增儲存裝置至磁碟群組」時，管理人員才需要「手動」建立磁碟群組。

建立 vSAN 磁碟群組的動作非常容易。但是，管理人員必須記得一些相關限制：

- **每個磁碟群組，最多支援一個快取裝置。**
- **每個磁碟群組，最多支援七個容量裝置。**

當 vSAN 節點主機中配置「多個快取裝置」或「超過七個容量裝置」時，就可以建立多個 vSAN 磁碟群組。如**圖 3-21** 所示，可以在 vSphere HTML 5 Client 管理介面中，切換至 vSAN 磁碟群組管理頁面，點選希望調整磁碟群組的 vSAN 節點主機。點選建立 vSAN 磁碟群組的圖示即可。

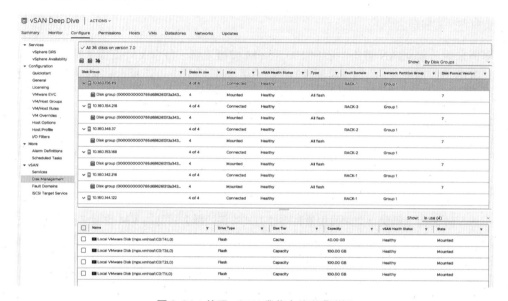

圖 3-21：管理 vSAN 叢集中的磁碟群組

在新增 vSAN 磁碟群組頁面中，管理人員有多種選項可以選擇。舉例來說，在建立 vSAN 磁碟群組的部分，管理人員可以一次處理所有 vSAN 節點主機，或者一次只處理一台 vSAN 節點主機；注重細節的管理人員，可能會希望一次只處理一台 vSAN 節點主機，以便確認新增的 vSAN 磁碟群組正確無誤。

如**圖 3-22** 所示，在新增 vSAN 磁碟群組頁面中，可以看到每台 vSAN 節點主機的儲存裝置，組態設定儲存裝置為快取層級，或將容量裝置加入至容量層級當中。

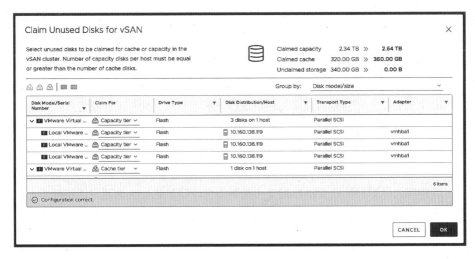

圖 3-22：新增 vSAN 磁碟群組管理頁面

在新增 vSAN 磁碟群組頁面中，第一個圖示為「**claim unused disks**」，可以一次處理所有 vSAN 節點主機；第二個圖示「**create disk groups**」，則一次只處理一台 vSAN 節點主機。請注意，每個新增的 vSAN 磁碟群組中，至少要包含一個快取裝置和一個容量裝置。當然，每個 vSAN 磁碟群組中，最多可以配置七個容量裝置。

順利新增 vSAN 磁碟群組之後，就能匯整並建立 vSAN Datastore 儲存空間，並運作 VM 虛擬主機工作負載。

vSAN Datastore 內容

在 vSAN 叢集環境中，當 vSAN 節點主機新增磁碟群組之後，系統就會匯整並建立 vSAN Datastore 儲存資源；而在 vSAN Datastore 儲存空間中，並不會將快取裝置的儲存空間納入。此外，管理人員必須考慮 vSAN Datastore 之中「額外的儲存資源開銷」，例如，：「中繼資料」（Metadata）。舉例來說，在 vSAN 叢集中一共有「八台」 vSAN 節點主機，每台 vSAN 節點主機的容量層級由「七個」2TB 儲存空間的硬碟所組成，則 vSAN Datastore 儲存資源空間為：

7 × 2TB × 8 = 112TB

那麼，如何確認擁有多少可用的 vSAN Datastore 儲存空間呢？這取決於運作環境的各項因素。首先，倘若建立的 vSAN 叢集為 **All-Flash 模式**，那麼 vSAN 叢集可以啟用「**重複資料刪除和壓縮**」（Deduplication and Compression）機制，以便有效節省 vSAN

Datastore 儲存空間的耗用。請注意，「重複資料刪除和壓縮機制」僅支援 **All-Flash 模式**，不支援 Hybrid 模式。有關「重複資料刪除和壓縮」的詳細資訊，我們將會在「第 4 章，深入了解 vSAN 運作架構」說明。

事實上，當 vSAN 叢集啟用「重複資料刪除和壓縮機制」之後，若是 VM 虛擬主機採用 RAID-1 儲存原則，管理人員還能夠設定物件複本數量。此外，管理人員也可以選擇 Erasure Coding 儲存原則，例如：**RAID-5** 或 **RAID-6**（同樣僅支援 **All-Flash 模式**，不支援 Hybrid 模式）。如上所述，這些不同的組態設定，都會影響 vSAN 叢集中的 VM 虛擬主機數量。

因此，當管理人員順利建立 vSAN 叢集，並為每台 vSAN 節點主機建立磁碟群組，進而匯整成 vSAN Datastore 儲存資源之後，vCenter Server 管理平台便能透過 vSAN SPBM 儲存原則建立，例如：容忍的故障數量、預先配置容量等等，以及 VM 虛擬主機的部署作業。在部署 VM 虛擬主機之前，管理人員應該先了解在 VM 虛擬主機中的「工作負載類型」，接著選擇「適當的儲存原則」進行部署作業。舉例來說，管理人員希望建立以「**效能**」為主要考量的 VM 虛擬主機時，請採用「**RAID-1**」儲存原則；如果是以「**容量節省**」為主要考量，則採用「**RAID-5 或 RAID-6**」儲存原則。

有關 vSAN 功能和 VM 虛擬主機儲存原則，我們將會在「第 5 章，VM 虛擬主機的佈建及儲存原則」說明，現在只要知道儲存原則的基本概念即可。「第 5 章」將會深入討論 VM 虛擬主機儲存原則，以及如何正確部署 VM 虛擬主機。

小結

閱讀完本章之後，管理人員應該已經充分理解「vSAN 的前置硬體規劃設計」的重要性。而正確的「快取裝置儲存空間」與「快取裝置的效能及耐用性」，對「充分規劃 vSAN 網路環境，以便發揮 vSAN 叢集的最佳效能和高可用性」而言，也同樣重要。因此，在前置硬體規劃完備之後，管理人員只需要幾個簡單的點擊，便可以建立 vSAN 叢集和 vSAN Datastore 儲存資源。

至此，管理人員已經順利建構 vSAN 叢集。下一章我們將會深入討論 vSAN 運作架構的各項重要元件。

4

深入了解 vSAN 運作架構

本章將介紹 vSAN 叢集架構的運作細節,例如:快取裝置如何緩衝資料 I/O、見證磁碟、Pass-Through 儲存控制器…等等。

管理人員在學習 vSAN 叢集架構時,除了新的運作架構和相關術語之外,建議也要深入了解「vSAN 底層運作機制」。雖然,大部分的管理人員可能無須深入了解「vSAN 底層運作機制」,但是這對日後的「規劃設計和部署 vSAN 架構」,以及後續遇到「故障排除」和「分析日誌內容」時,會非常有幫助。在我們開始深入討論之前,必須先了解 vSAN 核心設計架構:「**分散式磁碟陣列**」(Distributed RAID)。

分散式磁碟陣列

簡單來說,vSAN 為一種透過網路方式供給的磁碟陣列,提供跨越多台實體伺服器,進行資料 I/O 讀取和寫入作業;而透過「分散式磁碟陣列機制」,能為 VM 虛擬主機提供「高可用性」和「高運作效能」。從「可用性的角度」來看,這代表「分散式磁碟陣列的 vSAN 叢集」能夠承受「一台或多台 vSAN 節點主機」發生故障損壞事件(包括 vSAN 節點主機儲存控制器、網路卡等等),並仍然能為 VM 虛擬主機提供服務。

在 vSAN 叢集的環境之中,透過 SPBM 儲存原則管理機制,可以針對「**每台**」VM 虛擬主機定義不同的可用性和儲存效能;更精準的說,即針對每台 VM 虛擬主機的「物件」進行定義。透過 SPBM 儲存原則,管理人員能夠定義 VM 虛擬主機在 vSAN 叢集中「可以容忍的故障數量」。舉例說明,當「**容許的故障次數**」(**number of failures to tolerate**)儲存原則,組態設定為數值「**1**」時(**FTT=1**),便可以允許 vSAN 叢集中「發生故障損壞的數量為 **1**」。如此一來,當一台 vSAN 節點主機發生故障時,仍然不

會影響 VM 虛擬主機的運作。有關 SPBM 儲存原則管理機制的詳細資訊,將會在「第 5 章」說明。

在舊版 vSAN 叢集環境中,vSAN 僅支援 **RAID-1** 的「**同步鏡像**」(**Synchronous Mirroring**)機制,來為部署的 VM 虛擬主機,提供高可用性和可靠性。管理人員也可以在儲存原則中,定義 vSAN 需要產生幾份鏡像資料,最多可以定義產生「三份」鏡像資料,以便 VM 虛擬主機獲得更高的可用性。預設情況下,管理人員若未調整儲存原則的話,只會為部署的 VM 虛擬主機建立「一份」鏡像資料。當後續 VM 虛擬主機工作負載改變時,管理人員可以隨時變更 VM 虛擬主機的儲存原則,並在調整完儲存原則內容之後,立即套用生效,並不會影響 VM 虛擬主機的運作。

現在,最新的 vSAN 6.7 U1 版本中,vSAN 儲存原則支援另外兩種 RAID 類型,分別是「**RAID-5**」和「**RAID-6**」。這兩種 RAID 類型被稱作「**抹除編碼**」(**Erasure Coding**)。當 vSAN 叢集中的 VM 虛擬主機「運作時的考量」為「**容量**」而非「**效能**」時,便可以採用新的 RAID 類型。值得注意的是,雖然新的 RAID 類型已經內嵌到 vSAN 儲存原則之中,然而只有在採用 **All-Flash 模式**時,才能使用這兩種新的 RAID 類型,如果採用的是 Hybrid 模式,則不支援。

事實上,採用 RAID-5 和 RAID-6 這兩種 RAID 類型,主要目的便是節省儲存空間。如**圖 4-1** 所示,當採用 **RAID-5** 儲存原則部署 VM 虛擬主機時,資料將會分散在三台不同的 vSAN 節點主機上,然後計算「**同位檢查**」(Parity)後,存放在第四台 vSAN 節點主機上。因此,當管理人員需要採用 RAID-5 儲存原則時,在 vSAN 叢集中至少要有「四台」vSAN 節點主機,才能夠進行 VM 虛擬主機的部署作業。

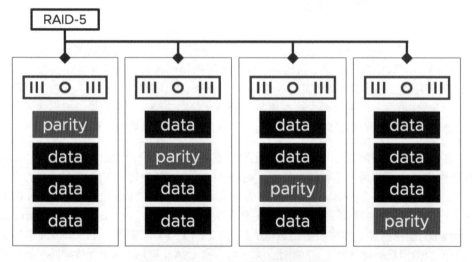

圖 4-1:RAID-5 儲存原則部署示意圖

採用 **RAID-5** 儲存原則時，僅能容忍「一台」vSAN 節點主機發生故障；採用 **RAID-6** 儲存原則時，則能夠容忍「**兩台**」vSAN 節點主機發生故障。如**圖 4-2** 所示，當採用 **RAID-6** 儲存原則部署 VM 虛擬主機時，資料將會分散在四台不同的 vSAN 節點主機上，然後計算「**同位檢查**」（Parity）後，存放在另外兩台 vSAN 節點主機上。因此，當管理人員需要採用 RAID-6 儲存原則時，在 vSAN 叢集中至少要有「**六台**」vSAN 節點主機，才能夠進行 VM 虛擬主機的部署作業。

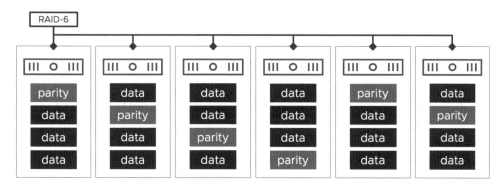

圖 4-2：RAID-6 儲存原則部署示意圖

那麼採用 RAID-5 和 RAID-6 這兩種 RAID 類型，能夠「節省」多少儲存空間呢？首先，當採用 **RAID-1** 儲存原則，部署 100GB VMDK 虛擬硬碟物件，並且容忍「一個」故障事件時，將會消耗 vSAN Datastore 共 **200GB** 的儲存空間。當採用 **RAID-1** 儲存原則，部署 100GB VMDK 虛擬硬碟物件，並且容忍「**兩個**」故障事件時，將會消耗 vSAN Datastore 共 **300GB** 的儲存空間。然而，當採用 **RAID-5** 儲存原則，部署 100GB VMDK 虛擬硬碟物件，同樣可以容忍「**一個**」故障事件，但僅會消耗 vSAN Datastore 儲存資源一共 **133.33GB** 的儲存空間（三份資料＋一份同位檢查）。當採用 **RAID-6** 儲存原則，部署 100GB VMDK 虛擬硬碟物件，同樣可以容忍「**兩個**」故障事件，但僅會消耗 vSAN Datastore 儲存資源一共 **150GB** 的儲存空間（四份資料＋兩份同位檢查）。

因此，透過 SPBM 儲存原則，管理人員可以決定 vSAN 叢集中每一台 VM 虛擬主機的效能和可用性。建議管理人員，當 VM 虛擬主機以「**效能**」為考量時，請採用 **RAID-1** 儲存原則；若是以「**節省空間**」為考量時，則採用 **RAID-5** 或 **RAID-6** 儲存原則。

此外，在 vSAN 叢集架構中，提供類似 **RAID-0** 的「**條帶化**」（Stripe）機制，能夠將 VM 虛擬主機物件進行切割，並且將切割後的多個物件，分散到不同台 vSAN 節點主機中存放，以便提升 VM 虛擬主機的資料 I/O。值得注意的是，條帶化機制不一定能夠提升效能。有關「條帶化機制的詳細資訊」，以及「何時套用條帶化機制，才能有效提升運作效能」，我們將會在「第 5 章」中說明。

物件和元件

現在，我們了解如何保護「VM 虛擬主機」以及「VM 虛擬主機中的資料」；更重要的是，管理人員必須理解 vSAN 叢集架構所帶來的「全新管理概念」，例如：VM 虛擬主機並非運作在「以前的 LUN 或磁碟區」之中，而是由多個**「儲存物件」**（**Storage Object**）所組成。

在開始討論各種物件類型之前，讓我們先了解在 vSAN 叢集架構之中，有關**「物件」**（**Objects**）及**「元件」**（**Components**）的定義和基本概念。

「物件」（**Objects**）是單獨的儲存資料區塊裝置，與 vSAN Datastore 儲存資源中採用的「SCSI 語意」（SCSI Semantics）相容。原則上，管理人員可以建立任意大小的物件，但是物件大小仍有其上限值，例如：VMDK 最大容量上限值為 62TB。

在 vSAN 叢集的環境之中，物件是主要的儲存單位。舉例來說，部署在 vSAN 叢集中的 VM 虛擬主機，便是由 VMDK、VM Home Namespace 等物件所組成，其中 VM Home Namespace 物件功能類似資料夾，主要用途為「存放檔案」。此外，當 VM 虛擬主機開機啟動時，將會同步建立 VM 虛擬主機「SWAP 物件」。

當 VM 虛擬主機建立快照後，vSAN 叢集也會為 VM 虛擬主機新增「Delta 物件」。建立的快照如果包含 VM 虛擬主機記憶體狀態，也會產生相對應的物件。因此，快照可以是一個或兩個物件所組成，這取決於管理人員使用的快照類型。

其它物件類型包括了「iSCSI 目標」、「iSCSI LUN」和「vSAN 效能統計」等等。首先，「iSCSI 目標」與「VM Home Namespace 物件」類似，而「iSCSI LUN」基本上就是「VMDK」；至於「vSAN 效能統計」的部分，其實跟「Namespace 物件」亦非常類似。值得注意的是，當管理人員在 vSAN Datastore 儲存檔案時，例如，存放 ISO 映像檔，那麼 vSAN 叢集將會自動建立 Namespace 物件，以便存放 ISO 映像檔。

在 vSAN 叢集的環境之中，每個物件都有獨立的**「RAID 樹系」**（**RAID Tree**）結構（如圖 **4-3** 所示），以便 vSAN 儲存原則能夠進行轉換，進而存放資料到 vSAN 節點主機內。當管理人員透過 vSAN 儲存原則進行「VM 虛擬主機的部署作業」時，系統將會根據 VM 虛擬主機的可用性和效能，來進行物件和元件的部署作業。

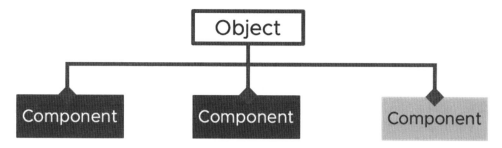

圖 4-3：物件和元件的 RAID Tree 示意圖

「元件」（**Components**）便是物件 RAID 樹系結構中的「葉子」，儲存於 vSAN 磁碟群組中的「快取儲存裝置和容量儲存裝置」之內。元件會從「快取層級」中獲得資料的「讀取快取」以及「寫入緩衝」的部分（都在快取儲存裝置之中）。至於實際儲存資料的部分，則會存放在容量層級（在 **All-Flash 模式**之中，仍然為快取儲存裝置；在 **Hybrid 模式**中則為容量儲存裝置）。

在 vSAN Datastore 儲存資源中進行 VM 虛擬主機的部署作業時，將產生「五種不同類型的物件」。值得注意的是，每台 VM 虛擬主機相關物件，將會因為關聯性而產生不同數量的物件：

- VM Home Namespace 物件
- SWAP 物件（當 VM 虛擬主機啟動時）
- VMDK 虛擬硬碟物件
- Delta 增量硬碟物件（當 VM 虛擬主機建立快照時）
- vRAM 快照物件（當 VM 虛擬主機建立快照包含記憶體狀態時）

在 VM 虛擬主機的五種物件類型之中，除了 VM Home Namespace 物件比較難以理解之外，另外四種物件都很容易理解。簡單來說，每台 VM 虛擬主機當中，都會有獨立的 VM Home Namespace 物件。只要不屬於其它四種物件，例如：SWAP 物件、VMDK 虛擬硬碟物件、Delta 增量硬碟物件、vRAM 快照物件，都會存放於 VM Home Namespace 物件之內。在 VM Home Namespace 物件中，存放的檔案名稱通常為 **.vmx**、**.log**、**.vmdk**…等描述檔案。

管理人員可以想像，vSAN 叢集架構就是一個大型的 RAID 樹系。這些 RAID 樹系由眾多物件所組成，每個 RAID 樹系當中的葉子則由元件組成。舉例來說，當管理人員定義 **Stripe=2** 部署的 VMDK 時，vSAN 便會將 VMDK 切割成兩份（RAID-0 運作概念），切割後的兩份資料就是「元件」，而這兩份元件組合起來就是「物件」。

同樣的,當管理人員定義 RAID-1 部署 VMDK 時,那麼 VMDK 虛擬硬碟物件便可以「容忍」一個 vSAN 底層硬體元件故障(例如:vSAN 節點主機、硬碟、網路卡),並在另一台 vSAN 節點主機之中,建立另一份 VMDK 複本(RAID-1 運作概念)。此外,還會在物件中,建立另一個「**見證**」(Witness)元件。雖然見證元件不是 VM 虛擬主機物件,但是當 vSAN 叢集發生故障時,「見證」會負責仲裁物件的「擁有者」是誰,見證當中只包含物件的中繼資料。稍後,我們會說明見證的部分,目前先專注在「VM 虛擬主機物件」的部分。有關物件存放的詳細資訊,將會在「第 5 章」中說明。

最後,當部署採用「**RAID-0 + RAID-1**」的 VMDK 時,那麼 VMDK 虛擬硬碟物件可以「容忍」一個 vSAN 底層硬體元件故障(例如:vSAN 節點主機、硬碟、網路卡),並在另一台 vSAN 節點主機之中,建立另一份 VMDK 複本。因此,在這樣的情況下,一個物件鏡像後產生一共兩個元件,每個元件又切割成兩個複本(所以,此物件總共會有四個元件)。

值得注意的是,當 VM 虛擬主機建立「快照」時,便會自動產生 Delta 增量硬碟物件。此時,Delta 增量硬碟物件也會一併繼承相同的 vSAN 儲存原則(例如,RAID 類型、條帶化設定、複本設定等等)。

元件的最大值限制

在 vSAN 叢集的架構之中,元件的主要限制為最大數量;管理人員必須了解這個限制,因為它將會影響 vSAN 叢集之中「VM 虛擬主機的總數量」。

• 每台 vSAN 節點主機最大元件數量:**9,000**

在 vSAN 叢集的架構之中,每台 vSAN 節點主機的最大元件數量,包含了「關機狀態 VM 虛擬主機元件」、「未註冊的 VM 虛擬主機」和「範本元件」。雖然,vSAN 叢集會「自動」在 vSAN 節點主機之間執行「負載平衡」物件和元件數量的動作,然而有時仍會發生例外的情況。舉例來說,當 vSAN 節點主機硬體規格不一致時,便很容易發生物件和元件「分佈不均」的情況。因此,在 VMware 的最佳作法中,建議管理人員在建構 vSAN 叢集環境時,所有 vSAN 節點的主機硬體規格應該一致。

如**圖 4-4** 所示,在 vSphere HTML5 Client 管理介面中,可以看到物件和元件的分佈狀態,例如:VM Home Namespace、VMDK、見證等等。在 VM 虛擬主機之中配置的 VMDK 虛擬硬碟部分,vSAN 儲存原則額外建立了一份鏡像,並存放在另一台 vSAN 節點主機之中。

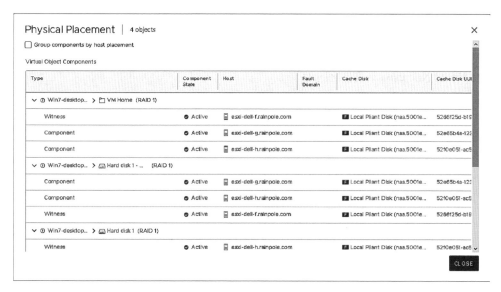

圖 4-4：查詢 VM 虛擬主機物件和元件分佈情況

VM 虛擬主機儲存物件

如**圖 4-5** 所示，透過 vSAN 儲存原則部署的 VM 虛擬主機，將具備以下五個儲存物件：
VM Home Namespace、**VM SWAP**、**VMDK**、**Delta Disks**、**vRAM** 等。

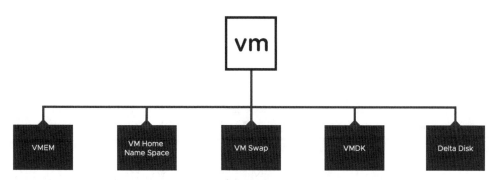

圖 4-5：VM 虛擬主機五個儲存物件示意圖

現在，讓我們來看看，管理人員定義的 vSAN 儲存原則，對上述五種儲存物件來說，究
竟會有什麼樣的影響。

VM Home Namespace 物件

如前所述，**VM Home Namespace 物件**包含下列物件但並非全部。以下物件將會存放於 VM Home Namespace 物件之內：

- **.vmx** 設定檔、**.vmdk** 虛擬硬碟組態設定檔、**.log** 日誌檔等等。
- CBRC（Content-Based Read Cache）機制中，與「VMware Horizon View 虛擬桌面解決方案」協同運作的「摘要檔案」（Digest Files）部分。
- vSphere Replication 和 SRM（Site Recovery Manager）檔案。
- VM 虛擬主機「自訂規格管理員」（Guest Customization Files）檔案。
- 其它協同運作機制所建立的檔案。

在 vSAN 叢集的架構中，採用**「命名空間」（Namespace）**運作機制，將 VM 虛擬主機內所有檔案匯整至 VMFS 檔案系統之中，以便支援其它 vSphere 進階功能，例如：vSphere vMotion、vSphere HA（High Availability）。然而，這與傳統的 VMFS 檔案系統「運作架構」和「使用方式」並不相同。在 vSAN 叢集中執行「vSphere vMotion 即時遷移」時，vSAN 節點主機將透過命名空間機制存取 VMFS 檔案系統。簡言之，在 vSAN 叢集中，因為存取 VMFS 檔案系統的方式不同，所以可以提升運作規模和效能。

大部分的情況下，VM Home Namespace 物件不會繼承與 VMDK 相同的儲存原則。這也是為什麼在 vSAN 儲存原則中，並不會特別針對 VM Home Namespace 物件「調整」vSAN 儲存原則內容。但是，VM Home Namespace 物件會繼承「容忍失敗次數」的組態設定，以便容忍 vSAN 叢集發生故障事件。在舊版 vSAN 叢集中，VM Home Namespace 物件只能夠套用 **RAID-1** 儲存原則；但現在 vSAN 的 VM Home Namespace 物件，也能夠套用 **RAID-5** 和 **RAID-6** 儲存原則了。

由於「高運作效能」並非 VM Home Namespace 物件的主要目標，所以 VM Home Namespace 物件儲存原則通常會組態設定「條帶化」數值為 **1**、「物件空間保留區」設定值為 **0%** 和「Flash 讀取快取保留區」設定值為 **0%**，以避免 VM Home Namespace 物件消耗不必要的 vSAN Datastore 儲存空間。值得注意的是，隨著 VM 虛擬主機的工作負載和日誌內容越來越多，也將會佔用更多 VM Home Namespace 物件的儲存空間。

此外，若是啟用了 vSAN 儲存原則的「強制佈建」功能，VM Home Namespace 物件也會繼承；這代表即便 vSAN 儲存資源已經滿載，仍會強制部署 VM 虛擬主機。但是，如果 vSAN 叢集中沒有足夠的儲存資源，那麼可以設定 VM Home Namespace 物件為「節省空間的 RAID-0」，而不是 RAID-1。有關儲存原則的詳細資訊，我們將會在「第 5 章」中說明。

最後，再次提醒管理人員，VM Home Namespace 物件包含了其它物件類型，像是 iSCSI 目標、iSCSI LUN、vSAN 效能統計等等；當管理人員在 vSAN Datastore 儲存檔案時，例如：存放 ISO 映像檔，那麼 vSAN 就會自動建立 Namespace 物件，以便存放 ISO 映像檔。

SWAP 物件

從最新 vSAN 6.7 版本開始，VM 虛擬主機當中的「SWAP 物件」可以繼承 VM 虛擬主機儲存原則。這代表可以套用 **RAID-1**、**RAID-5** 或 **RAID-6** 儲存原則。因為，在過去的 vSAN 叢集架構中，SWAP 物件僅能設定為 **RAID-1**，並容忍故障次數為 **1**；這樣的儲存原則設計理念在於，當 vSAN 叢集發生故障事件、進而觸發 vSphere HA 高可用性機制時，受影響的 VM 虛擬主機將會在別台 vSAN 節點主機上「重新啟動」，並建立「新的 SWAP 物件」。現在，管理人員可以針對「SWAP 物件」套用容忍故障次數為 **2** 的 **RAID-1** 儲存原則，或是套用容忍故障次數為 **2** 的 **RAID-6** 儲存原則，讓「受影響的 VM 虛擬主機」在其它台 vSAN 節點主機上「重新啟動」時，無須重新建立新的 SWAP 物件。

請注意，SWAP 物件不會繼承「條帶化儲存原則」，所以 SWAP 物件的**條帶化組態設定值始終為 1**。

在舊版 vSAN 叢集中，SWAP 物件預設值是採用「**完整佈建**」（Thick Provision）儲存原則。這表示 vSAN 儲存資源必須具備足夠的儲存空間，否則不會進行 VM 虛擬主機部署作業。從 vSAN 6.2 版本開始，可以透過「`SwapThickProvisionDisabled`」進階參數，允許「SWAP 物件預設值」改為採用「**精簡佈建**」（Thin Provision）。現在，最新的 vSAN 6.7 版本中，SWAP 物件預設便採用精簡佈建儲存原則。

VMDK 虛擬硬碟和 Delta 增量硬碟物件

如前所述，預設情況下，在 vSAN 叢集中，VM Home Namespace 物件和 SWAP 物件並不會繼承 VM 虛擬主機的儲存原則，而是套用 vSAN 叢集「預設」的儲存原則。因此，只有 VM 虛擬主機當中的「VMDK 虛擬硬碟」物件和「Delta 增量硬碟」物件才會套用「管理人員所設定的儲存原則」。值得注意的是，VM 虛擬主機的「Delta 增量硬碟物件」將會採用「**vSANSparse**」硬碟格式，而此硬碟格式僅適用於 vSAN Datastore 儲存資源。

由於物件大部分由多個元件組成，因此在 vSAN 叢集環境之中，「VMDK 虛擬硬碟」物件和「Delta 增量硬碟」物件都會有自己「獨立的 RAID 樹系」。

請注意，「完整複製」（Full Clones）、「鏈接複製」（Linked Clones）、「即時複製」（Instant Clones）和「vSANSparse 增量硬碟」，這幾種不同的 VMDK 虛擬硬碟格式，都會在 vSAN Datastore 儲存資源中建立物件。如果需要確認採用哪種 VMDK 格式，可以查詢 VM Home Namespace 物件中的「VMDK 硬碟描述檔案」。

見證和複本

在 RAID 樹系內的每項物件，至少會有兩個「**複本**」（Replicas），而這些複本可以是一個或多個元件所組成。同時，當管理人員部署 VM 虛擬主機時，vSAN 叢集將會「自動」建立一個或多個「**見證**」（Witnesses）元件。事實上，見證元件並未包含任何資料，它只有儲存「**中繼資料**」（Metadata）；「見證」的主要用途是在 vSAN 叢集發生故障事件時擔任「仲裁」機制，以判定誰是物件的擁有者。

關於見證元件，許多管理人員經常提問：『見證元件是否會消耗 vSAN Datastore 儲存空間呢？』目前，在 vSAN Datastore 的儲存資源中，每一份見證元件所包含的中繼資料，大約會消耗「**16 MB**」的儲存空間。雖然，見證元件所佔用的儲存空間非常少，然而隨著 vSAN 叢集環境中「運作的 VM 虛擬主機數量」逐漸增加時，仍然會耗用一定程度的 vSAN Datastore 儲存空間。因此，管理人員在規劃部署 vSAN 叢集時，仍應考量見證元件所消耗的儲存空間。

讓我們透過簡單的使用案例，來解釋見證元件的主要用途。當採用 vSAN 儲存原則 **FTT=1** 和 **Stripe=1** 進行 VM 虛擬主機的部署時，此時 vSAN 叢集將會建立具備「兩個複本」的 VM 虛擬主機。然而，兩個複本的元件，在發生網路分區事件、或者是 vSAN 節點主機故障損壞時，將會無法判斷「誰是物件的擁有者」。此時便會在 vSAN 叢集中的「其它台 vSAN 節點主機之內」建立見證元件。

在 vSAN 叢集架構中，為了讓見證元件能夠順利進行仲裁，必須滿足以下兩項條件：

- 針對 **RAID-1** 類型，至少需要一個完整物件為可用。針對 **RAID-0** 類型，「所有」條帶化元件必須為可用。針對 **RAID-5** 類型，在產生的四個 **RAID-5** 元件中，至少必須「三個」元件為可用。針對 **RAID-6** 類型，在產生的六個 **RAID-6** 元件中，至少必須「四個」元件為可用。
- 簡言之，vSAN 叢集發生故障事件之後，剩餘的可用元件必須**超過 50%** 才行。

如前所述，只有當 vSAN 叢集可以存取一個複本和見證、或者可以存取兩個複本時（沒有見證），才可以順利存取物件。因此，當 vSAN 叢集環境發生網路分區事件、或是 vSAN 節點主機故障損壞時，才能夠順利存取物件。

運作效能統計資料庫物件

最新的 vSAN 版本提供「監控」vSAN 叢集運作效能的統計資訊，還可以從「VM 虛擬主機（前端）的角度」、「vSAN 節點主機（後端）的角度」以及「iSCSI 的角度」來查看運作效能。當管理人員啟用「效能統計服務」時，將會收集 vSAN 叢集中「所有 vSAN 節點主機的效能資訊」，並將收集後的效能資訊儲存於資料庫之中，然後匯整和分析 vSAN 運作效能。值得注意的是，**「Stats DB」**也是一個物件，並儲存在 Namespace 物件之中，再次表示 Namespace 物件不僅用於 VM 虛擬主機，更常見的用途是被當作「儲存容器」。如**圖 4-6** 所示，在登入 vSphere HTML 5 Client 管理介面之後，切換至**「vSAN Performance Service」**管理頁面，啟用**「vSAN Performance Service」**選項，並選擇預設的 vSAN 儲存原則。

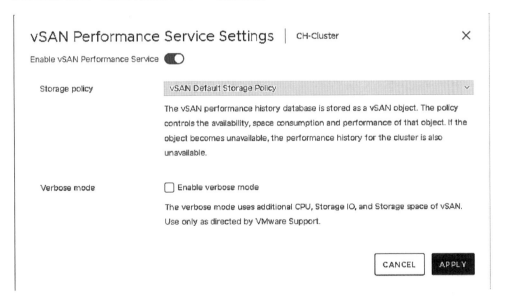

圖 4-6：啟用 vSAN 效能服務

iSCSI 目標和 LUN 邏輯單元號碼

新版 vSAN 叢集已經可以建立「iSCSI 目標」（iSCSI Target）和「LUN 邏輯單元號碼」，給予外部的「iSCSI 啟動器」（iSCSI Initiators）使用。當管理人員希望 vSAN 叢集支援「iSCSI 目標」特色功能時，必須啟用「iSCSI 目標服務」（iSCSI Target Service），以建立 iSCSI 目標命名空間物件。簡言之，vSAN 叢集將會建立 Namespace 物件，然後儲存 iSCSI 目標功能所需的中繼資料，並採用 **FTT=1** 的 vSAN 儲存原則。**圖 4-7** 就是啟用了「iSCSI 目標服務」的管理頁面。

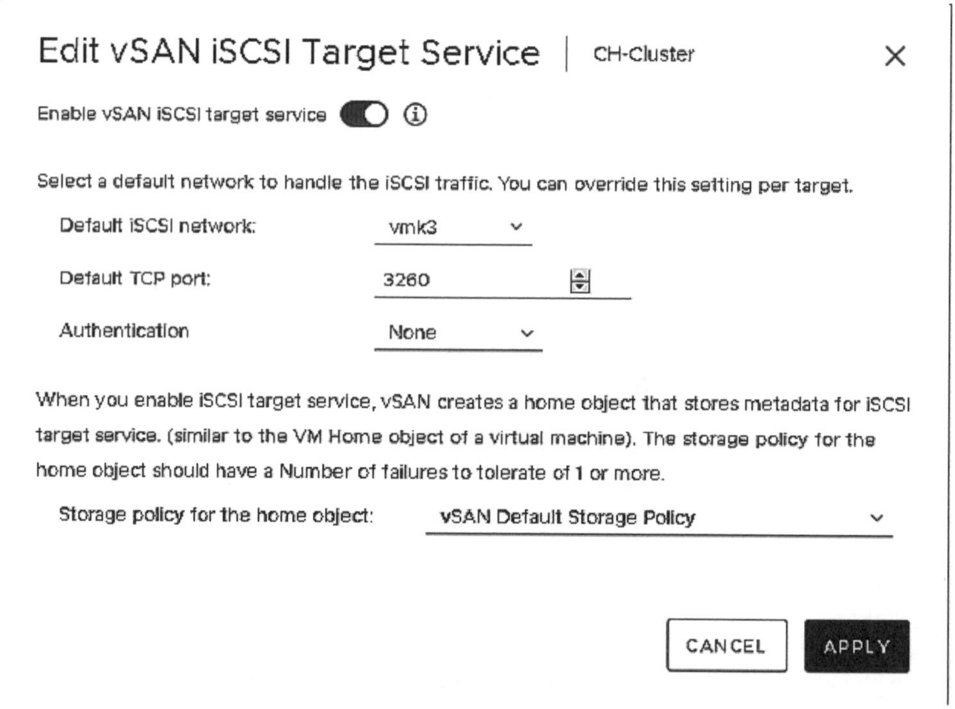

圖 4-7：啟用 iSCSI 目標服務

除了預設的 vSAN 儲存原則之外，管理人員在啟動 iSCSI 目標服務時，也可以選擇自訂的 vSAN 儲存原則。

此外，從最新的 vSAN 6.7 版本開始，iSCSI 目標服務支援「**透明容錯移轉**」（**Transparent Failover**）機制；這代表管理人員可以透過 iSCSI 目標服務，來建構「**Windows Server 容錯移轉叢集**」（**Windows Server Failover Cluster，WSFC**）。

了解 vSAN iSCSI 目標服務的基本概念之後，可以開始深入了解它的運作架構了。簡單來說，在 vSAN 叢集中啟用 iSCSI 目標服務之後，將會具備「I/O 目標擁有者」（I/O Target Owner）機制。只要遠端的 iSCSI 啟動器發出連接請求，iSCSI 目標便會協調「誰能夠執行 I/O」。雖然 I/O 擁有者執行 I/O 的「VMDK 物件」，可能與「實際 iSCSI LUN」所在的 vSAN 節點主機不同，不過這對於 vSAN 叢集來說並不是問題。因為這跟「VM 虛擬主機運作在 vSAN-A 節點主機上、但是 VMDK 在 vSAN-B 節點主機上」的概念相同。因此 I/O 擁有者能夠透過「不同 vSAN 節點主機」存取，也能夠遷移到不同的 vSAN 節點主機，並不會影響 iSCSI 服務的「可用性」或「效能」，當然也能因應 vSAN 叢集進行維運事務，例如：進入維護模式、負載平衡操作等等。

如果管理人員在「vSAN 延伸叢集」環境中啟用「iSCSI 目標服務」，可能會發生「I/O 擁有者在 vSAN 延伸叢集中的 **A-Site** 站台內、而 iSCSI LUN 則在 **B-Site** 站台內」的情況。在這樣的使用案例之中，「iSCSI 目標和 iSCSI 啟動器之間的網路流量」都必須經過 Inter-Site Link 網路。幸好，在 vSAN 延伸叢集架構之中，資料寫入的部分為 **RAID-1** 類型，也就是兩個站台都會「同時寫入」資料，在資料讀取方面則會從「本地站台」進行讀取，而非透過 Inter-Site Link 網路到另一個站台進行資料讀取作業。所以管理人員無須在意 I/O 擁有者在哪個站台之內。

值得注意的是，在 vSAN 延伸叢集中啟動 iSCSI 目標服務時，關鍵在於 iSCSI 啟動器的「位置」。假設 iSCSI 啟動器在 **A-Site** 站台內、而 I/O 擁有者在 **B-Site** 站台，那麼，在這樣的使用案例之中，**iSCSI 流量（以及其它 vSAN 流量）都需要透過 Inter-Site Link 網路進行傳輸**，這將會增加站台之間的網路流量。因此，除非請求 VMware 特殊支援服務，否則 VMware「不建議」也「不允許」在 vSAN 延伸叢集環境中啟用 iSCSI 目標服務。

物件的排列原則

管理人員通常會問的下一個問題是：『vSAN 如何針對物件進行排列和佈建呢？』事實上，在 vSAN 叢集的架構中，管理人員不需要知道物件存放在何處。然而，我們了解，管理人員對於「每一項新興技術」都希望能「充分掌握」其細部的運作架構和機制，所以在 vSphere HTML 5 Client 管理介面中，管理人員可以看到每個物件和元件（**Replica**、**Stripe**、**Witness**）的分佈資訊。

> 注意：vSAN 分散式演算法將會確保「不同複本（鏡像資料）的元件」不會存放在同一台 vSAN 節點主機之內，以維護基本的資料可用性。

過去的 vSAN 版本無法讓管理人員在「vSphere Web Client 管理介面」看到 VM 虛擬主機中的「SWAP 元件」和「Delta 增量硬碟元件」。現在，最新的 vSAN 版本讓「所有物件的可見性」更加提升了；在「vSphere HTML 5 Client 管理介面」，可以直接看到 SWAP 和 Delta 增量硬碟元件（如**圖 4-8** 所示）。雖然，後續的 vSAN 版本可能「顯示元件的方式」會有所不同，但是管理人員通常可以在管理介面中，依序點選「**vSAN Cluster > Monitor > Virtual Disks**」項目，即可看到 VM 虛擬主機的物件和元件存放資訊。

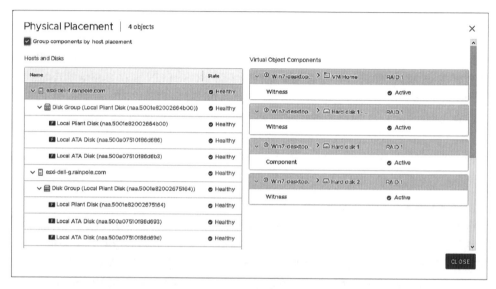

圖 4-8：查詢 vSAN 節點主機之中，VM 虛擬主機「物件」和「元件」的分佈情形

vSAN 軟體元件

本節將介紹 vSAN「**分散式軟體層**」（Distributed Software Layer）具備哪些「**軟體元件**」（Software Components）。

事實上，vSAN 分散式軟體層和軟體元件的資訊，對剛接觸 vSAN 的管理人員並沒有幫助；因為這些複雜的軟體運作機制和工作流程，在建置 vSAN 叢集環境時，就已經在安裝流程中自動完成了。然而，當管理人員後續維運 vSAN 叢集時，可能會在管理介面或 VMkernel 日誌檔案中，看見有關 vSAN 叢集運作資訊。所以我們希望管理人員也能了解「vSAN 底層運作機制」的詳細資訊，這將有助於後續維運管理時進行故障排除。

如**圖 4-9** 所示，在 vSAN 叢集的架構中，包含四個主要的軟體元件。接下來，我們將針對每個軟體元件進行深入剖析。

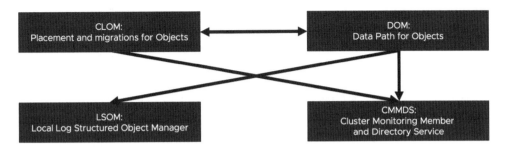

圖 4-9： vSAN 叢集四大主要軟體元件

元件管理

vSAN 叢集架構中的「**本地端日誌結構化物件管理員**」（Local Log Structured Object Manager，**LSOM**）運作在「實體硬碟層級」之中。LSOM 讓 VM 虛擬主機能夠將「物件和元件」存放到 vSAN 節點主機之內；透過 LSOM，當資料進行 I/O 行為時，將由快取裝置「全面負責」資料 I/O 的讀寫行為；對容量裝置而言，則是透過 vSAN 儲存原則，來提供資料的可用性和效能。

LSOM 元件管理機制同時負責「監控」vSAN 儲存資源的健康情況，以及資料 I/O 的「**重試**」（Retrying）工作。舉例來說，當 vSAN 儲存資源的健康情況不良、或是儲存裝置發生故障損壞事件，導致需要再次「重試」資料 I/O 時，就會觸發系統「**事件**」（Events），以提醒 vSAN 管理人員。

LSOM 元件管理機制另一個主要功能為「恢復」物件的健康狀態。當 vSAN 節點主機重新啟動時，LSOM 元件管理機制便會負責將「SSD 日誌檔」進行復原的動作，以確保 vSAN 節點主機內的記憶體狀態為「最新且最正確的版本」，以便順利讀取 SSD 日誌內容。然而，此 SSD 日誌檔「讀取」和「復原」的流程，將會導致 vSAN 叢集中的 vSAN 節點主機「在重新啟動時所花費的時間」，比一般 vSphere 叢集的 ESXi 成員主機來得長。幸好，vSAN 6.7 版本中內建的「**快速啟動**」（Quick Boot）機制，能夠緩解此一情況。

物件資料路徑

「**分散式物件管理員**」（**Distributed Object Manager**，**DOM**）負責提供「分散式資料存取路徑」給「LSOM 元件管理機制」使用。簡言之，在 vSAN 叢集架構中的 VM 虛擬主機物件，之所以能夠跨越不同台的 vSAN 節點主機，並達到分散式 RAID 運作架構，就是透過「DOM 分散式物件管理員機制」來達成。

DOM 同時也負責「不同類型的故障事件」，例如：當「某個 I/O 儲存裝置發生故障，無法與 vSAN 節點主機進行溝通」、或者「vSAN 節點主機本身發生故障」時，在復原作業的工作流程之中，DOM 必須「重新同步」所有物件和元件；在重新同步的過程中，將會定期顯示 bytesToSync 數值，以便管理人員即時掌握同步進度。

物件擁有權

vSAN 叢集中的「每個物件」將會透過「選舉機制」決定物件的擁有者，這通常被稱作「**分散式物件管理員擁有者**」（Distributed Object Manager Owner），或簡稱為「**DOM 擁有者**」（**DOM Owners**）。管理人員可以將「DOM 擁有者」視作在 vSAN 叢集內部「負責協調」哪個物件可以執行資料 I/O 的角色。先前我們討論 vSAN iSCSI 時，已經討論過「**物件擁有者**」（Object Owners）了。簡言之，物件的擁有者具備資料 I/O 的執行權限，也就是在分散式 RAID 運作架構之中，能夠確保「物件與元件」和「中繼資料」的一致性。

舉例說明，在 NFS 運作架構之中運作的角色分別是 **NFS Server** 和 **NFS Client**；只有在 NFS Server 允許清單內的 NFS Client，才能夠存取 NFS Server 儲存資源。因此，管理人員可以把 NFS 運作概念，套用在 vSAN 物件擁有者上，也就是「允許的物件」才能進行資料 I/O，反之則無法進行資料 I/O。

物件擁有者其實就是「元件管理員」的概念。元件管理員可以被視作 LSOM 元件管理機制的「網路前端」（即如何存取 vSAN 中的儲存物件）。

物件擁有者透過 LSOM 元件管理機制「探索」RAID 樹系當中的物件和元件。在一般的情況下，只有一個擁有者可以存取物件。然而，在執行 vMotion 的任務時，便會發生多個擁有者「同時」存取物件的情況，因為 DOM 物件正在 vSAN 節點主機之間移動。

幸好，在絕大多數的情況下，「DOM 擁有者」和「DOM 客戶端」都在 vSAN 叢集中的「同一台 vSAN 節點主機」上。當採用 RAID-1 類型的儲存原則時，因為具備高效能讀取快取，可以跨複本進行負載平衡的資料讀取作業；DOM 擁有者就可以根據「**邏輯區**

塊位址」（Logical Block Address，**LBA**），來選擇所要讀取的複本，然後再將資料請求傳送到 LSOM 元件管理機制。

針對物件進行放置和遷移

「**叢集層級物件管理員**」（**Cluster Level Object Manager**，**CLOM**）負責確認「vSAN 儲存原則」與「哪些物件」互相匹配，例如：物件和元件要套用 FTT 和 Stripe 儲存原則，以便滿足 VM 虛擬主機的可用性要求。也就是說，在 vSAN 叢集的架構中，CLOM 機制負責檢查「哪些儲存原則」要套用到「哪些物件和元件」，同時檢查 vSAN 儲存資源是否符合儲存原則規範。此外，還能在 vSAN 叢集之中，針對 vSAN 節點主機之間進行儲存資源的負載平衡。

CLOM 機制決定 DOM 要如何運作，以便處理跨越多台 vSAN 節點主機「存放」物件和元件的任務。簡單來說，CLOM 機制專注在 vSAN 叢集中處理眾多的「負載平衡」作業。然而，vSAN 節點主機儲存資源的管理任務，例如：儲存空間還剩多少、儲存空間還要保留多少、快閃記憶體裝置讀取快取的使用或保留等等，這些部分則不是由 CLOM 機制負責處理。

在 vSAN 叢集的架構中，每一台 vSAN 節點主機都會運作一個名為「**clomd**」的 CLOM 執行個體。每個 CLOM 執行個體負責每台 vSAN 節點主機中「DOM 的組態配置和儲存原則的套用」是否合乎標準，同時還必須與 **CMMDS**（**Cluster Monitoring**、**Membership**、**Directory Service**）互相溝通，確認儲存物件的擁有權。

 請注意！CLOM 只會在 vSAN 節點主機上運作，不會透過 vSAN 網路進行通訊。

叢集監控、成員資格、目錄服務

「**叢集監控、成員資格、目錄服務**」（**Cluster Monitoring**、**Membership**、**Directory Service**，**CMMDS**）負責在 vSAN 叢集以及 vSAN 節點主機之間，進行「探索、建構、維護」等叢集監控任務。同時還要管理 vSAN 叢集的各項資源，例如：vSAN 節點主機、儲存裝置、網路、物件內的中繼資料等等。此外，它還需要負責 vSAN 節點主機之間「互相通訊的網路健康狀態」，監控是否有 vSAN 節點主機發生故障事件，確保 vSAN 叢集中成員的運作。

在目錄服務機制方面，則是負責處理其它軟體元件的工作，例如：更新、瀏覽、改變 vSAN 叢集拓撲結構和組態，舉例來說，DOM 軟體元件透過目錄服務機制，確認儲存物件和元件將會經由「哪一台 vSAN 節點主機」，透過「什麼樣的路徑」進行資料存取作業。

CMMDS 運作機制也會透過前述的「物件擁有者機制」，管理「哪些客戶端」才可以進行物件的資料 I/O 作業。

值得注意的是，在 vSAN 6.6 版本之前，CMMDS 機制只會建立一個 vSAN 叢集，而在 vSAN 節點主機之間，則必須採用「**多點傳送**」（Multicast）進行通訊。現在，新版 vSAN 叢集的環境之中，在多台 vSAN 節點主機之間，已經改為採用「**單點傳送**」（Unicast）進行互相通訊的工作了。

vSAN 節點的主機角色（Master、Slave、Agent）

當 vSAN 叢集建構完成之後，管理人員只要透過 esxcli 指令，便能發現每一台 vSAN 節點主機分別擔任「不同的角色」，而這些角色**僅適用於** vSAN 叢集架構。在 vSAN 叢集中，除了方便管理的考量之外，最重要的是必須維持「資料一致性」。因此，CMMDS 叢集服務採用了「**主要**」（**Master**）、「**次要**」（**Slave**）和「**代理程式**」（**Agent**），並用這些不同的角色進行區別。首先，在 vSAN 叢集的架構中，在所有 vSAN 節點主機之間推選出「**主要**」（**Master**）角色的 vSAN 節點主機，然後 vSAN 節點主機之間便會透過 vSAN 網路「互相通訊」；擔任「**次要**」（**Slave**）角色的 vSAN 節點主機，將會把更新資訊（例如，磁碟群組、儲存物件更新等等）傳送給主要角色的 vSAN 節點主機；主要角色的 vSAN 節點主機，再將收集後的更新資訊，重新分配給擔任「**代理程式**」（**Agent**）角色的 vSAN 節點主機。

值得注意的是，vSAN 叢集將會自動推舉和指派擔任主要角色的 vSAN 節點主機，管理人員「無法管控」vSAN 節點主機的角色。

許多管理人員可能會疑惑：『為何需要**次要**角色的 vSAN 節點主機呢？』主要原因在於，當擔任**主要**角色的 vSAN 節點主機發生故障時，那麼 vSAN 叢集便會在擔任**次要**角色的 vSAN 節點主機之中「重新選舉和指派」其中一台 vSAN 節點主機擔任**主要**角色，以便快速接手和掌握「其它仍然存活的 vSAN 節點主機」，而無須再次執行選舉、指派、更新、派送等前述的繁雜流程。

vSAN 延伸叢集架構「允許」vSAN 叢集中的 vSAN 節點主機，能於實體位置上「分散」在不同的站台；也就是說，擔任**主要**角色的 vSAN 節點主機可以在資料中心的 **A 站台**運作，而擔任**次要**角色的 vSAN 節點主機，則在 **B 站台**運作。

總而言之，vSAN 節點主機不管是擔任**主要**或**次要**角色，對管理人員來說，其實在維運管理方面並沒有任何差異（無論是建立、複製，或是刪除 VM 虛擬主機等等的工作，都沒有差別）；這僅僅是在 CMMDS 叢集服務之中，「不同的角色」採用了「不同的運作機制」而已。

RDT 可靠資料傳輸機制

「可靠資料傳輸機制」（**Reliable Datagram Transport，RDT**）是 vSAN 叢集中的通訊機制。預設情況下，RDT 可靠資料傳輸機制將會採用 **TCP 通訊協定**，並透過 Sockets 的方式處理 TCP Connections 連線作業。RDT 機制位於 vSAN 叢集服務的最頂層。CMMDS 叢集服務透過心跳偵測機制，來判斷所有連結路徑的狀態；當偵測到連結路徑發生中斷時，RDT 機制便會把發生問題的連結路徑刪除，重新選擇可以使用的連結路徑。

DOM 機制便是透過 RDT 機制與「vSAN 物件擁有者」進行通訊，透過 RDT 機制來判斷和偵測 vSAN 節點主機是否發生故障。vSAN 節點主機發生故障事件時，「儲存物件的擁有者」可能也會發生變化，此時 RDT 機制便會採用「新的可用路徑」進行後續的資料存取作業。簡單來說，CMMDS 叢集服務內的「心跳偵測和相關監控機制」就是由 RDT 機制來負責，同時 RDT 機制還會處理「連線逾時」以及「連結路徑故障損壞」的問題。

硬碟格式和 DFC 硬碟格式變更機制

在我們深入剖析各種資料 I/O 流程之前，讓我們先討論 vSAN 使用的硬碟格式吧。

快取裝置

vSAN 叢集架構中的「快閃記憶體裝置」採用了 VMware 獨有的硬碟格式。在 **Hybrid 模式**時，快取裝置同時負責「讀取快取」和「寫入緩衝」的部分；在讀取快取的部分，將會採用 vSAN 獨有的硬碟格式，而寫入緩衝部分，則是 vSAN 獨有的日誌結構。在

All-Flash 模式時，則只有「寫入緩衝」的部分。簡單來說，無論是 vSAN 獨有的硬碟格式或日誌結構，這都是 VMware 的設計，用來強化「快閃記憶體裝置」的功能，這樣的設計甚至超過快閃記憶體裝置「韌體」（Firmware）自身所能提供的基本功能。

容量裝置

舊的 vSAN 5.5 版本採用 **VMFS**（Virtual Machine File System）檔案系統，但是它並非傳統的 VMFS 檔案系統，而是針對 vSAN 叢集架構所設計的 **VMFS-L**（**VMFS Local**）檔案系統，以便用於 vSAN 叢集中「分散式的 vSAN 節點主機」。傳統 vSphere 叢集架構所使用的 VMFS 檔案系統，是「多台 ESXi 成員主機」共享「同一個」儲存資源的叢集環境。這樣的設計並未考慮「本地端儲存資源」，當然資料也並非「分散式儲存」。然而，在 vSAN 叢集的架構之中，每一台 vSAN 節點主機的本地端硬碟都採用了「特殊的 VMFS-L 檔案系統」，這考慮到了「分散式資料存取」的運作機制。因此這兩者之間有很大的不同。

傳統 vSphere 叢集架構所採用的 VMFS 檔案系統，有「**磁碟鎖定**」（**On-Disk Locking**）和「**儲存心跳偵測**」（**Datastore Heartbeats**）機制。然而，vSAN 叢集中的 VMFS-L 檔案系統已經「捨棄」這些舊有機制。新式的 VMFS-L 檔案系統採用了「新的磁碟鎖定管理員機制」，而非舊有的 SCSI Reservation 機制，同時不需要儲存心跳偵測機制，只需要透過「**記憶體複製**」（**In-Memory Copy**）更新機制即可。事實上，從 VMware 的測試結果可知，新式的 VMFS-L 與舊有 VMFS 檔案系統在「虛擬磁碟佈建的執行效率」上，新式的 VMFS-L 檔案系統可以「**提升 50 %**」的執行效率。

從 vSAN 6.0 版本開始，改為採用「**vSANFS**」新式檔案系統。它來自 VMware 多年前收購的 Virsto 的公司，由該公司的 VirstoFS 檔案系統演化而來。新版 vSAN 叢集採用了「新一代的 vSANFS 檔案系統」之後，能夠有效提升 VM 虛擬主機建立快照（採用新式 vsanSparse 格式）和複製的工作。當管理人員從舊有的 vSAN 5.5 版本升級至新版 vSAN 6.0 版本時，系統會依序將每個磁碟群組進入「維護模式」，然後刪除舊有 **VMFS-L(v1)** 磁碟群組，建立新式 **vSANFS(v2)** 磁碟群組，並不斷重複此工作流程，直到 vSAN 叢集當中所有磁碟群組都升級完成，達到無縫式由 **VMFS-L(v1)** 升級至 **vSANFS(v2)**。

在過渡期間支援新增的 vSphere Client、RVC、ESXCLI 指令為 **vSANFS(v3)** 檔案系統的版本。從 vSAN 6.2 版本開始，為了因應「重複資料刪除和壓縮」等新增的儲存特色功能，於是 CMMDS 叢集服務和其它服務也同時升級為 **vSANFS(v4)** 檔案系統版本。

從 vSAN 6.6 版本開始，更加入了保護機敏資料的 vSAN 加密機制，因此也提升至

vSANFS(v5) 檔案系統版本。此外，RVC、ESXCLI、CMMDS 叢集服務也一併提升至 **vSANFS(v5)** 版本。

vSAN 6.7 版本持續針對「各項 vSAN 叢集服務」進行增強，因此升級至 **vSANFS(v6)** 檔案系統版本。最新的 **vSAN 6.7 U1** 版本開始支援 VM 虛擬主機回收儲存空間機制，也就是客體作業系統支援 UNMAP 操作。這代表 VM 虛擬主機當中的「客體作業系統」，能夠透過「TRIM/UNMAP 機制」，通知「底層的 vSAN Datastore 儲存資源」可以「回收」不再使用的資料區塊，以便「回收並縮小」VMDK 虛擬硬碟在 vSAN Datastore 儲存資源中「所佔用的儲存空間」。於是再次升級至 **vSANFS(v7)** 檔案系統版本。

值得注意的是，某些修改中繼資料的動作，並不需要進行磁碟群組滾動更新作業。此外，除非採用特定資料服務，例如，啟用 vSAN 加密機制，否則系統「並不會」特地執行更新 **vSANFS** 檔案系統版本的動作。主要原因在於，啟用了 vSAN 加密機制之後，必須搭配 **KMS**（Key Management Server）機制，將後續所有資料寫入行為進行加密，所以一定要更新 **vSANFS** 檔案系統版本才行。有關 vSAN 加密機制的詳細資訊，稍後我們將會深入剖析。

vSAN I/O 流程

本小節將探討在 vSAN Datastore 的儲存資源之中，部署 VM 虛擬主機時的「資料 I/O 的流程」，即資料的「**讀取**」（Read）和「**寫入**」（Write）。當 vSAN 儲存原則組態設定的內容為 **Stripe=2** 時，我們會查看資料**讀取**的部分，當儲存原則設定的內容為 **FTT=1** 時，我們則會查看資料**寫入**的部分，以便幫助管理人員了解資料 I/O 的流程。此外，我們還會討論 vSAN 叢集如何將資料從「快取層級」真正寫入至「容量層級」，並說明在啟用了「重複資料刪除和壓縮」以及「vSAN 加密機制」之後，資料 I/O 的工作流程為何。

在開始深入探討之前，我們先來了解「快取儲存裝置」在資料 I/O 工作流程中的作用為何吧。

快取演算法

在 vSAN 叢集的架構之中，Hybrid 模式和 All-Flash 模式有不同的快取演算法。簡單來說，採用 **Hybrid 模式**時，快取演算法主要著重於將「快取層級內的暫存資料」，以「非同步的方式」寫入到容量層級之中。而採用 **All-Flash 模式**時，則是確保經常被存取的

「熱資料」必須存放在快取層級之中，至於不常被存取的「冷資料」，才會被存放在容量層級之中。

快取層級的用途為何

管理人員應該已經了解在 vSAN 叢集中「快閃記憶體儲存裝置」的用途。當快閃記憶體儲存裝置用於 **Hybrid 模式**的快取層級時，將會同時擔任「讀取快取」和「寫入緩衝」的角色，以便提升 vSAN 叢集的資料 I/O 儲存效能，並支援 SAS 和 SATA 儲存裝置這些相對「低成本」的儲存空間擴充機制。

當快閃記憶體儲存裝置用於 **All-Flash 模式**的快取層級時，只負責「寫入緩衝」的部分，至於「讀取快取」則由容量層級負責。

Hybrid 模式的讀取快取用途

Hybrid 模式中的**「讀取快取」**（**Read Cache**），其目的是希望減少資料讀取的 I/O 延遲時間。當 VM 虛擬主機內「運作的應用程式」需要「讀取」某些應用資料時，因為 VM 虛擬主機的儲存物件有可能不會存放於「同一台 vSAN 節點主機」之內，在這樣的情況下，如果快取層級內的快閃記憶體裝置「存放讀取快取的資料區塊」當中，有「VM 虛擬主機所需讀取的資料」，那麼便能直接回覆給 VM 虛擬主機，此時稱之為**「快取命中」**（**Cache Hit**）。如果快取層級內的快閃記憶體裝置「存放讀取快取的資料區塊」當中，並沒有「VM 虛擬主機所需讀取的資料」，此時，就需要到容量層級，也就是機械式硬碟之中，進行「資料區塊讀取」的動作；如此一來，回覆給 VM 虛擬主機的速度肯定非常緩慢，此時稱之為**「快取遺漏」**（**Cache Miss**），且一定會影響整體的 **IOPS** 儲存效能表現，導致拖慢 VM 虛擬主機的執行效率。原則上，在 Hybrid 模式中，最小讀取快取命中率應維持在**「90%」**。但是這樣的比例原則，將會被「快取裝置儲存空間」以及「容量裝置儲存空間」的大小影響。

在 vSAN 叢集的架構之中，系統會確保快閃記憶體裝置內「存取快取讀取的資料區塊」，相同的部分只會鏡像一次。因為快閃記憶體裝置儲存資源比「機械式硬碟」還要昂貴。此外，Hybrid 模式快取層級和容量層級「儲存空間」比例的估算，將會嚴重影響屆時 vSAN 叢集整體的 IOPS 表現。

All-Flash 模式的讀取快取用途

在 All-Flash 模式之中，由於容量層級也是由「快閃記憶體裝置」所組成，因此，當發生快取遺漏的情況時，會去快閃記憶體裝置所組成的「容量層級」讀取資料，於是回應的速度也非常快，這就是在 All-Flash 模式之中「不需要」將快取層級再劃分出「讀取快取」的原因，因為容量層級已經能夠「非常快速地處理」讀取快取遺漏的情況。由於 All-Flash 模式的快取層級無須劃分出「讀取快取儲存空間」，相對讓快取層級獲得更多的寫入緩衝空間，進而提升 vSAN 叢集整體的 IOPS 表現。

寫入緩衝的用途為何

在 vSAN 叢集的架構之中，不管採用的是 Hybrid 模式還是 All-Flash 模式，在資料寫入的部分，皆使用「**寫入緩衝**」（**Write Buffer**）機制。透過快閃記憶體裝置「高效能」的特性，有效提升 VM 虛擬主機資料寫入的回應時間。值得注意的是，寫入緩衝採用的是「**寫回緩衝**」（**Write-Back Buffer**）機制，而非「直接寫入」（Write-Through）機制。

在 vSAN 叢集中，當 VM 虛擬主機發出資料寫入的需求時，資料將會寫入到快取層級之中，並在其它位置存放另一份複本資料。因為在預設的情況下，vSAN 儲存原則會保證 VM 虛擬主機「至少有一份額外的複本資料」可以使用，以確保 VM 虛擬主機可用性（除非 vSAN 儲存原則為 **FTT=0**）。當 VM 虛擬主機完成資料寫入的預備動作時，系統便會回應資料 ACK（Acknowledges）寫入訊號，而物件擁有者在收到 ACK 寫入訊號之後，便會回覆 VM 虛擬主機「已完成資料 I/O」，然後快取層級才會把資料「真正」寫入到容量層級之內。

因此，當 vSAN 叢集中「某一台 vSAN 節點主機」發生故障事件時，由於仍有一份可用的複本資料，因此資料仍然持續有效，且 vSAN 叢集服務將會立即同步複寫一份資料到其它存活的 vSAN 節點主機之中。

請注意，在 All-Flash 模式之中，快取層級的「所有儲存空間」都會用於寫入緩衝，並和 Hybrid 模式一樣，所有的資料寫入行為一律會先寫入快取層級之中。若資料是經常存取的「熱資料」（處於不斷變化的資料區塊），便會存放在快取層級之中；至於不常被存取的「冷資料」（不再更新和寫入的資料區塊），則會被存放至容量層級之中。

深入剖析 Hybrid 模式的資料讀取行為

對於 vSAN Datastore 儲存資源的物件，當管理人員定義儲存原則的 FTT 數值**大於 0**時，物件便會自動複製一份額外的複本。因此，當資料讀取 I/O 作業進行時，可以根據磁碟中的「**LBA 邏輯區塊位址**」（logical block address），將不同的資料讀取請求，傳送給不同的複本進行資料讀取作業，如此一來，即可避免快取層級中「讀取快取儲存空間」被大量消耗掉。

當 VM 虛擬主機中的應用程式發出資料讀取 I/O 請求時，CMMDS 叢集服務會先確認DOM 擁有者，然後 DOM 擁有者透過「LBA 邏輯區塊位址」確認請求資料讀取 I/O 的「元件」。如前所述，為了節省快閃記憶體的使用空間，所以相同的資料區塊只會快取一份，然而這樣的快取機制，就表示快取層級內的「讀取快取資料區塊」只會存在於「某一台 vSAN 節點主機」之內。因此，當快取層級存在需要的讀取資料區塊時，表示「快取命中」並直接回覆給應用程式，反之則為「快取遺漏」，並到容量層級內去讀取所需的資料區塊。

在許多情況下，資料會存放在不同台 vSAN 節點主機之間，此時，CMMDS 叢集服務就需要透過 vSAN 網路，在 vSAN 節點主機之間進行資料檢索的動作，然後才會回應給發出資料讀取請求的應用程式。

圖 4-10 是套用了「**FTT=1 + Stripe=2**」儲存原則之後的示意圖。部署的 VM 虛擬主機的物件，將會存放在不同台 vSAN 節點主機上（正確的 vSAN 術語，應該是將元件打散後分開存放）。值得注意的是，Stripe-1a 和 Stripe-1b 在同一台 vSAN 節點主機；而Stripe-2a 和 Stripe-2b，則在不同台 vSAN 節點主機。因此，當需要讀取 Stripe-2b 資料區塊時，vSAN 節點主機便會透過 vSAN 網路，進行資料檢索的動作之後，才會回應給資料讀取請求的應用程式。

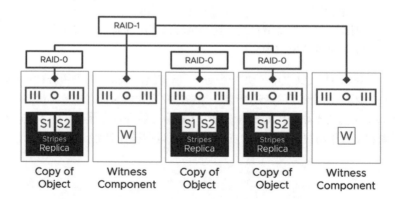

圖 4-10：vSAN 資料 I/O 的工作流程（FTT=1 + Stripe=2）

深入剖析 All-Flash 模式的資料讀取行為

由於在 All-Flash 模式之中，「快取層級」並沒有劃分出「讀取快取儲存空間」，而是直接到「容量層級」檢索資料，所以與 Hybrid 模式相比，在資料 I/O 的工作流程上有些許不同。當 vSAN 叢集採用 All-Flash 模式時，如果有資料讀取的請求，系統會先檢查快取層級中「寫入緩衝的資料區塊」是否存在（這代表資料區塊是否經常被存取）。若是需要讀取的資料區塊已經「存在」於快取層級的寫入緩衝之內，那麼就直接回覆資料讀取的請求；若是「不存在」，便從容量層級中檢索之後，再回覆資料讀取請求。或許有些管理人員會感到困惑，因為先前的討論已明確表示，All-Flash 模式的快取層級並不存在讀取快取；但是若寫入緩衝內存在資料區塊時，卻又能夠直接回覆資料讀取請求。因為，在 All-Flash 模式之中，只要資料區塊經常被存取（**熱資料**），那麼便會存在於快取層級的寫入緩衝之內，即可直接回覆資料讀取請求。

請記得，All-Flash 模式中的容量層級也是由「快閃記憶體儲存裝置」所組成，所以即便發生「快取遺漏」的情況，系統必須從容量層級檢索資料區塊時，仍然能夠保持最小的回應時間。這也是為什麼在 All-Flash 模式之中，快取層級無須劃分「讀取快取儲存空間」的原因。快取層級受惠於無須切出讀取快取，所有的儲存空間都能用於寫入緩衝，於是連帶能夠提升整體的 IOPS 效能。

深入剖析 Hybrid 模式的資料寫入行為

了解 vSAN 資料讀取 I/O 流程後，讓我們來看看資料寫入 I/O 流程。當管理人員透過 vSAN 儲存原則部署 VM 虛擬主機時，預設情況下，部署的 VM 虛擬主機將會「分散」在多台 vSAN 節點主機之中。部署的 VM 虛擬主機，有可能運算資源（CPU、Memory）在 ESXi-01 主機，而儲存資源（物件、元件、見證）則存放於 ESXi-02、ESXi-03、ESXi-04 主機之中（如**圖 4-11** 所示）。

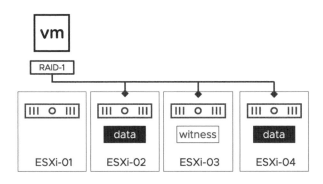

圖 4-11：vSAN 資料寫入 I/O 流程示意圖

雖然在 vSAN 叢集的架構之中，Hybrid 模式和 All-Flash 模式都支援「資料校驗」和「加密功能」，但採用 Hybrid 模式時，並不支援許多「進階資料特色功能」，例如：不支援 RAID-5 和 RAID-6 類型、不支援重複資料刪除和壓縮等等。因此，稍後討論 All-Flash 模式時，我們將會說明這些「進階儲存功能」；我們也會深入剖析資料校驗和加密功能啟用時的資料寫入 I/O 流程。

如前面的**圖 4-11** 所示，當 VM 虛擬主機內的應用程式發出「資料寫入 I/O 的請求」時，物件擁有者將會把資料寫入到 ESXi-02 主機的快取層級內，**同時**透過 vSAN 網路把需要寫入的資料區塊「複製一份」到 ESXi-03 主機的快取層級內。當資料寫入的預備動作啟動時，便會回應資料 ACK 寫入訊號；物件擁有者收到 ACK 寫入訊號之後，就會回覆給 VM 虛擬主機的應用程式「系統已經完成資料寫入 I/O 動作」；這時候，系統就會將快取層級中相關的資料區塊，「真正」寫入到容量層級之中。值得注意的是，ESXi-02 與 ESXi-03 主機「並不會」同時將資料寫入到容量層級之中，因為這將視每台 vSAN 節點主機在儲存資源上的「調度」和「工作負載」而定。

Hybrid 模式寫入資料至容量層級

如前所述，隨著 vSAN 叢集中運作的 VM 虛擬主機數量日漸增多，在快取層級中的資料量也跟著不斷增加。在 Hybrid 模式中，vSAN 將會採用**「電梯式演算法」**（**Elevator Algorithm**），將寫入緩衝分成許多的**「貯體」**（**Buckets**），並將資料寫入時的「LBA 邏輯區塊位址」依照順序分配給「不同的貯體」。因此，當寫入緩衝需要寫入資料至容量層級時，便會依照貯體所得到的「位址」，依序寫入到容量層級當中；或是當寫入緩衝的儲存空間，到達快取層級的 **30%** 儲存空間時，系統也會「強制」寫入資料至容量層級之中。

事實上，當 vSAN 準備將寫入緩衝內的資料區塊，寫入至容量層級時，將會透過**「鄰近演算法」**（**Proximal Algorithm**）機制，判斷如何將資料區塊寫入到容量層級之中，才是最不會影響運作效能的方式。簡單來說，即尋找「最接近的 LBA 邏輯區塊位址」，執行真正把資料寫入的動作。

此外，鄰近演算法還考量了許多判斷條件，例如：傳入 I/O、佇列、硬碟使用率、最佳化批次處理等等因素。這些「判斷條件」和「運作環境因素」，都會影響屆時「快取層級的資料」如何寫入到「容量層級」的動作。

深入剖析 All-Flash 模式的資料寫入行為

「All-Flash 模式的資料寫入行為」與「Hybrid 模式的資料寫入行為」非常類似。在 **Hybrid 模式**中，快取層級的儲存空間內，有 **70%** 儲存空間用於讀取快取，剩餘的 **30%** 儲存空間則用於寫入緩衝。**All-Flash 模式**的快取層級儲存空間則是 **100%** 用於寫入緩衝（在最新的 vSAN 版本，最多為 600GB 儲存空間）。那麼，當 **All-Flash 模式**快取層級中所採用的「快閃記憶體儲存裝置」，其儲存空間大於 600GB 時，會是什麼樣的情況呢？簡言之，可以有效「延長」快閃記憶體儲存裝置壽命，因為快取裝置的儲存空間越大，每個單元在資料讀取和寫入的次數上，將會相對減少許多，因此能夠「增加」快取裝置的使用壽命。

在 Hybrid 模式中，透過快取層級的寫入緩衝機制，可以有效改善延遲時間，提升整體的 IOPS 儲存效能表現。在 All-Flash 模式中，寫入緩衝機制著重的部分則是耐用性，所以管理人員在規劃設計 All-Flash 架構時，應在快取層級之中規劃使用「高耐用性的快閃記憶體裝置」，而耐用性較低的快閃記憶體裝置，則用於容量層級。

雖然兩種模式有些許不同，但是在資料寫入 I/O 工作流程之中，All-Flash 模式與 Hybrid 模式非常類似，也就是說，只有當「寫入的資料區塊以及複本」都確實存在於寫入緩衝時，才會確認為資料已寫入。

前面我們提到了相較於 Hybrid 模式，採用 **All-Flash 模式**時，可以使用「進階資料服務」，例如：採用 RAID-5 或 RAID-6 類型，以達到「節省」儲存空間的目的，或是啟用重複資料刪除和壓縮機制，也可以達到「節省」儲存空間的目的。在深入剖析「啟用」這些進階資料服務「是否會影響」vSAN I/O 的儲存效能之前，我們先個別解釋每項進階資料服務的用途吧。

重複資料刪除和壓縮

除了採用 RAID-5 或 RAID-6 類型來達到「節省」儲存空間的目的之外，也可以透過啟用「重複資料刪除和壓縮機制」來達到「節省」儲存空間的目的。管理人員在 vSAN 叢集中啟用了「重複資料刪除和壓縮機制」之後，系統將會針對每個資料區塊（唯一的資料區塊）進行重複資料刪除作業。如果 vSAN Datastore 儲存資源之中已經存在「相同的資料區塊」，系統不會再次儲存相同的資料區塊，而是建立一個索引概念的雜湊項目。所以當重複的資料區塊越多時，便能節省越多的儲存空間。

在 vSAN 叢集架構中，重複資料刪除採用 SHA-1 雜湊演算法，來為每個資料區塊建立「指紋」（Fingerprint）。每個資料區塊的最小單位為 **「4KB」**。因此，當新的資料區

塊準備寫入時，系統將會與現有的資料區塊雜湊表比對。若是已經存在，就無須寫入這個資料區塊；若是不存在，則為這個新的資料區塊建立「指紋」，然後寫入至儲存資源內。

除了重複資料刪除之外，vSAN 還結合了「**LZ4**」壓縮機制。在剛才重複資料刪除的流程中，當系統發現「新的資料區塊」準備寫入時，會先進行「壓縮」資料區塊的動作，將原本 4KB 的資料區塊壓縮至小於或等於「**2KB**」，然後才寫入至容量層級之中。若是壓縮後的資料區塊「無法」小於或等於 2KB，那麼將會保持「原有的資料區塊大小」。因此，整個工作流程便是資料區塊先經過「重複資料刪除」之後，再來進行「資料區塊壓縮」的動作。

值得注意的是，只有 **All-Flash 模式**才能啟用重複資料刪除和壓縮機制，而且無法單獨啟用（例如：僅啟用壓縮機制），只能一起啟用或一起停用。重複資料刪除和壓縮機制是針對**每一個磁碟群組**。換句話說，這表示只有在「同一個磁碟群組」的物件，才能夠達到節省儲存空間的目的。如果相同類型的 VM 虛擬主機分別部署在不同的磁碟群組時，那麼將無法針對「相同的資料區塊」進行重複資料刪除和壓縮的作業。

此外，「啟用」或「停用」重複資料刪除和壓縮機制，必須在「**vSAN 叢集**」層級才能進行組態設定作業，無法針對「個別」VM 虛擬主機或磁碟群組進行啟用的動作。

當 vSAN 叢集啟用了重複資料刪除和壓縮機制之後，系統將會針對同一個磁碟群組內「大小單位為 4KB 的資料區塊」執行建立指紋的動作，然後僅寫入一份資料區塊，而不會重複寫入相同內容的資料區塊（如**圖 4-12** 所示）。

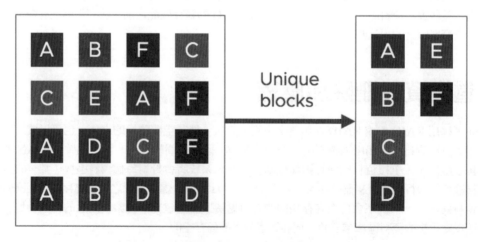

圖 4-12：重複資料刪除寫入「唯一資料區塊」示意圖

在系統為每個資料區塊建立指紋之後，只要有新的資料區塊進入時，系統便會使用資料區塊雜湊表進行比對，確保相同的資料區塊「只有一份」會存放到容量層級之中。這個資料區塊從快取層級的寫入緩衝，真正轉存到容量層級的動作，稱之為「**近線重複資料刪除**」（**Near-Line Deduplication**）。

重複資料刪除機制可以處理磁碟群組內不同類型的物件，例如：VM Home Namespace、VM SWAP、VMDK、Delta…等物件，都可以進行重複資料刪除的作業。

當磁碟群組開始轉存快取層級至容量層級時，系統會「檢查」重複資料刪除機制所佔用的儲存空間，並且嘗試「負載平衡」磁碟群組之間在儲存空間上的使用率。

請注意，在 vSAN 叢集啟用重複資料刪除和壓縮機制之後，如果磁碟群組中某個儲存裝置發生了故障事件，將會導致整個磁碟群組的狀態為「不健康」（Unhealthy）。

如**圖 4-13** 所示：在**步驟 1** 時，vSAN 將 VM 虛擬主機資料先寫入至「快取層級」當中；等資料使用的次數逐漸降低，亦轉變為冷資料之後，便進入**步驟 2** 的階段；系統將資料區塊讀取至記憶體內，經過重複資料刪除和壓縮的作業後，便進入**步驟 3** 的階段，真正將快取層級內的資料寫入至容量層級之中。值得注意的是，這樣的資料轉存動作，並不會影響 VM 虛擬主機的運作和延遲。

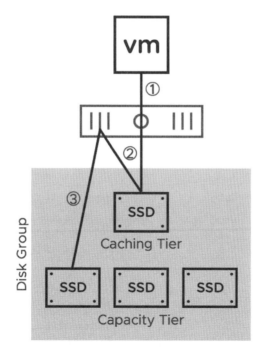

圖 4-13：重複資料刪除和壓縮的運作流程示意圖

資料校驗和完整性

在 vSAN 叢集的架構之中，預設情況下，已經啟用了**「總和檢查碼」**（Checksum）功能，此特色功能支援 Hybrid 模式和 All-Flash 模式。簡單來說，透過總和檢查碼機制，可以驗證資料來源和寫入目的地是否相同。總和檢查碼機制採用 **CRC-32C** 以達到最佳化效能。若 vSAN 節點主機的 CPU 處理器支援 **Intel c2c32c** 指令集，那就可以達到功能卸載的效果，使運作效能更為快速。

在系統將資料區塊寫入至快取層級之前，便會透過總和檢查碼機制確認資料一致性和完整性；然後針對每個 4KB 資料區塊，建立一個 5-byte 的總和檢查碼，並且與資料分開存放；之後才會進行資料轉存的動作，將資料區塊由快取層級真正寫入至容量層級之內。

當 vSAN 叢集服務偵測到 I/O 路徑中有錯誤或資料不一致時，會自動進行修復錯誤的動作，並記錄至 VMkernel 日誌檔案之中。

預設情況下，總和檢查碼機制將會**每一年**自動進行資料一致性和完整性的檢查作業，確保 vSAN Datastore 儲存資源中所有資料的正確性和可用性。此外，透過調整進階參數「**VSAN.ObjectScrubsPerYear**」，可以讓總和檢查碼機制更頻繁地執行檢查作業。舉例來說，假設希望「每週」都能自動檢查資料完整性，請將參數值設定為「**52**」即可。請注意，當系統執行總和檢查碼任務時，將會有運作效能上的額外開銷。

預設情況下，vSAN 會針對「所有的物件」進行資料一致性和完整性的檢查工作。然而，管理人員若是希望針對某些特別物件「停用」資料一致性和完整性的檢查工作（如**圖 4-14** 所示），我們建議「上層的應用程式」也應該提供資料檢查機制，才能停用。舉例說明，採用 Hadoop HDFS 時，便可以針對相關物件「停用」（Disable）總和檢查碼機制。

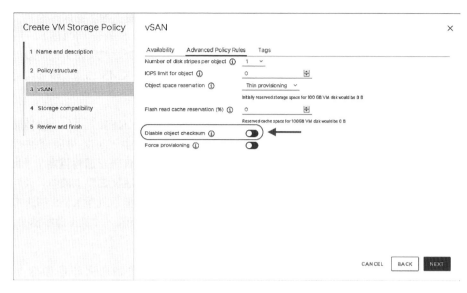

圖 4-14：在 vSAN 儲存原則中「停用」總和檢查碼機制

vSAN 機敏資料加密保護

vSAN 為企業及組織提供機敏資料的加密保護。當管理人員在 vSAN 叢集中啟用加密保護機制之後，系統將針對所有物件啟用加密保護。這個 vSAN 加密保護機制與硬體無關，所以無須額外的加密裝置，例如：**SEDs**（Self-Encrypting Drivers）加密硬碟。vSAN 加密機制採用 **XTS-AES 256** 進階加密標準，同時保護快取層級和容量層級中的資料。值得注意的是，當資料進入快取層級時，系統將會針對資料進行加密作業，然而進行資料轉存時，會先把「寫入容量層級的資料」進行解密，然後執行「重複資料刪除和壓縮」的工作，最後再次「加密資料」，然後才寫入至容量層級。

vSAN 加密 vs. vSphere VM 虛擬主機加密

許多管理人員可能會有疑問，vSAN 加密保護機制與 vSphere VM 虛擬主機加密機制，這兩者之間有何不同？簡單來說，在 VM 虛擬主機進行加密保護之後，便不適合執行重複資料刪除和壓縮的工作任務，因為加密保護的動作是在 I/O 路徑之中。因此，當採用 vSAN 加密保護機制時，系統會將「寫入容量層級的資料」進行解密，然後執行重複資料刪除和壓縮的動作之後，再次加密資料並寫入至容量層級，這與 VM 虛擬主機加密保護機制相比，能夠最大化地節省儲存空間。

無論管理人員準備使用的是「vSAN 加密機制」或是「VM 虛擬主機加密保護機制」，VMware 並不會提供「**加密金鑰管理伺服器**」（Key Manager Server，**KMS**），所以管理人員必須從 VMware 的合作夥伴中，取得 KMS 加密金鑰管理伺服器，以便順利啟用 vSAN 加密，或是 VM 虛擬主機加密保護機制。有關支援的 KMS 加密金鑰管理伺服器，請參考 VMware vSAN 相容性網站。

KMS 解決方案採用「**金鑰加密金鑰**」（Key Encryption Key，**KEK**），和「**資料加密金鑰**」（Data Encryption Keys，**DEK**）機制。在 KMS 架構中，DEK 將硬碟進行資料加密，然後由 KEK 加密保護 DEK，接著 DEK 透過「**金鑰管理互通性協定**」（**Key Management Interoperability Protocol，KMIP**），傳送到 vSAN 節點主機中。或許有管理人員認為將加密金鑰存放在 vSAN 節點主機上不夠安全，但這就是 KMS 解決方案中由 KEK 加密保護 DEK 的原因。除非管理人員有權限使用 KEK，才能正確解密 DEK 資料加密機制，被加密的機敏資料才得以解密。

此外，當 vSAN 節點主機採用的「CPU 處理器」支援「**進階加密標準指令集**」（**Advanced Encryption Standard Native Instruction，AESNI**）時，雖然得以卸載加密和解密的工作負載，但管理人員必須確認所有 vSAN 節點主機的「CPU 處理器」都支援 AESNI 指令集，才能夠確保 KMS 解決方案順利運作。

Hybrid 模式或 All-Flash 模式都支援 vSAN 加密保護機制。請注意，雖然採用了第三方 KMS 解決方案，但是加密作業是透過 VMkernel 模組在 vSAN 節點主機中執行資料加密的工作，所以管理人員無須擔心。

資料位置

經常讓管理人員感覺困擾的問題是：『VM 虛擬主機的資料存放位置究竟在哪裡？如何組態設定儲存資源？採用 **vSphere DRS**（Distributed Resource Scheduler）技術時，當系統自動把 VM 虛擬主機遷移到其它 vSAN 節點主機時，VMDK 物件是否會跟著進行遷移呢？』

一般來說，答案是否定的。在傳統 vSphere 叢集的架構之中，VM 虛擬主機的「運算」和「儲存」資源並不會分開存放在不同的 ESXi 成員主機之中。然而，在 vSAN 叢集的架構當中，儲存資源為「分散式運作架構」，所以 VM 虛擬主機和儲存資源無須在「同一台」vSAN 節點主機上，仍能正常運作。主要原因在於，VM 虛擬主機資料讀取 I/O 會在「高速的 vSAN 網路之中」進行檢索，因此並不會發生「網路延遲」的情況。如果 vSAN 叢集採用傳統的運作架構，VM 虛擬主機運算和儲存資源就必須集中，那麼在 vSphere DRS 的預設機制下，每隔 5 分鐘檢查一次工作負載，此時 VM 虛擬主機將會持

續不斷地在 vSAN 節點主機之間進行遷移（因為運算和儲存資源必須在一起）。因此，這樣的運作架構，除了對儲存資源採用最靈活、最佳化的方式運作之外，對於工作負載的效益來說也最為顯著。

此外，在 vSAN 叢集的架構之中，還有支援「記憶體內部讀取快取」（In-Memory Read Cache）機制，它會將 VM 虛擬主機所用到的讀取快取，存放在 vSAN 節點主機記憶體之中。值得注意的是，若是 VM 虛擬主機遷移到了其它台 vSAN 節點主機，原本的讀取快取將會遺失，必須在新的 vSAN 節點主機中「重新快取」。幸好 VM 虛擬主機大部分使用到的「熱資料」都會儲存在 vSAN 節點主機快取層級之中，所以對於 VM 虛擬主機的影響很小。而用於讀取快取的記憶體空間，佔了每台 vSAN 節點主機記憶體的「0.4%」，最大記憶體空間上限則是「1GB」。

CBRC 讀取快取機制

vSAN 與 vSphere 原有的「內容讀取快取」（Content Based Read Cache，CBRC）可以完全整合並協同運作，無須調整 vSAN 組態設定，即可啟用此特色功能。一般來說，最常見的整合是搭配 VMware Horizon View 運作架構，以便有效提升 VDI 虛擬桌面運作效能。請注意，CBRC 讀取快取機制無須在 vSAN Datastore 儲存資源之中建立特定的物件或元件「CBRC 摘要」（CBRC Digests）；「CBRC 摘要」將會儲存在 VM Home Namespace 物件當中。

vSAN 延伸叢集的資料位置

在 vSAN 延伸叢集的架構之中，允許管理人員將同一個 vSAN 叢集中「不同的 vSAN 節點主機」部署在「不同站台」，並支援「跨站台 RAID-1 儲存原則」，例如：將第一份資料存放在 A 站台，而鏡像後的另一份資料則存放於 B 站台。因此，vSAN 延伸叢集架構能夠忍受「單一站台」發生故障損壞的情況。

如前所述，當 vSAN 從鏡像資料中讀取資料時，將會採用「循環配置原則」（Round Robin Policy），並搭配「LBA 邏輯區塊位址機制」來讀取。但是，這樣的資料讀取機制，在 vSAN 延伸叢集的架構之中並不支援。原因在於「50% 的資料讀取作業」必須要到另一個站台進行檢索，而站台之間的網路延遲時間，最大值可能長達 5ms。這樣的網路延遲時間，將會導致 VM 虛擬主機的運作效能受到影響。

因此，在 vSAN 延伸叢集的架構之中，並非採用「循環配置原則」來讀取資料，而是從本地端站台中執行「100% 的資料讀取作業」。所以 vSAN 無須跨站台讀取資料，如此一來，就能避免跨站台導致的「網路延遲」影響 VM 虛擬主機的運作效能。

值得注意的是，所謂本地端讀取是以「**站台**」為單位，而非站台內的「每台 vSAN 節點主機」為單位。因為 VM 虛擬主機可以在「站台內」任何一台 vSAN 節點主機上運作。

無共享應用程式的資料位置

VMware vSAN 團隊不斷擴充支援的使用案例和應用程式。最常見的下一代應用程式就是 **Hadoop** 和 **Big-Data**。我們與一些 Hadoop 的合作夥伴，在 vSAN 運作環境之中建立了 Hadoop 參考架構；這個 Hadoop 的運作環境，最初的要求之一，就是 VM 虛擬主機的「運算和儲存資源」必須在同一台 vSAN 節點主機上運作。雖然 vSAN 允許 VM 虛擬主機採用這樣的方式運作，但是管理人員必須確保「這些分散式的 VM 虛擬主機」運作在「不同台」vSAN 節點主機之上。如果「同一個複本來源的 VM 虛擬主機」運作在「同一台」vSAN 節點主機，將會導致 VM 虛擬主機發生錯誤，VM 虛擬主機內的應用程式也將無法運作和存取。

舉例來說，在 Hadoop 運作架構中，採用「**Hadoop 分散式檔案系統**」（**Hadoop Distributed File System，HDFS**），針對運作 HDFS 分散式檔案系統的 VM 虛擬主機，組態設定 vSAN 資料位置，並搭配 DRS 反關聯性原則，確保每一台 VM 虛擬主機的「運算和儲存資源」在同一台 vSAN 節點主機。因此，當某一台 vSAN 節點主機故障損壞時，並不會影響 HDFS 資料可用性，因為其它存活的 VM 虛擬主機仍然有相同的資料存在。

在這種使用案例，我們無須透過 vSAN 來保護 VM 虛擬主機。因為 HDFS 運作機制已經保護好重要的資料了。所以請採用 **FTT=0** 儲存原則來部署和運作此類型的 VM 虛擬主機。

請注意，目前只有最新的 vSAN 6.7 版本和後續版本才支援這樣的特殊要求運作環境。

如何從故障中恢復

當系統偵測到故障事件時，vSAN 會確認故障的設備上存放了哪些物件和元件，並將這些故障的物件和元件標記為「**降級**」（**Degraded**）或「**不存在**」（**Absent**），同時將資料 I/O 的工作流程導向其它存活的物件和元件。

根據不同的故障事件，vSAN 會採用不同的因應方式。有可能立即重建損壞的物件和元件，或等待一段時間之後（預設值為 **60 分鐘**），才透過 CLOM 叢集服務重建損壞的物件和元件。舉例來說，當 vSAN 節點主機發生故障時，vSAN 叢集「無法得知」vSAN

節點主機發生故障的根本原因，究竟是硬體故障或網路中斷？是暫時性無法通訊？或者是永久性的故障損壞？因此，當發生暫時性的故障事件時，例如：vSAN 節點主機重新啟動，便會將「相關的物件和元件」標記為「不存在」，修復作業也跟著開始倒數計時。若是發生永久性的故障損壞，例如：SSD 固態硬碟故障，便會將「相關物件和元件」標記為「降級」，並立即重建損壞的物件和元件。

讓我們假設 vSAN 節點主機發生了故障或重新啟動，並中斷了與 vSAN 叢集的通訊，此時 vSAN 叢集服務便會將「受到影響的物件和元件」標記為「不存在」，修復作業也開始 60 分鐘倒數計時。若 60 分鐘之內 vSAN 節點主機恢復通訊，那麼將會同步複本資料；如果採用 RAID-5 和 RAID-6 儲存原則，則會重建相關資料和同位檢查。如果超過 60 分鐘之後，vSAN 節點主機仍無法恢復通訊，那麼將會重建新的物件和元件（如**圖 4-15** 所示）。

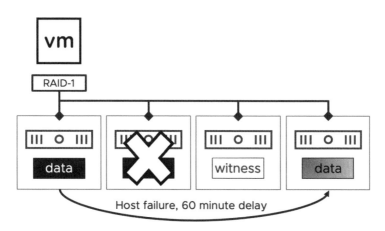

圖 4-15：vSAN 節點主機故障超過 60 分鐘之後，立即重建新的物件

在舊版的 vSAN 版本，管理人員可以透過進階參數「**vSAN.ClomRepairDelay**」，調整修復作業倒數計時的時間，且所有的 vSAN 節點主機都應該一起調整。我們「不建議」將修復作業倒數計時調整得太短。若倒數的時間太短，假設 vSAN 節點主機只是因為「安全性更新」而重新啟動，但 vSAN 節點主機尚未啟動完成便超過倒數時間的話，此時的 vSAN 叢集服務就會「立即重建」新的物件和元件。即便後續 vSAN 節點主機已恢復通訊，此舉會帶給 vSAN 叢集「不必要的工作負載」，並因為重建大量的新物件和元件而影響到 vSAN 叢集的運作效能。

在最新 vSAN 6.7 U1 版本，透過 vSphere HTML5 Client 管理介面，依序點選「**Cluster > Configure > vSAN > Services > Advanced Options**」項目，即可調整修復作業倒數計時的時間（如**圖 4-16** 所示）。

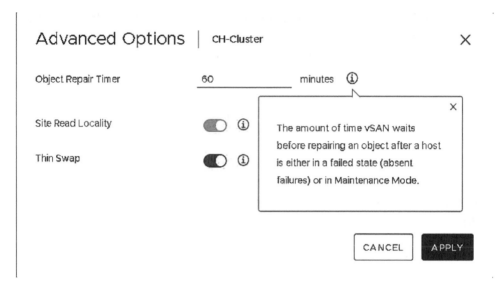

圖 4-16：調整修復作業倒數計時的時間

若發生永久性的故障損壞事件，例如：SSD 固態硬碟故障，此時的 vSAN 叢集服務，除了立即標記「被影響的物件和元件」為「降級」之外，還會立即重建損壞的物件和元件，並啟動新複本的重新同步作業（如**圖 4-17** 所示）。

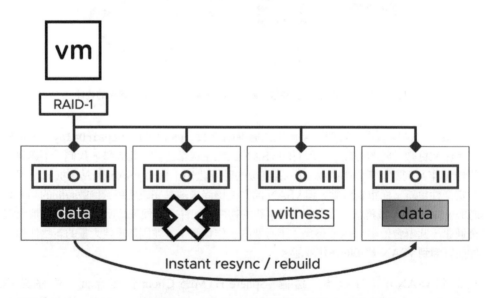

圖 4-17：永久性故障事件，立即重建新的物件和元件並重新同步

當然，在 vSAN 叢集重建鏡像資料之前，會先驗證 vSAN Datastore 儲存資源是否具備「足夠的儲存空間」來存放鏡像資料。

從 vSAN 6.6 版本開始，若 vSAN 叢集在進行重建複本的工作任務時，原本判定故障的 vSAN 節點主機「恢復通訊」，那麼 vSAN 叢集會自行判斷「哪種方式更快完成」（例如，繼續重建新的複本，或是重新同步）；而無論採用哪種方式，老舊的複本都會直接被捨棄。

原則上，vSAN 不會捨棄任何物件和元件，只有在重建新的物件和元件時，原本標記為「降級」或「不存在」的物件和元件，突然又恢復通訊了，vSAN 判斷不會再使用之後，才會捨棄老舊的物件和元件。

此外，由於 vSAN 軟體定義的特性，管理人員可以隨時調整儲存原則，所以原有的物件和元件可能「無法符合」新儲存原則的要求；或是 vSAN 節點主機儲存裝置損壞，導致物件中部分元件遺失，也同樣「無法符合」儲存原則的要求。這些情況會在 vSAN 叢集判斷之後，決定是否捨棄老舊的物件和元件。

由於物件和元件的重建作業會使用非常大量的 vSAN 網路頻寬，因此從 vSAN 6.7 版本開始，為了避免「物件和元件的重建作業」影響 VM 虛擬主機的運作效能，當 vSAN 網路頻寬發生「資源爭奪」時，vSAN 叢集會自動將重建作業的網路頻寬，限制只能使用網路頻寬的「**20%**」，以避免重建作業影響 VM 虛擬主機效能。當 vSAN 網路頻寬資源充足時，便放寬重建作業「可盡量使用」所有 vSAN 網路頻寬。

DDH 降級裝置處理機制

vSAN 具備「**降級裝置處理**」（Degraded Device Handling，DDH）機制。簡單來說，就是處理當 vSAN 偵測到儲存裝置發生故障事件，並標記儲存裝置為「降級」，或是儲存裝置不斷發生瞬斷，但實際上儲存裝置並未損壞等等情況。舉例來說，SSD 固態硬碟儲存裝置，最有可能發生這種情形。雖然，儲存裝置並未真正損壞，但是不斷發生瞬斷的情況，或者是回應的時間過長，都會導致 vSAN 叢集的儲存效能降低。因此，vSAN 叢集服務將會透過「DDH 降級裝置處理機制」，將「判定為有問題的儲存裝置」隔離，以避免影響 vSAN 叢集儲存效能。

DDH 降級裝置處理機制將會偵測儲存裝置的「回應延遲時間」，若持續偵測到儲存裝置的回應延遲時間過長，那麼 vSAN 叢集將會「卸載」該儲存裝置所屬的磁碟群組，然後將相關物件和元件標記為「降級」。同時，vSAN 叢集會在其它儲存位置「立即重建」標記為降級的物件和元件，讓 VM 虛擬主機能夠保持高效能運作，不會被「健康情況不

佳」的儲存裝置影響效能。

VMware 也持續增強 DDH 降級裝置處理機制。舉例來說，如果標記為降級的儲存裝置，實際上並未發生故障損壞事件，那麼 vSAN 叢集便會自動嘗試再次將「標記為降級的儲存裝置」加入到原有所屬的磁碟群組當中。但只有在判斷降級儲存裝置已經「不再發生回應時間過長」的情況下，才會加入所屬的磁碟群組之中，並「重新同步」相關物件和元件。如果儲存裝置仍持續發生「回應延遲時間過長」的情形，那麼將繼續保持標記為「降級」。管理人員可以在 vSphere HTML 5 Client 介面中，在「**Disk Management**」項目內看到此情況。

此外，在 DDH 降級裝置處理機制進行「卸載」儲存裝置的動作之前，會先檢查 vSAN 叢集中是否還有其它可用的複本，若這是 vSAN 叢集當中「最後一個」可以使用的複本，那麼 DDH 降級裝置處理機制就不會強制執行卸載的動作，因為這是 vSAN 叢集中最後一個可用複本。如果強制執行卸載的動作，將會導致無法存取物件或元件。

小結

讀完本章之後，相信管理人員已經理解 vSAN 叢集所具備的獨特運作架構，其高度靈活與高效能的軟體定義機制，可以幫助管理人員處理極端的 I/O 工作負載，同時因應不同的故障損壞事件。但管理人員在部署 VM 虛擬主機之前，應先了解 VM 虛擬主機的工作負載類型，以便採用「適當的 vSAN 儲存原則」進行部署，讓部署後的 VM 虛擬主機擁有最佳的運作效能和高可用性。

下一章我們將深入剖析 VM 虛擬主機的儲存原則，以及如何定義適當的 vSAN 儲存原則，來因應 vSAN 叢集發生的故障事件。

5

VM 虛擬主機的佈建
和儲存原則

vSphere 5.0 版本新增了「**設定檔導向儲存**」（Profile-Driven Storage）功能，它可以幫助 vSphere 管理人員輕鬆地將「VM 虛擬主機」和「應用程式」部署到適合的儲存資源之外，還可以透過自動化檢查機制，當 VM 虛擬主機所使用的儲存資源因為工作負載突然加重，無法通過檢查機制時，將會觸發 vSphere Storage DRS 運作機制，自動將 VM 虛擬主機的儲存資源，遷移至「通過檢查機制的儲存資源」之中繼續運作。

然而，「設定檔導向儲存功能」，是透過「VM 虛擬主機儲存資源」以及「硬體儲存設備的原則設定」，經過檢查機制的判斷後，才決定是否遷移。因此，管理人員可以將 VM 虛擬主機隨時遷移至「適合的儲存資源」之中，以便滿足「不斷增加工作負載的 VM 虛擬主機」對於「儲存資源的效能」的要求。但是，vSAN 儲存原則的判斷機制，所著重的部分為「VM 虛擬主機」和「VMDK 物件」，而非圍繞在「硬體儲存設備」上，這是兩者之間最大的不同。

vSAN 透過「**儲存原則管理機制**」（**Storage Policy-Based Management，SPBM**），將 VM 虛擬主機部署到 vSAN Datastore 儲存資源；vSAN 叢集中的 VM 虛擬主機，必須套用 vSAN SPBM 儲存原則才行。即使管理人員未幫 VM 虛擬主機選擇儲存原則，vSAN 叢集也會「自動指派」預設儲存原則。本章我們將深入剖析，管理人員如何透過 vSAN 儲存原則，來為 VM 虛擬主機提供高可用性、儲存空間、高運作效能…等機制。

在 vSAN 叢集中透過 SPBM 儲存原則進行管理

vSAN SPBM 儲存原則中包含了一個或多個 vSAN 特色功能。例如，VM 虛擬主機能夠「容忍」vSAN 叢集環境之中發生多少故障事件，仍然能夠持續運作維持服務和資料可用性。本節將討論如何透過 vSAN 特色功能，在 SPBM 儲存原則之中，為「不同工作負載的 VM 虛擬主機」設計規劃「最佳的 SPBM 儲存原則」。

vSAN 叢集建構完成並匯整了 vSAN Datastore 儲存資源之後，**VASA（vSphere APIs for Storage Awareness）** 機制便會自動在底層開始運作，以便後續部署 VM 虛擬主機時，能夠提供可用性和儲存空間等儲存功能。

如前所述，「vSAN 分散式儲存架構」與過去傳統 vSphere 叢集中的「VM 儲存原則機制」有很大的不同。過去的 VM 儲存原則機制，必須結合硬體儲存設備的特色功能，才能順利使用 VM 儲存原則機制。現在，vSAN 透過 SPBM 儲存原則，管理人員無須硬體儲存設備的支援，即可透過靈活的 SPBM 儲存原則，來達到部署 VM 虛擬主機的目的。在 vSphere 6.0 版本時，VMware 支援 **VVols**（Virtual Volumes）機制。事實上 VVol 與 SPBM 運作機制類似，即管理人員無須為 VM 虛擬主機「預先」規劃好使用的 LUN 或 Volume，底層儲存基礎就可以根據儲存原則內容，將 VM 虛擬主機部署在適當的儲存資源。過去透過 VVol 機制部署在 **NAS** 或 **SAN** 儲存資源之中，現在透過 SPBM 機制，除了可以針對 VM 虛擬主機之外，更能針對 VM 虛擬主機中「個別的 VMDK 虛擬硬碟」。

過去，在 vSphere 叢集的環境中，不同的儲存運作機制會有功能（Capabilities）、原則（Policies）、設定檔（Profiles）等術語，且在 vCenter Server 管理平台都可以看到這些儲存功能項目。現在，我們將會統一使用**「儲存原則」**（**Storage Policies**）這個技術名詞來代表 vSAN SPBM 儲存原則。

在 vSAN Datastore 儲存資源中部署 VM 虛擬主機時，也與「過去傳統的 vSphere 共享式儲存資源」在管理思維上有非常大的不同。在過去，vSphere 管理人員必須先針對 SAN 儲存設備進行初始化，建立「邏輯單元編號」（Logical Unit Number，LUN），接著由 ESXi 主機掛載儲存空間後，格式化 LUN 儲存空間為 VMFS 檔案系統。若是採用 **NAS** 儲存設備，則必須啟用 **NFS** 檔案分享機制，然後由 ESXi 主機掛載該檔案分享空間。然而，不管是 NAS 或 SAN 儲存設備，都無法針對 VM 虛擬主機的 VMDK 虛擬硬碟，提供類似 RAID-0 機制的**「條帶化」**（**Stripe**）功能，或是類似 RAID-1 機制的**「複本」**（**Replica**）功能。

此外，在 vSAN 叢集中部署 VM 虛擬主機的方式，也與過去的 VVol 環境不同。現在，管理人員應該先考慮，在 VM 虛擬主機內運作的服務和應用程式，它們所需要的儲存資源，以及其「可用性」和「執行效能」。因為不同的儲存資源需求，將會決定如何定義 vSAN 儲存原則。如**圖 5-1** 所示，在目前的 vSAN 儲存原則中，共有五種不同的儲存功能項目，提供給管理人員選擇和定義不同的組態。

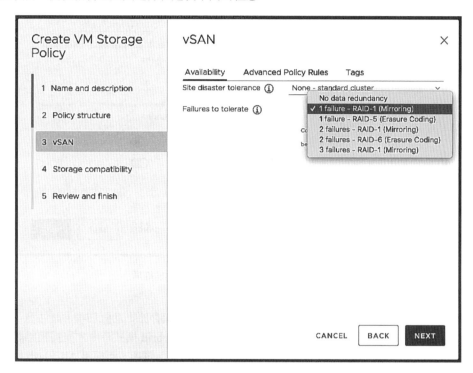

圖 5-1：五種不同的 vSAN 儲存原則功能項目

隨著 vSAN 版本不斷演進，vSAN 支援的特色功能也不斷增加。除了基本的 RAID-0 和 RAID-1 原則之外，也在 All-Flash 模式中，新增針對物件和元件套用的 RAID-5 和 RAID-6 原則，讓部署後的 VM 虛擬主機，能夠容忍 vSAN 叢集發生一個或兩個故障，且與 RAID-1 儲存原則相比，消耗的 vSAN Datastore 儲存空間更少。此外，為了確保資料可用性和一致性，vSAN 叢集環境在預設情況下，就會啟用「總和檢查碼機制」。若管理人員希望停用這個檢查機制，可以針對每台 VM 虛擬主機，或是個別的 VMDK 虛擬硬碟，進行停用的動作。在儲存資源效能管控方面，vSAN 支援「針對每個物件」組態設定「最大上限 **IOPS** 儲存效能」，以避免「嘈雜鄰居」（Noisy Neighbor）的情況發生。最後，管理人員可以在 vSAN 延伸叢集之中，採用 RAID-1、RAID-5 或 RAID-6 儲存原則，來保護站台內和跨站台的 VM 虛擬主機。

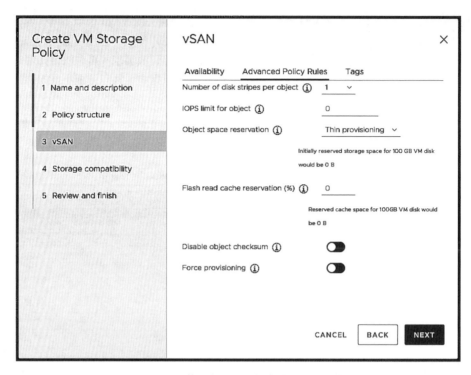

圖 5-2：組態設定 vSAN 儲存原則功能細項

如**圖 5-2** 所示，管理人員可以依據需求組態設定 vSAN 儲存原則功能細項。請注意，某些功能僅適用於特定的 vSAN 模式。舉例說明，採用 Hybrid 模式時，才支援組態設定「Flash 讀取快取保留區」（Flash read cache reservation）選項，而採用 All-Flash 模式時，才支援 RAID-5 和 RAID-6 類型的儲存原則。

管理人員為不同工作負載的 VM 虛擬主機，選擇適合的 vSAN 儲存原則，進行 VM 虛擬主機的部署作業，這非常重要，而且影響重大。因為，當管理人員選擇 RAID-0 儲存原則時，可以針對 VM 虛擬主機提供「條帶化」（Stripe）功能；選擇 RAID-1 儲存原則時，則可以提供「複本」（Replica）功能。此外，若管理人員希望 VM 虛擬主機能夠容忍 vSAN 發生「一個」故障，且不想消耗像 RAID-1 一樣多的儲存空間時，可以選擇採用 RAID-5 儲存原則。舉例來說，一台 VM 虛擬主機掛載的 VMDK 虛擬硬碟大小為 100GB，那麼採用 **RAID-1** 儲存原則時，將會消耗 **200%** 的 vSAN Datastore 儲存空間，也就是消耗 **200GB** 的儲存空間。若改為採用 **RAID-5** 儲存原則，那麼僅會消耗 **133%**，也就是 **133GB** 的儲存空間。請注意，管理人員採用 RAID-5 儲存原則時，在 vSAN 叢集中至少需要「四台」vSAN 節點主機，才能夠順利使用 RAID-5 儲存原則。

同樣的，當管理人員希望 VM 虛擬主機能夠容忍 vSAN 叢集發生「**兩個**」故障，且不想消耗像 RAID-1 一樣多的儲存空間時，可以選擇採用 RAID-6 儲存原則。舉例來說，一台 VM 虛擬主機掛載的 VMDK 虛擬磁碟大小為 100GB，那麼採用 **RAID-1** 儲存原則時，將會消耗 **300%** 的 vSAN Datastore 儲存空間，也就是消耗 **300GB** 的儲存空間。若改為採用 **RAID-6** 儲存原則，僅會消耗 **150%**，也就是 **150GB** 的儲存空間。也請留意，管理人員希望採用 RAID-6 儲存原則時，在 vSAN 叢集中，至少需要「**六台**」vSAN 節點主機，才能夠順利使用 RAID-6 儲存原則。

了解 vSAN 儲存原則的基本概念之後，我們將開始深入剖析每一項 vSAN 儲存原則的功能細項，以及如何組態設定這些功能細項。請注意，每項 vSAN 儲存原則都包含了一個或多個儲存功能。

那麼，管理人員應該如何選擇使用哪些 vSAN 儲存原則和功能呢？當然，這取決於 VM 虛擬主機的運作需求。例如：VM 虛擬主機對「可用性」和「儲存效能」的需求。以下我們列出 vSphere HTML 5 Client 管理介面中所有的 vSAN 儲存原則與功能細項：

Availability

- **Site disaster tolerance**
  - None – standard cluster（**預設值**）
  - None – standard cluster with fault domains
  - Dual site mirroring（僅適用於延伸叢集）
  - None – keep data on Preferred（僅適用於延伸叢集）
  - None – keep data on Non-preferred（僅適用於延伸叢集）
  - None – stretched cluster

- **Failures to tolerate**
  - No data redundancy
  - 1 failure – RAID-1 (Mirroring)（**預設值**）
  - 1 failure – RAID-5 (Erasure Coding)
  - 2 failures – RAID-1 (Mirroring)
  - 2 failures – RAID-6 (Erasure Coding)
  - 3 failures – RAID-1 (Mirroring)

Advanced Policy Rules

- **Number of disk stripes per object**（預設值為 1）

- **IOPS limit for object**（預設值為 0，代表不限制 IOPS 儲存效能）

- **Object space reservation**

  - Thin provisioning（預設值）

  - 25% reservation

  - 50% reservation

  - 75% reservation

  - Thick provisioning

- **Flash read cache reservation**（僅適用於 Hybrid 模式）

- **Disable object checksum**

- **Force provisioning**

注意，採用舊式 vSphere Web Client 管理介面建立或調整 vSAN 儲存原則時，將會發現組態設定的方式，與新式的 vSphere HTML 5 Client 管理介面不同（如圖 **5-3** 所示）。

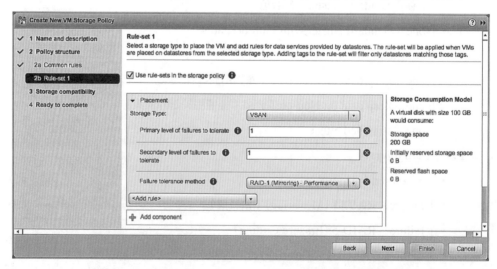

圖 5-3：舊式 vSphere Web Client 的 vSAN 儲存原則管理介面

那麼，讓我們開始說明 vSAN 儲存原則中「每一項儲存功能」的主要用途吧。

容許故障次數

本節將討論「**容許故障次數**」（Failures to Tolerate，**FTT**）。首先，我們先對 **RAID-1** 類型進行剖析。接續的下一小節才是對 RAID-5 和 RAID-6 類型作說明。簡單來說，RAID-1 類型的儲存功能項目，是在 vSAN 叢集的架構之中，容許儲存物件「可以發生故障的數量」，例如：vSAN 網路、儲存裝置故障的數量等等。採用 RAID-1 類型時，FTT 最大設定值為 **3**；採用 RAID-6 類型時，FTT 最大設定值為 **2**。

簡單來說，當 FTT 組態數值設定為「**1**」時，系統就會自動額外建立「**一份**」複本，達成類似 RAID-1 鏡像機制（如**圖 5-4** 所示）。因此，在 vSAN 叢集的架構之中，可以允許「**一個**」儲存裝置故障損壞，甚至「**一台**」vSAN 節點主機發生故障損壞時，VM 虛擬主機和服務仍然能夠持續運作。

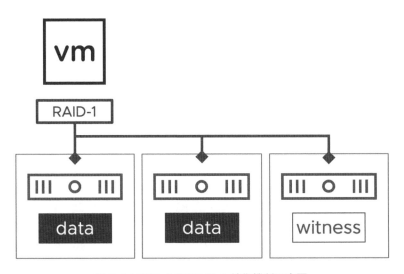

圖 5-4：FTT=1 的 RAID-1 鏡像機制示意圖

當 FTT 組態數值設定為「**n**」時，系統便會建立「**n**」份見證，以及「**n+1**」份物件複本。此時，在 vSAN 叢集的架構之中，將需要「**2n+1**」台 vSAN 節點主機，以便提供相對應的儲存資源。

此外，FTT 組態設定數值，也會影響到屆時產生「**見證**」（**Witness**）的份數。見證在 vSAN 叢集的架構之中，主要擔任「**仲裁**」（**Quorum**）的角色。當 vSAN 節點主機發生故障事件，或網路中斷導致「腦裂」（Split-brain）的情況時，才能正確仲裁、立即反應，並再次複寫 VM 虛擬主機的複本資料，至其它存活的 vSAN 節點主機內。

當管理人員將 FTT 組態數值設定為「**2**」時，系統將會建立「**3**」份物件複本和「**2**」份見證，所以 vSAN 叢集的架構之中，至少需要「**5**」台 vSAN 節點主機才行。（如**表格 5-1** 所示。）

FTT 容許故障次數	複本數量	見證數量	vSAN 節點主機數量
0	1	0	1
1	2	1	3
2	3	2	5
3	4	3	7

表格 5-1：容許故障次數數值，將會影響複本、見證、vSAN 節點主機數量

在預設情況下，採用 RAID-1 類型，FTT 容許故障次數組態設定值為「**1**」時，「每個物件的磁碟等量區數目」（Number of disk stripes per object）的組態設定值也為「**1**」。若條帶化組態設定值大於 1 時，儲存原則行為將略有不同。在後續的小節中，我們會深入討論這個部分。

預設情況下，若管理人員未選擇儲存原則，那麼在部署 VM 虛擬主機時，將會自動採用 FTT 組態數值為「**1**」。此外，在建立新的 vSAN 儲存原則時，預設採用的 FTT 組態數值也是「**1**」。

FTT 數值最佳作法

VMware 對於 FTT 數值的最佳作法，建議將 FTT 組態設定數值為「**1**」，除非 VM 虛擬主機需要更高的可用性，也就是需要容忍「更多的故障情況」發生。值得注意的是，FTT 組態數值越高，除了會建立更多份複本以外，vSAN 節點主機的數量也要相對增加（如前面的**表格 5-1** 所示）。

vSAN 儲存原則的工作流程具備「**符合規範**」（**Compliant**）偵測機制。因此，在實際執行部署作業之前，系統會透過工作流程管理機制，警告或禁止管理人員進行部署作業，以避免錯誤發生。

那麼，在 vSAN 叢集的架構之中，最少需要幾台 vSAN 節點主機呢？答案是「**至少三台**」。我們暫時先不考慮雙節點架構（僅適用於遠端、分公司、小型辦公室環境），這是最基本的 vSAN 叢集架構，具備容忍一個底層元件故障的可用性。

具備三台 vSAN 節點主機時，當某一台 vSAN 節點主機發生故障事件，因為仍有「超過 50 % 的物件」可用（投票機制），所以 VM 虛擬主機仍可正常運作。然而，當其中一

台 vSAN 節點主機，切換為「維護模式」進行維運作業時（如**圖 5-5** 所示），此時將會發生什麼情況呢？

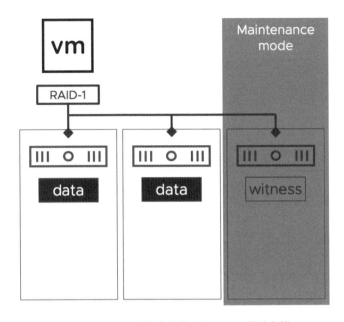

圖 5-5：vSAN 叢集中具備三台 vSAN 節點主機

當其中一台 vSAN 節點主機切換為「維護模式」（Maintenance mode）進行維運作業時，另外兩台 vSAN 節點主機將繼續運作，且 VM 虛擬主機也正常運作。此時，若有 vSAN 節點主機發生故障，由於儲存物件小於 50 % 可用性，所以「無法重新啟動」VM 虛擬主機（無法執行任何資料 I/O）。

RAID-5 和 RAID-6

本節我們將討論 RAID-5 和 RAID-6 類型，以及 FTT 容許故障次數的運作機制。

在 vSAN 6.7 U1 版本之前，管理人員可以透過舊有的 vSphere Web Client 管理介面，選擇容許故障次數和方式，以便在效能和儲存空間之間進行選擇。若管理人員著重於運作效能，那麼必須採用 RAID-1 類型；若著重於節省儲存空間，那麼便選擇 RAID-5 和 RAID-6 類型。

傳統 vSphere Web Client 管理介面採用了「不同的容許故障方法」，將會針對物件使用「不同的組態設定」以及「vSAN 節點主機的數量」。（如**表格 5-2** 所示。）

FTT 容許故障次數	容許故障方法	物件 RAID 類型	vSAN 節點主機數量
0	RAID-5/6 (Erasure Coding)	RAID-0	1
0	RAID-1 (mirroring)	RAID-0	1
1	RAID-5/6 (Erasure Coding)	RAID-5	4
1	RAID-1 (mirroring)	RAID-1	3
2	RAID-5/6 (Erasure Coding)	RAID-6	6
2	RAID-1 (mirroring)	RAID-1	5
3	RAID-5/6 (Erasure Coding)	N/A	N/A
3	RAID-1 (mirroring)	RAID-1	7

表格 5-2：不同的容許故障方法，物件將採用不同的 RAID 類型

從**表格 5-2** 中可以看到：當採用 **RAID-5** 和 **RAID-6** 類型時，最大容許故障數值為 **2**；若採用 **RAID-1** 類型，則最大容許故障數值為 **3**。

管理人員可能會好奇：『為什麼 RAID-5 和 RAID-6 類型，在儲存效能方面會低於 RAID-1 類型呢？』這是因為「**I/O 放大**」（**I/O Amplification**）效應，也就是資料讀取或寫入的邏輯數量，以「倍數的方式」被放大處理。舉例來說，當 vSAN 叢集運作正常時，那麼採用 RAID-1、RAID-5 或 RAID-6 類型，都不會有資料「讀取」放大的情況。但是在資料「寫入」的部分，採用 **RAID-5** 和 **RAID-6** 類型時，就會有 I/O 放大的問題。當採用 **RAID-5** 類型時，需要讀取其它寫入物件的更新、讀取同位檢查、將新寫入的資料與目前的資料合併、計算新的同位檢查後寫入等等，簡言之，在單個資料寫入操作上，就會有資料讀取和資料寫入放大「**兩倍**」的情況；如果採用 **RAID-6** 類型，由於具有兩份同位檢查的關係，在單個資料寫入操作上，便會有資料讀取和資料寫入放大「**三倍**」的情況。

此外，採用 RAID-5 和 RAID-6 類型時，如果某些物件或元件發生了故障，由於需要搭配同位檢查機制，驗證資料的「一致性」和「正確性」，這將導致 I/O 放大的情況更加嚴重，而這也是管理人員在採用時需要考量的部分。

因此，雖然採用 RAID-5 和 RAID-6 類型可以「節省」vSAN Datastore 儲存空間，但是與 RAID-1 類型相比，在 vSAN 叢集中需要「更多台的 vSAN 節點主機」，並僅支援 All-Flash 模式。採用 RAID-1 模式時，規則是容許「**n**」個故障，需要「**2n+1**」台 vSAN 節點主機，以便提供相對應的儲存資源。所以，容許「**1**」個故障，至少需要三台 vSAN 節點主機；容許「**2**」個故障，至少需要五台 vSAN 節點主機；容許「**3**」個故障，至少需要七台 vSAN 節點主機。管理人員可能會困惑：『為何需要那麼多台 vSAN 節點主機？』這是因為當 vSAN 叢集內發生「網路分區」的情況時，透過**奇數**的 vSAN 節點主機數量，vSAN 叢集才能正確的進行仲裁。

請注意，若在 **RAID-5** 類型中僅有**四台** vSAN 節點主機（如**圖 5-6** 所示），那麼僅能容許「**1**」個故障。若在 **RAID-6** 類型中僅有**六台** vSAN 節點主機，那麼僅能容許「**2**」個故障。

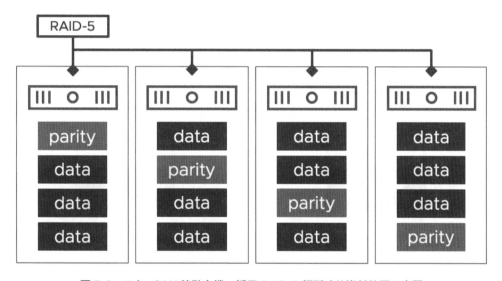

圖 5-6：四台 vSAN 節點主機，採用 RAID-5 類型時的資料放置示意圖

不僅 RAID-1 類型支援「Stripe 條帶化」組態設定，採用 RAID-5 和 RAID-6 類型時，同樣也支援「Stripe 條帶化」組態設定，以便每台 vSAN 節點主機可以針對相關的物件和元件進行 RAID-0 機制，也就是「Stripe 條帶化」。

每個物件的磁碟等量區數量

此項儲存功能將會定義物件被分割的數量，例如，VM 虛擬主機當中的 VMDK 虛擬硬碟要切割成幾份，才能達成類似 RAID-0 機制，以加快運作效能。後續的討論我們將以**「條帶寬度」（Stripe Width，SW）** 來簡稱此項儲存功能。

無論採用 RAID-1、RAID-5 還是 RAID-6 類型，在組態設定「條帶寬度」之後，便會將物件切割，並分散存放在不同的儲存裝置之中，以達到提升儲存效能的目的。**圖 5-7** 就是採用了 **RAID-1** 類型並組態設定「條帶寬度」。

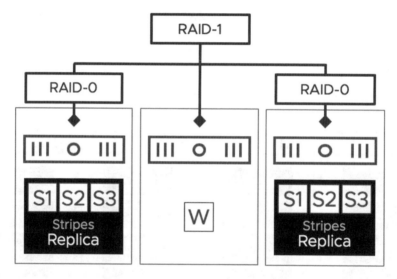

圖 5-7：RAID-1 類型搭配 Stripes 條帶化機制

讓我們來深入探討，當管理人員組態設定條帶寬度之後，VM 虛擬主機執行資料讀取和寫入作業時，對於儲存效能有何影響。

在 vSAN 叢集的架構之中，所有「寫入資料」都會先進入快取層級，也就是先前所討論的**「寫入緩衝」（Write Buffer）** 機制。然而，儲存物件和元件的切割分散存放，是由 vSAN 叢集透過演算法後自動運作，管理人員無法人為介入處理。所以當切割並打散後的資料存放在**「同一個」** 快閃記憶體裝置時，運作效能並不會提升；若是存放在**「不同的」** 快閃記憶體裝置，運作效能就會提升。不過，當物件發生故障損壞事件時，將會立即觸發重建機制，將受影響的物件和元件「自動複寫」到其它的儲存裝置，此時也會相對提高「重建效能」，因為有多個儲存裝置可以「同時」用於物件和元件的重建作業。

當資料由快取層級轉存至容量層級時，採用條帶寬度機制，也能相對提升儲存效能。那麼該如何判斷快取層級中，是否有資料需要轉存至容量層級呢？請在 vSphere HTML 5 Client 管理介面中，依序點選「**Monitor > vSAN > Performance > Disks**」項目，即可看到寫入緩衝的剩餘儲存空間百分比。

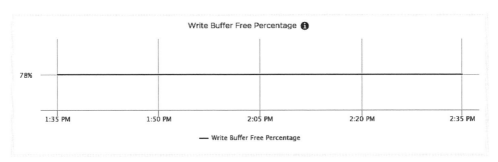

圖 5-8：查看寫入緩衝的剩餘儲存空間百分比

在「第 4 章」我們曾經提過，當寫入緩衝區門檻值達到「**30%**」時，無論採用 Hybrid 模式或 All-Flash 模式，都會觸發資料轉存的動作，將快取層級的資料真正寫入到容量層級之中。

讓我們總結幾項要點，方便管理人員充分掌握重點。

以下為組態設定條帶寬度之後的三個主要使用案例：

- **跨不同 vSAN 節點主機（Striping across hosts）**： 可提升效能；因為資料分散在快取層級中「不同的快取儲存裝置之內」。

- **跨不同磁碟群組（Striping across disk groups）**： 可提升效能；因為資料分散在快取層級中「不同的快取儲存裝置之內」。

- **在同一個磁碟群組（Striping in the same disk group）**：效能沒有明顯提升（因為資料使用「相同的快取儲存裝置」）。

在 vSAN 叢集的架構之中，除非採用 vSAN 延伸叢集架構，否則管理人員將無法介入指定「物件和元件」要存放在哪一台 vSAN 節點主機之中。因為 vSAN 環境中「物件和元件的存放位置」是由 vSAN 演算法自動完成，它會嘗試將所有物件和元件以「負載平衡」的方式，平均存放至不同的 vSAN 節點主機之中。然而，從 vSAN 6.7 版本開始，增加了「**資料位置**」（**Data Locality**）特色功能（如**圖 5-9** 所示），以便支援新一代的應用程式，例如：Hadoop，它會強制 VM 虛擬主機的運算和儲存資源，都必須運作於「同一台」vSAN 節點主機之上。值得注意的是，在撰寫本書時，企業和組織必須透過

「特殊支援請求」（Special Support Request）與 VMware 聯繫，然後才能啟用此特色功能。

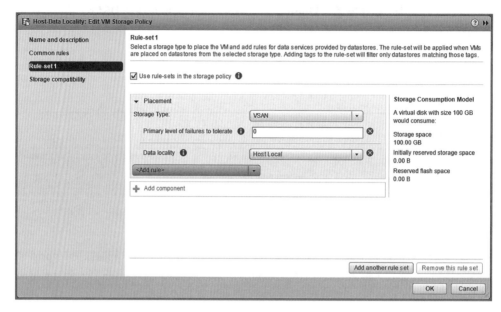

圖 5-9：資料位置組態設定畫面

從「資料讀取」的角度來看，當 VM 虛擬主機內的應用程式，需要讀取相關資料時，若 vSAN 節點主機中的快取層級內已經有資料，便可以直接回覆給 VM 虛擬主機，也就是先前討論過的「讀取快取」（Read Cache）。然而，當快取層級內沒有資料時，此時若能搭配「條帶寬度」運作機制，對於資料讀取效能便有一定程度的幫助。舉例來說，假設有一台 VM 虛擬主機，它在資料讀取的儲存效能需求為 **2,000 IOPS**，並且擁有 **90%** 的讀取快取命中率。這代表仍有 **200 IOPS** 的資料需要至「容量層級」進行「資料讀取」作業。如果採用了 Hybrid 模式，那麼在容量層級之中，單個 SATA 機械式硬碟通常僅能提供 **80 IOPS**，所以讀取效能肯定不佳。然而，在搭配了「條帶寬度」運作機制之後，將資料切割並分散存放在多個 SATA 硬碟去讀取，很明顯的「資料讀取的效能」將會大幅提升。

那麼，管理人員該如何得知每台 vSAN 節點主機「讀取快取的命中率」呢？在啟用了 vSAN 效能服務之後，於 vSphere HTML 5 Client 管理介面中，依序點選「**Monitor > vSAN > Performance > Disks**」項目，即可查看「讀取快取命中率」。如**圖 5-10** 所示，這台 vSAN 節點主機，讀取快取命中率數值為 **0%**，表示這是非常閒置的系統，或者是快取層級中不使用讀取快取的 All-Flash 模式。

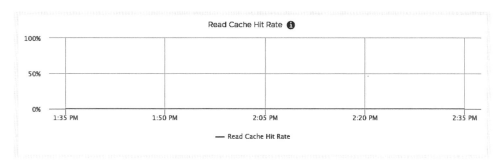

圖 5-10：查看讀取快取命中率（Read Cache Hit Rate）

一般情況下，組態設定條帶寬度值為 1 即可。因為條帶寬度運作機制只有在發生資料轉存時，或是在讀取快取無法命中的情況下，才能提升效能。

未設定條帶寬度仍使用 RAID-0 的例外情況

管理人員可能已經發現，即便 vSAN 儲存原則並未組態設定條帶寬度，但是透過 vSphere HTML 5 Client 管理介面，查看部署的 VM 虛擬主機物件時，仍然發現物件自動建立了 **RAID-0**，或是組態設定條帶寬度值為 **2**，可是切割的物件數量卻為 **3 個或更多**。主要原因在於，當儲存空間發生某些狀況時，vSAN 便會自動以適合的方式，將物件進行切割之後分開存放，這種情況我們稱為「**區塊化**」（**Chunking**）。

vSAN 叢集在某些情況下，便會自動採用區塊化機制，將物件進行切割之後分開存放。首先，當 VM 虛擬主機的 VMDK 虛擬硬碟**大於**可用儲存空間時，便會將建立的物件進行區塊化，所以即便 vSAN 節點主機的可用儲存空間**小於**所要部署的 VM 虛擬主機，仍然可以順利部署 VM 虛擬主機。

此外，在預設的情況下，當物件使用超過「**255 GB**」儲存空間時，也會自動觸發區塊化機制，將這個物件進行切割之後分散存放。請注意，因為區塊化並非條帶寬度運作機制，所以切割後的物件和元件，有可能會存放在「同一個儲存裝置」內，也可能分開存放在「不同的儲存裝置」，這一切取決於「可用的儲存空間」以及「儲存空間的負載平衡」。

因此，當 vSAN 節點主機的儲存裝置，實際硬碟空間小於 255GB 時，那麼在部署 VM 虛擬主機時，將會看到類似以下的錯誤訊息：

*虛擬磁碟 **XX**，已經沒有剩餘的儲存空間。請釋放更多的儲存空間後，點選「重試」（**Retry**）鈕，再次進行部署作業。*

預設情況下，vSAN Datastore 儲存資源將會採用「**精簡佈建**」（**Thin Provisioning**）方式來部署 VM 虛擬主機。然而隨著時間不斷推移，VM 虛擬主機的儲存空間使用率也跟著提升。每個元件預設的最大使用空間為 255GB，所以當儲存裝置的實際硬碟空間小於 255GB 時，物件便無法順利成長至 255GB。例如，建立一個 255GB 的 VMDK 虛擬硬碟（**FTT=1**、**SW=1**），然而硬碟實際空間卻只有 200GB，當資料量成長至 200GB 時，就會出現上述的錯誤訊息。在這樣的情況下，請參考 **VMware KB2080503** 文章內容，將進階參數「**VSAN.ClomMaxComponentSizeGB**」修改為實體硬碟 **80%** 儲存空間大小即可。

 請注意！調整預設物件最大使用空間，將會造成 vSAN 需要建立更多元件，導致「過多的元件」非預期地被建立，甚至達到 vSAN 最大元件數量的「門檻值」。

那麼，讓我們透過以下三個使用案例，幫助管理人員更充份了解，在 vSAN 叢集環境中，物件和元件自動切割的情況。

使用案例 1

採用 All-Flash 模式時，容量層級中每個 SSD 固態硬碟，實際的硬碟空間為 100GB。假設管理人員在 vSAN Datastore 儲存資源中，採用 **FTT=1** 的 vSAN 儲存原則，部署一台 150GB 的 VM 虛擬主機，於是 VM 虛擬主機的 VMDK 虛擬硬碟，總共會有兩份，每份複本只有一個元件（不會有 RAID-0）。因為，在預設情況下，vSAN Datastore 儲存資源會「自動」採用精簡佈建機制，也就是「**物件空間預留值**」（**Object Space Reservation**）為「**0%**」，所以即便部署 150GB 大小的 VM 虛擬主機，因為採用精簡佈建的關係，亦可以順利存放於 100GB 容量裝置之內（如**圖 5-11** 所示）。

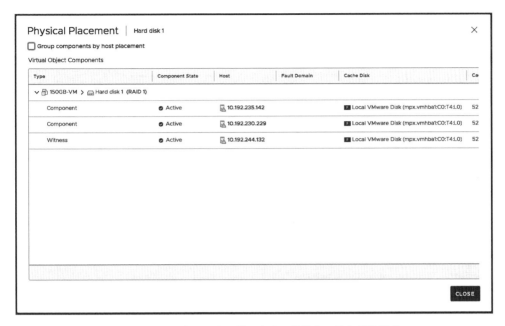

圖 5-11：順利存放於容量裝置之內，物件和元件無須條帶化

使用案例 2

讓我們在同樣的 vSAN 叢集環境之中，採用 **FTT=1** 的 vSAN 儲存原則，部署一台 150GB 的 VM 虛擬主機，但這次物件空間預留值為「**100%**」，代表採用完整佈建機制部署 VM 虛擬主機。所以每份 VMDK 虛擬硬碟複本，套用完整佈建機制之後，將會自動執行 RAID-0 切割成兩個元件（如**圖 5-12** 所示），每個元件存放在不同容量裝置之中。

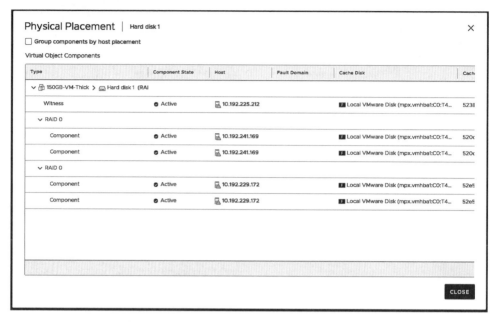

圖 5-12：完整佈建，將元件存放在不同容量裝置之中

使用案例 3

依舊是同樣的 vSAN 叢集環境，讓我們採用 **FTT=1** 的 vSAN 儲存原則、物件空間預留值 100%、條帶寬度設定值為「**2**」（**SW=2**），部署一台 300GB 的 VM 虛擬主機。管理人員會發現，每份 VMDK 虛擬硬碟複本，將會自動執行 RAID-0 切割成「四個」元件（如**圖 5-13** 所示）。雖然 SW=2，卻仍無法存放至容量裝置之中，所以系統會再自動切割元件。

因此，我們可以得到簡單的結論：當 VMDK 元件大於單一容量裝置時，系統便會自動執行 RAID-0 切割元件，即使 vSAN 儲存原則未設定條帶寬度。

圖 5-13：系統自動將複本切割為四個元件

條帶寬度最大值

管理人員可以在 vSAN 儲存原則中，定義條帶寬度最大值為「**12**」。再次提醒，條帶寬度可以跨「同一台」vSAN 節點主機中的「不同的容量裝置」，也可以跨「不同台」vSAN 節點主機的「不同的容量裝置」。

 請注意，在 vSAN 叢集環境中，至少要具備「SW × (FTT + 1)」的容量裝置，才能設定「條帶寬度值」並符合「vSAN 儲存原則」。

我們先「暫時忽略」需要額外的儲存裝置來放置見證元件。如前所述，當 FTT 和 SW 的設定值越大時，那麼物件和元件的放置將會越複雜。除了必須滿足 vSAN 儲存原則之外，當元件空間大於單一容量裝置時，還會自動執行 RAID-0 切割後放置。

請注意，雖然在管理介面中，條帶寬度欄位設定值，提示訊息為「**HDDs 數量**」（**the number of HDDs**），實際上是指「容量層級中的容量裝置」，所以不管 Hybrid 模式或 All-Flash 模式都適用。

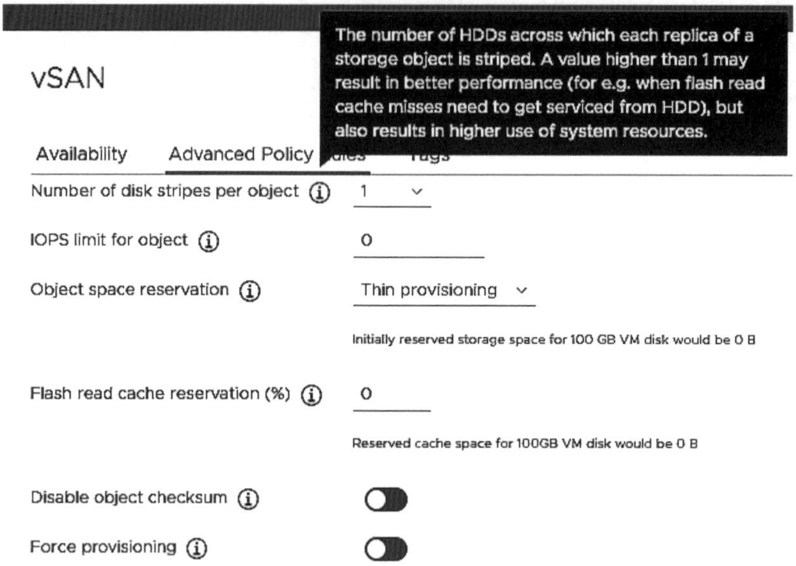

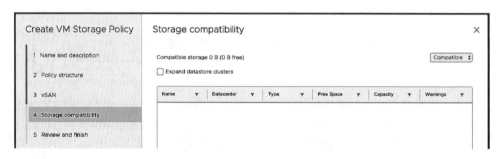

圖 5-14：條帶寬度設定畫面

條帶寬度設定錯誤

若管理人員定義 vSAN 儲存原則為 **FTT=3** 和 **SW=12** 的組態設定值，在執行 VM 虛擬主機部署作業時，vSAN 叢集將會自動驗證，目前 vSAN Datastore 儲存資源是否符合所定義的 vSAN 儲存原則。如**圖 5-15** 所示，因為 vSAN Datastore 儲存資源「無法滿足」定義的 vSAN 儲存原則，所以未顯示任何可用儲存資源。

圖 5-15：儲存資源無法滿足 vSAN 儲存原則

如前所述，當管理人員「強制」採用定義的 vSAN 儲存原則進行 VM 虛擬主機的部署作業時，將會得到系統回復的錯誤訊息（如**圖 5-16** 所示）。

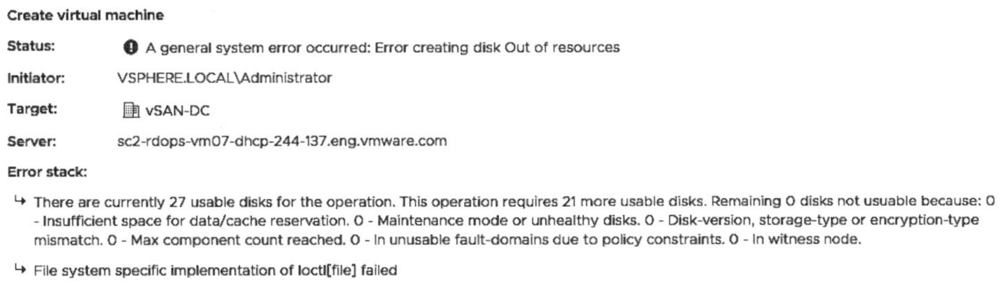

Create virtual machine

Status: ❶ A general system error occurred: Error creating disk Out of resources

Initiator: VSPHERE.LOCAL\Administrator

Target: 🖹 vSAN-DC

Server: sc2-rdops-vm07-dhcp-244-137.eng.vmware.com

Error stack:

↳ There are currently 27 usable disks for the operation. This operation requires 21 more usable disks. Remaining 0 disks not usuable because: 0
  - Insufficient space for data/cache reservation. 0 - Maintenance mode or unhealthy disks. 0 - Disk-version, storage-type or encryption-type
  mismatch. 0 - Max component count reached. 0 - In unusable fault-domains due to policy constraints. 0 - In witness node.

↳ File system specific implementation of Ioctl[file] failed

圖 5-16：VM 虛擬主機部署作業失敗

圖 5-16 是系統顯示的錯誤訊息，代表有四個複本套用了 **SW=12** 的設定值，所以 vSAN 叢集需要 **48 個**儲存裝置才能順利進行部署作業。然而目前 vSAN 叢集中只有 **27 個**可用儲存裝置，所以還需要 **21 個**可用儲存裝置才行。

條帶寬度區塊大小

管理人員經常會問：『組態設定條帶寬度之後，資料成長的最小單位為何？』答案是，系統將以「**循環配置**」（**Round Robin**）的方式，以每「**1MB**」進行資料成長作業，無論採用 RAID-1、RAID-5 或 RAID-6 類型都適用。

條帶寬度最佳建議作法

管理人員應該已經清楚了解，增加條帶寬度的設定值，將會使物件和元件的放置複雜化。因此，除非管理人員明確發現效能問題，例如，讀取快取未命中，或是資料轉存時發生效能瓶頸，否則**不建議**增加條帶寬度的設定值。

再次提醒，在 vSAN 叢集的環境中，所有資料 I/O 會先進入快取層級。在 Hybrid 模式中會有讀取快取資料。如果發生「讀取快取未命中」的情況，才會至容量層級之中讀取後回應。因此，若是經常發生「讀取快取未命中」的情況，管理人員應該思考，是否快取層級儲存空間規劃不足；而非建置 vSAN 叢集之後，才不斷增加條帶寬度設定值。

限制物件的 IOPS

在過去的 vSAN 環境之中，如果 VM 虛擬主機的工作負載突然爆增，便容易影響同一個磁碟群組中「其它 VM 虛擬主機的儲存效能」，也就是運作環境發生了「嘈雜鄰居」（Noisy Neighbor）的情況。從 vSAN 6.2 版本開始，管理人員可以針對「物件」進行

IOPS 儲存資源的使用限制，例如：某個 VMDK 物件，最大只能使用 1000 IOPS 儲存效能（如下面的**圖 5-17** 所示）。

預設情況下，vSAN 採用標準化 32KB 資料大小為 I/O 基礎。**這代表當資料 I/O 為 64KB 時，將會執行兩次資料 I/O 的操作。**當然小於或等於 32KB 的資料 I/O，則至少要執行一次資料 I/O 操作。舉例來說，2 × 4KB I/Os，會被視作兩個不同的資料 I/O 操作。此外，在不考慮「快取命中率」和「循序 I/O」的前提下，資料的讀取和寫入 IOPS 被視為是相同的。預設情況下，IOPS 資源限制門檻值為「0」，表示沒有針對 IOPS 儲存資源進行任何限制。VM 虛擬主機可以最大程度地使用所有儲存資源，當管理人員啟用 IOPS 管控機制之後，將針對特定物件限制使用的 IOPS 儲存資源，避免「嘈雜鄰居」（Noisy Neighbor）的情況發生。

事實上，我們很少看到 vSAN 管理人員啟用「IOPS 儲存資源管控機制」，通常只有服務供應商會透過此機制來「限制」客戶 IOPS 儲存資源的使用量。

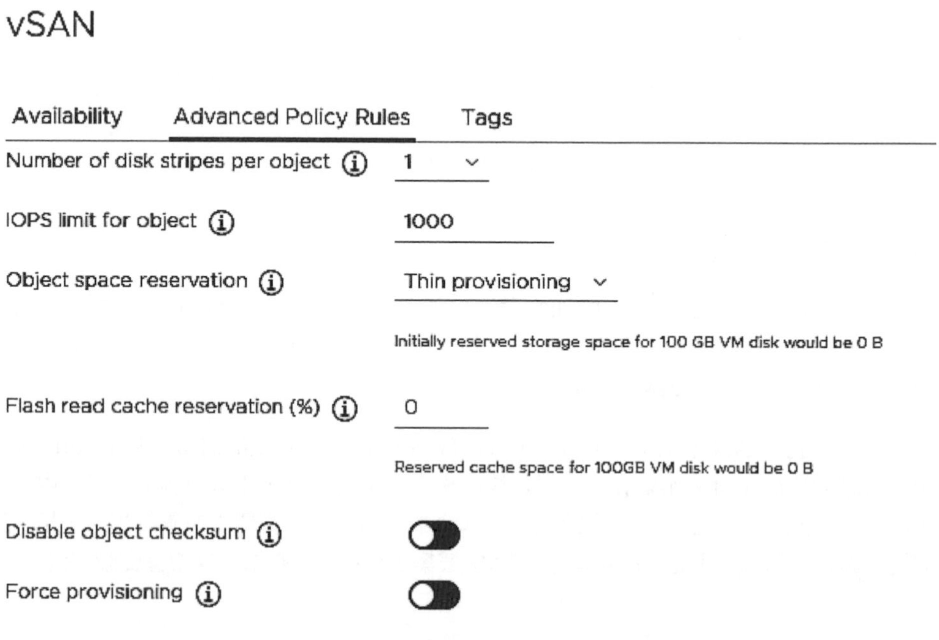

vSAN

Availability   Advanced Policy Rules   Tags

Number of disk stripes per object ⓘ   1 ∨

IOPS limit for object ⓘ   1000

Object space reservation ⓘ   Thin provisioning ∨

Initially reserved storage space for 100 GB VM disk would be 0 B

Flash read cache reservation (%) ⓘ   0

Reserved cache space for 100GB VM disk would be 0 B

Disable object checksum ⓘ   ◯

Force provisioning ⓘ   ◯

圖 5-17：組態設定 IOPS 門檻值為 1000

快閃記憶體讀取快取保留機制

「**快閃記憶體讀取快取保留區**」（**Flash read cache reservation**），此儲存功能僅適用於 Hybrid 模式。主要用途為設定快閃記憶體儲存裝置之中，有多少「百分比」的儲存空間，必須要保留給物件使用。這個「百分比」（%）組態設定值支援至「**小數點後 4 位**」。舉例來說，部署「1 TB」的 VMDK 虛擬硬碟，當管理人員設定保留「1 %」時，表示快閃記憶體必須保留「10 GB」儲存空間。但是對於大多數的 VM 虛擬主機來說，這個預留的快取空間太多了，可能會造成快取空間浪費的情況。

值得注意的是，管理人員無須在 vSAN 儲存原則之中，調整「讀取快取保留區」組態設定值。此組態設定值採用預設的「**0 %**」即可。讓所有運作的 VM 虛擬主機，都能共享所有讀取快取空間。除非管理人員非常確定在 vSAN 環境之中，特定的 VM 虛擬主機遭遇了儲存效能問題，才需要嘗試調整此組態設定值。

物件空間保留機制

「**物件空間保留區**」（**Object Space Reservation，OSR**），此儲存功能項目，主要用途為定義物件保留多少儲存空間。預設情況下，在 vSAN 運作環境中的所有物件，一律採用**精簡佈建**（Thin Provision）的方式進行部署（如**圖 5-18** 所示）。若管理人員希望特定的 VM 虛擬主機，能夠以**完整佈建**（Thick Provision）的方式部署，便可以組態設定此儲存功能項目，來為特定的 VM 虛擬主機「預先保留」一定的邏輯儲存空間。

簡單來說，當組態設定保留「**100 %**」儲存空間時，系統便會進行「完整佈建」部署作業。請注意，完整佈建機制採用的虛擬硬碟格式是 **LZT（Lazy Zeroed Thick）**而非 EZT（Eager Zeroed Thick）。這兩者主要差別在於，當一次佔用設定的儲存空間時，未使用到的「資料區塊」（Data Block）部分，LZT 並不會執行 Zeroed Out 的動作，而 EZT 卻會執行。

也請讀者注意，在 vSAN 叢集的環境之中，若管理人員已經啟用了「重複資料刪除和壓縮機制」時，使用「物件空間預留機制」則務必特別注意。當 vSAN 叢集啟用了「重複資料刪除和壓縮機制」之後，「物件空間預留區」組態設定值**不允許**採用「1% ~ 99%」之間的數值，只能設定採用**「0%」或「100%」**，如此一來，系統才能順利執行「重複資料刪除和壓縮」。

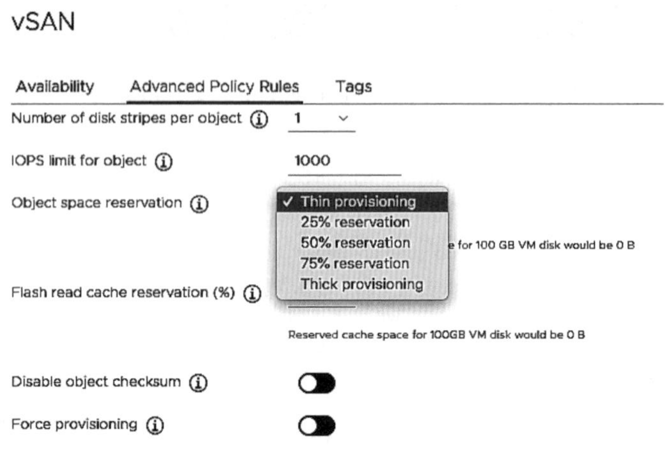

vSAN

| Availability | Advanced Policy Rules | Tags |

Number of disk stripes per object ⓘ 　　1 ⌄

IOPS limit for object ⓘ 　　　　　1000

Object space reservation ⓘ

> ✓ Thin provisioning
> 25% reservation
> 50% reservation 　　e for 100 GB VM disk would be 0 B
> 75% reservation
> Thick provisioning

Flash read cache reservation (%) ⓘ

Reserved cache space for 100GB VM disk would be 0 B

Disable object checksum ⓘ 　　　◖

Force provisioning ⓘ 　　　　　◖

圖 5-18：組態設定物件空間保留區（Object space reservation）

強制佈建

「**強制佈建**」（**Force Provisioning**），此儲存功能項目預設值為「**否**」；也就是說，當 vSAN Datastore 儲存資源不符合儲存原則時，管理人員是否希望強制執行部署作業（如**圖 5-19** 所示）。若 vSAN 叢集真的沒有足夠的儲存空間，來滿足 VM 虛擬主機的部署要求，即便真的「開啟」強制佈建儲存功能，也會在部署作業進行到一半時「發生錯誤」。

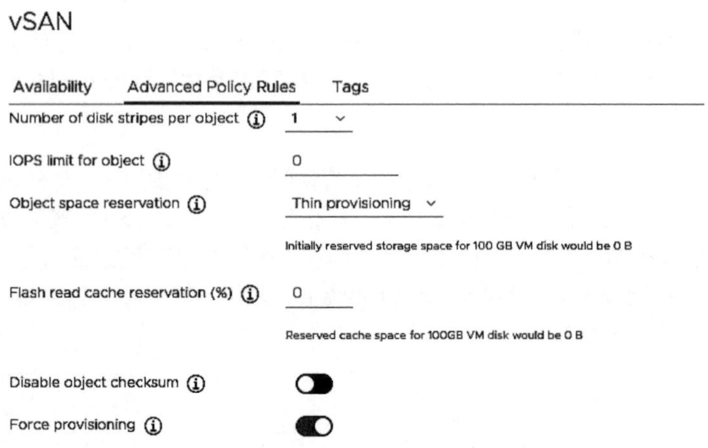

vSAN

| Availability | Advanced Policy Rules | Tags |

Number of disk stripes per object ⓘ 　　1 ⌄

IOPS limit for object ⓘ 　　　　　0

Object space reservation ⓘ 　　　Thin provisioning ⌄

Initially reserved storage space for 100 GB VM disk would be 0 B

Flash read cache reservation (%) ⓘ 　　0

Reserved cache space for 100GB VM disk would be 0 B

Disable object checksum ⓘ 　　　◖

Force provisioning ⓘ 　　　　　◗

圖 5-19：啟用強制佈建功能（Force provisioning）

那麼，在預設情況下，當 vSAN 儲存資源無法滿足儲存原則，在開啟了強制佈建儲存功能之後，卻又能夠佈署的原因，究竟是怎麼一回事呢？簡單來說，此時的 vSAN 叢集服務，將會嘗試使用「更簡單的物件和元件存放機制」，例如：採用「**FTT=0、SW=1**」嘗試進行部署作業。如前面的**圖 5-19** 所示，當管理人員「開啟了」強制佈建儲存功能，雖然可能會讓部署作業成功執行，但卻為 vSAN 的營運環境帶來儲存效能和可用性的「隱憂」。

同樣地，假設 vSAN 儲存原則組態設定為 **FTT=1** 和 **SW=4**，但是 vSAN 並沒有足夠的儲存資源；在啟用了強制佈建儲存功能之後，即便 vSAN Datastore 儲存資源可能符合 **FTT=1** 和 **SW=2** 的要求，但仍會直接採用 **FTT=0** 和 **SW=1** 進行佈署作業。

因此，管理人員必須謹慎考慮，是否要在 vSAN 正式營運環境之中「啟用」強制佈建儲存功能。這樣的做法雖然可以成功執行 VM 虛擬主機部署作業，但是將會導致 VM 虛擬主機在「效能和資料可用性方面」產生「風險」。

啟用強制佈建儲存功能之後，將會採用 **FTT=0** 和 **SW=1** 儲存原則進行部署；然而，當 vSAN 儲存資源符合要求時，採用強制佈建的 VM 虛擬主機的「相關物件和元件」，就會立即使用「原有的 vSAN 儲存原則」，來執行物件和元件的複本以及條帶化作業。

當 VM 虛擬主機無法滿足 **FTT=1** 的 vSAN 儲存原則要求，就會採用 **FTT=0** 進行 VM 虛擬主機的部署作業。而當 vSAN 叢集加入了新的 vSAN 節點主機之後，能夠滿足 **FTT=1** 的 vSAN 儲存原則要求了，此時 VM 虛擬主機就會立即套用「原有的儲存原則」。

還有一個使用案例則是，在 vSAN 叢集進行維運或發生故障、卻仍需要部署 VM 虛擬主機的情況下，這時就會考慮啟用強制佈建儲存功能。

注意：總而言之，再次提醒管理人員，只有在「必要情況」時，才能考慮啟用強制佈建儲存功能。因為採用 FTT=0 儲存原則的 VM 虛擬主機，將無法因應「任何故障情況」，這會直接導致 VM 虛擬主機的資料遺失！

停用物件總和檢查碼

「**停用物件總和檢查碼**」（**Disable Object checksum**），此儲存功能項目的預設值為「**否**」；主要針對儲存資源在資料 I/O 路徑上進行驗證，並偵測資料是否發生損壞，或是發生「**位元衰減**」（**Bit Rot**）的情況。若偵測到錯誤，就會自動復修它。

預設情況下，vSAN 叢集服務自動在「**每一年**」運作一次，以便全面檢查 vSAN 儲存資源中的資料。管理人員可以透過進階參數「**VSAN.ObjectScrubsPerYear**」，調整資料檢查週期。但是我們建議保留預設值即可。此外，當 vSAN 叢集服務執行檢查作業時，將會在有限 I/O 的情況下使用背景執行，以避免對線上的工作負載產生任何影響。

在極少數的使用案例之中，管理人員可能會希望「停用」物件總和檢查碼機制。主要是怕影響儲存效能。因為物件總和檢查碼機制，雖然只會使用有限 I/O 並在背景執行，但是仍有可能影響到線上工作負載。此外，若 VM 虛擬主機內的應用程式，已經具備了總和檢查碼機制，那麼管理人員也可以考慮「停用」物件總和檢查碼機制（如**圖 5-20** 所示）。

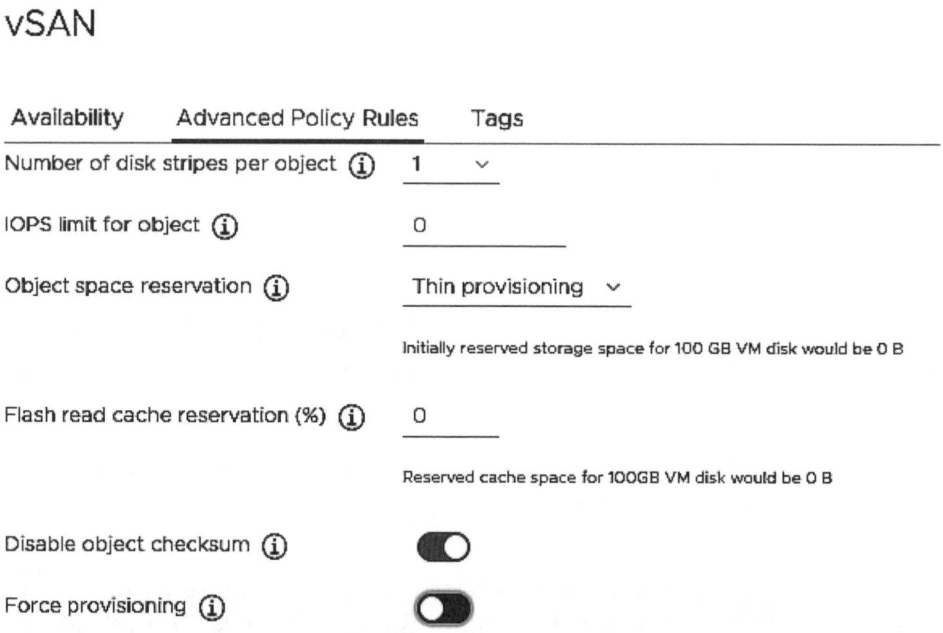

vSAN

Availability	Advanced Policy Rules	Tags

Number of disk stripes per object ⓘ   1 ⌄

IOPS limit for object ⓘ   0

Object space reservation ⓘ   Thin provisioning ⌄

    Initially reserved storage space for 100 GB VM disk would be 0 B

Flash read cache reservation (%) ⓘ   0

    Reserved cache space for 100GB VM disk would be 0 B

Disable object checksum ⓘ   ⬤◯

Force provisioning ⓘ   ◯⬤

圖 5-20：停用物件總和檢查碼機制

注意：我們並不建議管理人員「停用」物件總和檢查碼機制（Object Checksum），即便 VM 虛擬主機內的應用程式已經具備了總和檢查碼機制。雖然此功能是由眾多使用者和合作夥伴，經過不斷的意見反應之後，才導入的儲存功能，但我們還是不建議管理人員「停用」物件總和檢查碼機制。

至此，我們已經完整介紹了 vSAN 儲存原則中的「各項儲存功能項目」。透過上述各項儲存功能，管理人員可以針對 VM 虛擬主機的工作負載，選擇適合的儲存功能項目。然而，如前所述，VM 虛擬主機還具備更多的功能，讓我們深入剖析哪些特殊物件將會「繼承」或「不會繼承」哪些 vSAN 儲存原則吧。

查看 VM Home Namespace 物件

在 vSAN 叢集的環境之中，每一台 VM 虛擬主機都會有「**255 GB**」精簡佈建的 **VM Home Namespace** 物件。管理人員可以想像一下，如果設定了 100% 物件空間保留區設定值，將會產生儲存空間浪費的情形。因此，VM Home Namespace 物件擁有「特殊的儲存原則」，有些儲存功能會繼承、有些則不會，如下所示：

- Number of disk stripes per object：1
- Failures to tolerate：繼承儲存原則

  ✧ 這包含了 RAID-1、RAID-5 以及 RAID-6

- Flash read cache reservation：0%
- Force provisioning：Off
- Object space reservation：thin
- Checksum disabled：繼承儲存原則
- IOPS limit for object：繼承儲存原則

讓我們更進一步舉例說明。假設有一台採用 **FTT=2** 和 **SW=2** 儲存原則的 VM 虛擬主機。如**圖 5-21** 所示，可以看到 VM Home Namespace 物件只有套用 **FTT=2** 儲存原則，並沒有套用 **SW=2** 的部分。再次提醒管理人員，採用 **FTT=2** 儲存原則時，vSAN 叢集中至少需要五台 vSAN 節點主機。

∨ ☐ VM Home (RAID 1)		
Witness	✅ Active	🖥 10.192.253.35
Witness	✅ Active	🖥 10.192.244.132
Component	✅ Active	🖥 10.192.230.229
Component	✅ Active	🖥 10.192.229.172
Component	✅ Active	🖥 10.192.235.142

圖 5-21：VM Home components 物件，僅套用 FTT=2 儲存原則

查看 VM SWAP 物件

VM SWAP 物件與剛才討論的 VM Home Namespace 物件相同，亦擁有「特殊的儲存原則」。在舊版 vSAN 之中，VM SWAP 物件採用 **SW=1** 和 **OSR=100%** 儲存原則；然而從最新的 vSAN 6.7 版本開始，預設改為採用 **SW=1** 和 **OSR=0%** 儲存原則，以避免浪費無謂的 vSAN Datastore 儲存空間。

如果管理人員希望「調整」VM SWAP 物件所採用的「OSR 儲存原則預設值」時，可以組態設定進階參數「`SwapThickProvisionDisabled`」。當此組態設定值為「**1**」時，表示採用 **OSR=0%** 組態設定值（如**圖 5-22** 所示），這也是 vSAN 6.7 版本的**預設值**；若希望回到**舊版 vSAN 預設值**，則將組態設定值調整為「**0**」，表示採用 **OSR=100%** 組態設定值。

圖 5-22：組態設定 VM SWAP 物件 OSR 儲存功能

> 請注意，管理人員必須確認在 vSAN 叢集中，是否發生記憶體超用的情況，也要確認 vSAN Datastore 的可用儲存空間，以避免 VM 虛擬主機無法建立 VM SWAP 物件，導致 VM 虛擬主機發生故障事件。

在舊版 vSAN 中，VM SWAP 物件不會繼承上層 FTT 儲存原則，而是直接採用 **FTT=1** 的預設值。從最新的 vSAN 6.7 版本開始，VM SWAP 物件則與 VM Home Namespace 物件相同，都會繼承上層的 FTT 儲存原則，以確保 VM SWAP 物件和 VM 虛擬主機物件皆採用相同的儲存原則，來保障可用性。

- Number of disk stripes per object：1
- Number of failures to tolerate：繼承儲存原則
- Flash read cache reservation：0%
- Force provisioning：On

- Object space reservation：0%（thin）

- Failure tolerance method：繼承儲存原則

- Checksum disabled：繼承儲存原則

- IOPS limit for object：繼承儲存原則

注意，VM SWAP 物件在強制佈建的部分，預設值為「啟用」，這代表即便 vSAN 的運作環境無法滿足儲存原則的要求，仍然會嘗試「強行建立」VM SWAP 物件。

讓我們更進一步舉例說明。假設有一台採用 **FTT=2** 和 **SW=2** 的儲存原則的 VM 虛擬主機。如**圖 5-23** 所示，可以看到 VM SWAP 物件只有套用 **FTT=2** 的儲存原則，並沒有套用 **SW=2** 的部分。此外，再次提醒管理人員，採用 **FTT=2** 儲存原則時，vSAN 叢集中至少需要五台 vSAN 節點主機。

∨ Virtual Machine SWAP Object (RAID 1)

Witness	✔ Active	🖪 10.192.229.172
Component	✔ Active	🖪 10.192.253.35
Component	✔ Active	🖪 10.192.235.142
Component	✔ Active	🖪 10.192.244.132
Witness	✔ Active	🖪 10.192.230.229

圖 5-23：VM SWAP 物件，僅套用 FTT=2 儲存原則

此外，VM SWAP 物件不像 VM Home Namespace 物件有「255GB 儲存空間大小的限制」，所以可以視工作負載需求而成長。

增量磁碟和快照

在大部分的情況下，「**增量磁碟**」（Delta Disk），或稱「**快照**」（Snapshot），其實與正常的磁碟一樣，都會繼承上層的儲存原則。在 vSAN 運作的環境之中，VMware Horizon View 和 VMware vCloud Director 解決方案，將會透過 vSphere API 的方式，採用「連結複製」（Linked Clones）機制，以節省寶貴的 vSAN Datastore 儲存空間；但是在 vSphere HTML 5 Client 管理介面中，並無法看到相關資訊。

複製作業注意事項

管理人員在執行 VM 虛擬主機的複製作業時，可能會遭遇「例外的情況」。例如，假設你要部署一台採用 **RAID-5** 類型的 VM 虛擬主機，接著執行複製作業、並採用 **RAID-1** 類型，然而，在執行複製作業的過程中，vSAN 叢集發生了 vSAN 節點主機故障（如四台 vSAN 節點主機中有一台故障了），此時將無法順利執行複製作業。主要原因在於，準備複製的 VM 虛擬主機，因為繼承了 **RAID-5** 的儲存原則，但目前的運作環境無法滿足，所以 VM 虛擬主機的複製作業就會停止。

現在，管理人員應該已經充分理解，在 vSAN 叢集的環境之中，部署在 vSAN Datastore 儲存資源的物件和元件，在儲存空間的使用上皆採用了哪些方式。此外，管理人員應該也想知道，如何查看 VM 虛擬主機佔用了多少 vSAN Datastore 儲存空間，以及應該預留多少儲存空間。

查看 vSAN 儲存空間使用量

如**圖 5-24** 所示，管理人員在管理介面中，依序點選「**vSAN Cluster > Monitor > Capacity**」項目後，即可看到 vSAN Datastore 儲存空間資訊，包括各種物件使用儲存空間的情況。

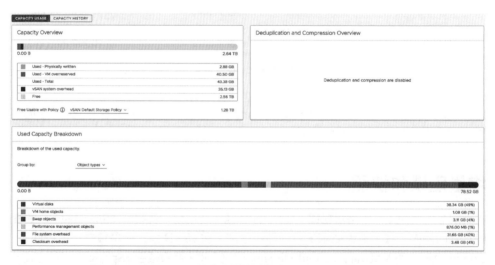

圖 5-24：查看 vSAN 儲存空間使用量（Space consumption）

在 vSAN 儲存空間的管理介面中,管理人員可以看到所有物件資訊,例如:VM Home Namespace 物件、VMDK 物件、VM SWAP 物件、iSCSI 目標等等。此外,管理介面還提供了「vSAN 整體儲存空間的使用量」,以及啟用了重複資料刪除和壓縮之後,可以「節省」多少儲存空間等等詳細資訊。

至此,我們已經討論部署 VM 虛擬主機時,所有可能採用的儲存原則,以及儲存原則中各個儲存功能項目。現在,讓我們把討論焦點,轉移到 vCenter Server 管理平台。

VASA 儲存空間提供者

若管理人員在傳統 vSphere 的運作環境之中,建立並維運過「設定檔導向儲存」(Profile-Driven Storage),那麼應該已經熟悉 **VASA**(vSphere APIs for Storage Awareness)機制,因為必須進行相關的組態設定才行。然而,在建構 vSAN 叢集的過程中,每台 vSAN 節點主機都會向 vCenter Server 進行註冊,後續 vCenter Server 也會採用 VASA 機制,來顯示和操作 vSAN 儲存功能。

VASA 簡介

VASA 運作機制的主要用途,是為了提供 API 應用程式介面給「儲存設備廠商」,讓廠商可以透過 API 應用程式介面,提供儲存功能給 vCenter Server 管理平台,所以登入 vSphere HTML 5 Client 管理介面之後,便可以顯示這些儲存功能。VASA 機制還可以提供相關資訊,例如:運作健康狀態、組態設定內容、儲存空間等等,讓 vCenter Server 管理平台除了使用儲存設備的「儲存功能」之外,也可以看到儲存設備的「運作資訊」,以及儲存設備的「健康狀態」。

雖然「傳統儲存設備」和「vSAN 解決方案」都採用「VASA 運作機制」來整合「儲存功能」,但部署 VM 虛擬主機的「工作流程」是不同的。舉例來說,傳統儲存設備結合 VASA 機制,當管理人員部署 VM 虛擬主機時,必須選擇適當的儲存資源,來存放部署的 VM 虛擬主機。然而,vSAN 和現在的 VVol 則不一樣,管理人員可以在儲存原則之中,直接定義 VM 虛擬主機的存放規則和功能。

定義好儲存原則之後,系統將會把儲存原則資訊「推送」到底部的儲存功能層級,通知儲存層級工作負載所需的儲存資源要求,然後 VASA 運作機制,便會回覆底層儲存資源(例如:vSAN Datastore 儲存資源),是否滿足所需的儲存資源要求。主要差別在於,過去的 VASA 運作機制,只著重於「整合儲存功能」的部分,現在還會根據定義的儲存原則內容,「驗證」儲存資源是否滿足工作負載的要求。

儲存空間提供者

在建構 vSAN 叢集時，每一台加入 vSAN 叢集的 vSAN 節點主機，便會透過 VASA 機制，向 vCenter Server 進行註冊，以成為「**儲存空間提供者**」（Storage Providers）。如**圖 5-25** 所示，在 vSAN 叢集之中一共有**九台** vSAN 節點主機，管理人員在管理介面中可以看到，每台 vSAN 節點主機都成為「儲存空間提供者」，而且都有 IOFILTER Providers。簡單來說，IOFILTER Providers 儲存服務，是與儲存系統互相分離的，它可以提供「內建」或「第三方供應商」的儲存功能。舉例說明，**SIOC**（Storage IO Control）和 **VM Encryption** 就是內建的儲存功能，而第三方供應商的使用案例則有 **EMC RecoverPoint**。

圖 5-25：查看 vSAN 節點主機「儲存空間提供者」的資訊

登入 vSphere HTML 5 Client 管理介面之後，依序點選「**vCenter Server > Configure > Storage Providers**」項目，即可看到儲存空間提供者的資訊。值得注意的是，在儲存空間提供者的資訊頁面之中，可以看到 VMware vSAN 項目為「**Internally Managed**」，這表示 vSAN 叢集服務會「自動處理」所有操作的部分，管理人員無須介入處理。

vSAN 儲存空間提供者：HA 高可用性

管理人員可能會困惑：『為何每台加入 vSAN 叢集的 vSAN 節點主機，都必須註冊成為儲存空間提供者呢？』主要原因就是為了 HA 高可用性考量。舉例說明，當 vSAN 叢集的架構之中，某一台 vSAN 節點主機發生了故障（例如，硬體損壞），那麼其它存活的 vSAN 節點主機，就可以立即接管處理相關資訊，並且維持儲存資源的高可用性。

管理人員在建立 vSAN 叢集之後，即可立即使用或建立 vSAN 儲存原則，無須操心儲存空間提供者的註冊和運作。但若是管理人員在嘗試使用或建立 vSAN 儲存原則時，卻發現沒有任何 vSAN 儲存原則可供選擇，這表示 vSAN 叢集的運作架構之中，並沒有運作正常的儲存空間提供者。此時，可以在儲存空間提供者的頁面中，點選「**Synchronize Storage Providers**」圖示（**圖 5-26** 左上角的橘色圓形箭頭），讓 vSAN 叢集的架構再次掃描所有 vSAN 節點主機，重新同步所有儲存空間提供者。

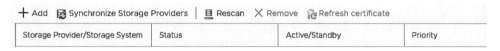

圖 5-26：重新同步「儲存空間提供者」的資訊

值得注意的是，在 vSAN 叢集中的儲存空間提供者，其實並沒有擔任重要工作任務，即便 vSAN 叢集中的所有儲存空間提供者都無法運作，對於已經部署運作的 VM 虛擬主機，以及已經套用的 vSAN 儲存原則，都不會有任何影響。簡單來說，已經部署和運作的工作負載，將不會受到任何影響。然而需要建立新的 vSAN 儲存原則時，便會發現沒有任何 vSAN 儲存原則可供選擇。

至此，我們已經討論了所有 vSAN 儲存原則和 VASA 機制。現在，讓我們來看看部署 VM 虛擬主機之後，啟用特定儲存功能的各種使用案例。

即時調整 VM 虛擬主機儲存原則

管理人員執行 VM 虛擬主機部署作業時，會在部署 VM 虛擬主機的工作流程之中，於 **Select Storage** 程序頁面，先為「即將部署的 VM 虛擬主機」選擇套用的「vSAN 儲存原則」，然後選擇存放 VM 虛擬主機的目標儲存資源，此時，系統便會執行儲存資源驗證程序，驗證儲存資源是否「滿足」儲存原則的要求（如**圖 5-27** 所示）。

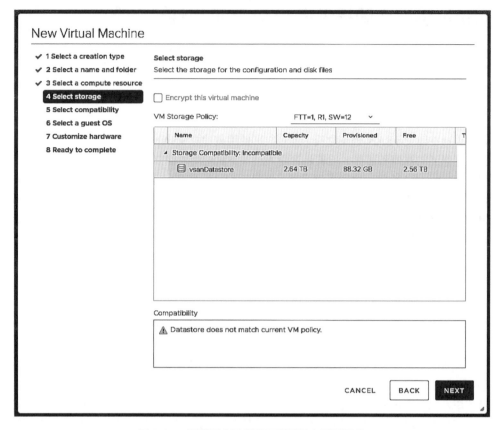

圖 5-27：驗證儲存資源是否滿足儲存原則要求

在 vSphere 和 vSAN 版本之中，當驗證儲存資源「滿足」要求時，並不代表能夠「真正滿足」VM 虛擬主機的部署要求；這只是表示目標儲存資源「支援」且能夠「使用」vSAN 儲存原則而已。所以當實際進行 VM 虛擬主機的部署作業時，仍然有可能發生部署失敗的情況。

現在，新版的 vSAN 運作環境之中，除了「驗證」目標儲存資源是否「支援」和「套用」vSAN 儲存原則之外，還會「驗證」儲存資源是否「滿足」儲存原則內容。**圖 5-27** 即是目標 vSAN Datastore 儲存資源無法滿足 **FTT=1**、**R1**、**SW=12** 的儲存原則，所以顯示目標儲存資源**無法滿足**要求。

部署 VM 虛擬主機

在先前的小節中，我們已經深入討論各項 vSAN 儲存原則，以便將 VM 虛擬主機部署至 vSAN Datastore 儲存資源。本小節我們將深入剖析，如何針對 VM 虛擬主機的工作負載，建立最適當的 vSAN 儲存原則，以及 VM 虛擬主機如何部署至儲存資源，以便幫助管理人員更深入了解 vSAN 叢集的內部運作原理。

使用案例 1：FTT=1、RAID-1

在使用案例 1，讓我們採用非常簡單的 vSAN 儲存原則，組態設定儲存功能 **FTT=1**（**RAID-1**），並透過此 vSAN 儲存原則，將 VM 虛擬主機部署至 vSAN Datastore 儲存資源，然後觀察 VM 虛擬主機的可用性。在後續的使用案例中，我們也會討論 RAID-5 和 RAID-6 類型。如**圖 5-28** 所示，當管理人員採用 FTT=1 的 vSAN 儲存原則，部署 VM 虛擬主機至 vSAN Datastore 儲存資源之後，這台 VM 虛擬主機將會額外產生一份複本資料，表示當 vSAN 叢集環境之中出現單一故障時，VM 虛擬主機的物件仍能正常存取和運作。

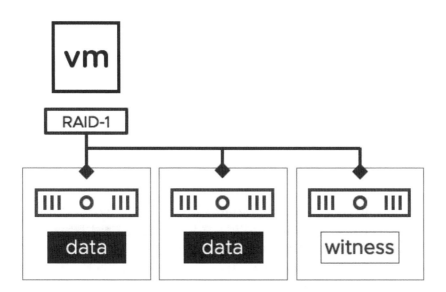

圖 5-28：採用「FTT=1 儲存原則」部署的 VM 虛擬主機

此 vSAN 叢集採用 All-Flash 模式。每台 vSAN 節點主機具備一個磁碟群組。每個磁碟群組當中，配置一個快取儲存裝置和多個容量儲存裝置。管理人員已經配置好 vSAN 網路，並順利建構 vSAN 叢集以及 vSAN Datastore 儲存資源。現在，vSAN 叢集已經準備好部署 VM 虛擬主機了。

接著，管理人員建立 vSAN 儲存原則，並採用最簡單的 FTT=1 組態設定值。

登入 vSphere HTML 5 Client 管理介面後，依序點選「**Policies and Profiles > Create VM Storage Policy**」項目。如圖 **5-29** 所示，在 **Edit VM Storage Policy** 互動視窗之中，先在 **Name and description** 頁面鍵入 VM 虛擬主機儲存原則的名稱，在這個使用案例，名稱為「**FTT=1 – RAID-1**」。

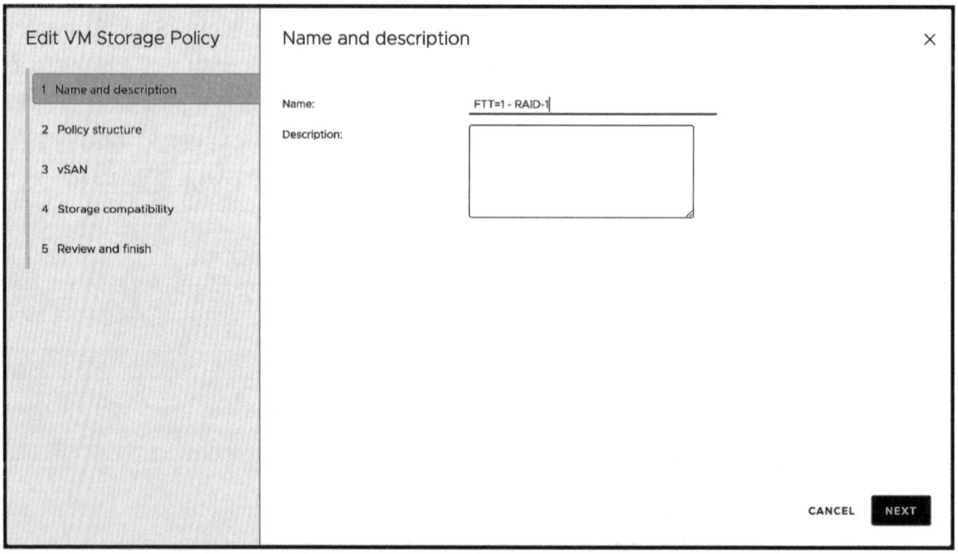

圖 5-29：建立 VM 虛擬主機儲存原則

如接下來的**圖 5-30** 所示，在 **Policy Structure** 組態設定頁面中，包含了 vSAN 節點主機服務和 vSAN Datastore 儲存資源存放規則。首先，在 vSAN 節點主機服務的部分，即先前討論過的 I/O Filters 儲存功能，例如：SIOC 儲存資源管控和 VM 加密機制，以及第三方的 I/O Filters 儲存功能。而 vSAN Datastore 儲存資源放置規則，則表示針對部署的 VM 虛擬主機，要採用什麼樣的方式進行存放的動作。

在 VMware 的 VirtualBlocks 部落格，Jason Massae 在文章中提到：

採用 **vSAN** 或 **VVol** 時，許多管理人員已經非常熟悉 **SPBM** 儲存原則機制。然而，比較少人熟悉的是，透過「標籤」和「類別」功能，可以幫助管理人員建立和定義「更進階」和「客製化」的儲存原則。例如：自訂儲存效能層級、硬碟組態、位置、作業系統類型、部門、硬碟類型（例如，**SSD**、**SAS**、**SATA**）等等。而可以建立的「標籤」和「類別」幾乎是無限的！

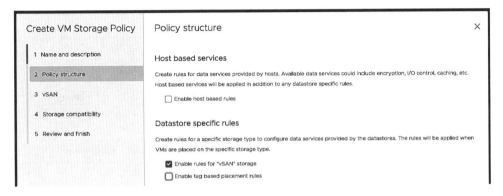

圖 5-30：啟用 vSAN Datastore 儲存資源存放規則

如**圖 5-31** 所示，在 vSAN 設定頁面中，管理人員可以選擇不同的儲存功能項目。首先，在 **Failures to tolerate** 下拉式選單中，我們選擇此使用案例所要採用的 vSAN 儲存原則：「**1 failure - RAID-1 (Mirroring)**」。

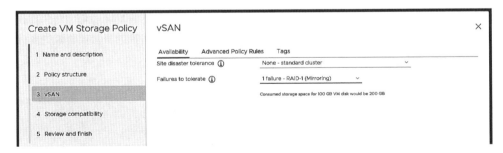

圖 5-31：選擇 FTT=1、RAID-1 儲存原則

管理人員可以看到，當選擇「**1 failure - RAID-1 (Mirroring)**」儲存原則之後，系統將會在選項下方顯示資訊，表示採用此 vSAN 儲存原則部署 **100GB** 的 VM 虛擬主機時，將會消耗 **200GB** 的儲存空間。這個說明是假設運作環境中，VM 虛擬主機採用 100% 的儲存空間，而管理人員應該還記得，在 vSAN 叢集的環境中，預設採用「精簡佈建格式」進行部署作業。

如**圖 5-32** 所示，在 **Storage Compatibility** 頁面中，系統將會驗證 vSAN Datastore 儲存資源**是否**滿足 vSAN 儲存原則的要求，而在此使用案例中，vSAN Datastore 儲存資源**滿足要求**。

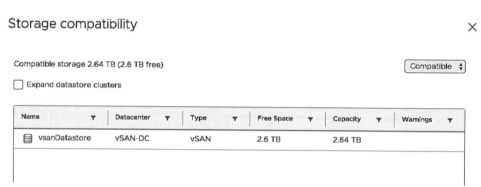

圖 5-32：vSAN Datastore 滿足 vSAN 儲存原則要求

接著，點選 **Next** 鈕再次檢視 vSAN 儲存原則內容，確認無誤後按下 **Finish** 鈕，即可建立 vSAN 儲存原則。恭喜！我們已經建立了第一個 vSAN 儲存原則，現在我們將透過這個 vSAN 儲存原則，進行 VM 虛擬主機的部署作業。事實上，部署 VM 虛擬主機的操作步驟，與過去採用「共享式儲存設備」幾乎相同，唯一的差別在於選擇儲存資源的部分（如**圖 5-33** 所示）。

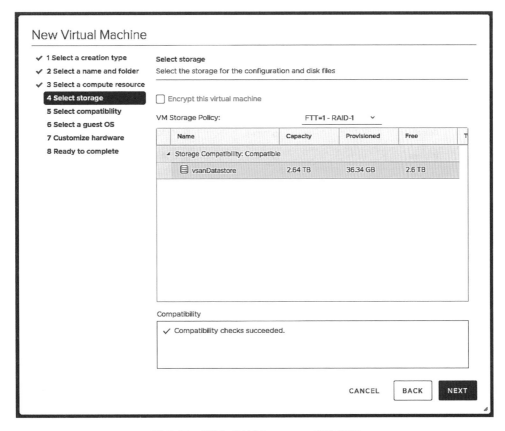

圖 5-33：選擇 vSAN Datastore 儲存資源

請注意，如果管理人員沒有選擇任何 vSAN 儲存原則，那麼在預設的情況下，vSAN 叢集將會「自動」採用「預設 vSAN 儲存原則」，進行 VM 虛擬主機的部署作業。「預設 vSAN 儲存原則」將會使用「**FTT=1、RAID-1、SW=1**」儲存功能。

順利部署 VM 虛擬主機之後，管理人員可以隨時查看部署的 VM 虛擬主機物件和元件資訊。請在 vSphere HTML 5 Client 管理介面之中，依序點選「**VM > Monitor > vSAN > Physical disk placement**」項目。如**圖 5-34** 所示，可以看到 VM Home Namespace、VM SWAP、VMDK 等物件。

Type	Component State	Host	Fault Domain
Virtual Object Components			
> Virtual Machine SWAP Object (RAID 1)			
∨ 🖴 Hard disk 1 (RAID 1)			
Component	✓ Active	🖥 10.192.241.169	
Component	✓ Active	🖥 10.192.244.132	
Witness	✓ Active	🖥 10.192.225.212	
> 🗀 VM Home (RAID 1)			

圖 5-34：查看 VM 虛擬主機物件和元件的資訊（FTT=1、RAID-1）

從管理介面中可以看到，VM 虛擬主機的所有元件，都具備另一份複本，也就是「**RAID-1 (Mirror)**」。

在**圖 5-34** 中也可以看到，VM 虛擬主機的 **Hard disk 1** 虛擬硬碟，採用 **RAID-1** 儲存功能並建立兩個元件。其中一個元件，存放於 IP 結尾 **.169** 的 vSAN 節點主機；另一個元件，存放於 IP 結尾 **.132** 的 vSAN 節點主機；**Witness** 則存放於 IP 結尾 **.212** 的 vSAN 節點主機。值得注意的是，在這個使用案例的環境中，只要 VM 虛擬主機物件具備「**50%**」可用性，那麼 VM 虛擬主機便可以持續運作，不受故障事件影響。舉例來說，在 vSAN 叢集中發生「一個」故障事件，此時由於仍有「50%」物件可用，所以 VM 虛擬主機仍能正常運作。即便因為故障事件發生「網路分區」的情況，由於 Witness 機制可進行仲裁，確認環境中哪一個物件仍然可用，這也是 vSAN 設計 Witness 的主要原因之一。

基本上，Witness 是一個中繼資料，所以僅佔用 16MB 的儲存空間。當 vSAN 叢集中建立越來越多的物件和元件時，系統會在考量 RAID-1 組態設定之後，自動建立 Witness 並決定如何存放。

使用案例 2：FTT=1、SW=2

在使用案例 2，讓我們嘗試 vSAN 儲存原則為「**FTT=1、SW=2**」。當管理人員採用此 vSAN 儲存原則，執行 VM 虛擬主機的部署作業時，在 VMDK 虛擬硬碟的部分，將會產生四個元件。首先，套用 **SW=2（RAID-0）**儲存功能時，將會把一個元件切割成兩個元件，接著套用 **FTT=1（RAID-1）**儲存功能時，會將兩個元件再鏡像出額外的一份複本。如**圖 5-35** 所示，便是採用此 vSAN 儲存原則部署 VM 虛擬主機的邏輯示意圖。

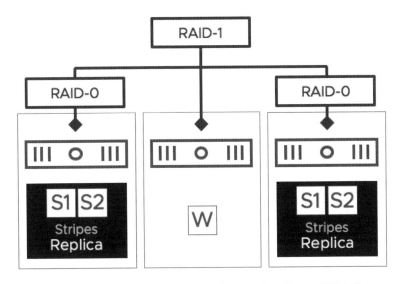

圖 5-35：採用「FTT=1、SW=2 儲存原則」部署的 VM 虛擬主機

現在，讓我們實際建立剛才說明的 vSAN 儲存原則，並執行部署 VM 虛擬主機的動作，以便驗證理論和實務是否一致吧。

由於建立 vSAN 儲存原則的動作，在前面兩個操作步驟是相同的，因此我們便不再贅述。在 vSAN 設定頁面中，除了選擇「**1 failure - RAID-1 (Mirroring)**」的儲存原則之外，請切換至 **Advanced Policy Rules** 頁籤，在 **Number of disk stripes per object** 下拉式選單中，選擇至數值「**2**」，也就是採用 **SW=2**，屆時系統將會視 VMDK 虛擬硬碟的大小，以及容量儲存裝置空間的大小，來進行條帶化和跨容量裝置存放的動作。

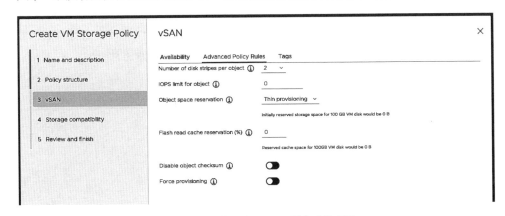

圖 5-36：組態設定 SW=2 儲存功能項目

順利建立「FTT=1、SW=2」的 vSAN 儲存原則之後，在部署 VM 虛擬主機時，選擇採用「**FTT=1 - SW=2**」vSAN 儲存原則，此時，系統將會驗證 vSAN Datastore 儲存資源是否「滿足」vSAN 儲存原則的要求。在這個使用案例，vSAN Datastore 儲存資源「滿足」要求。如**圖 5-37** 所示。

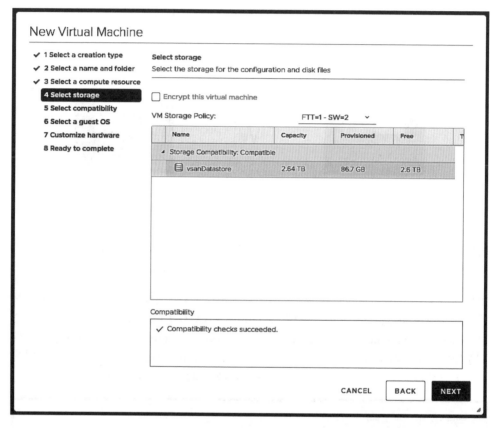

圖 5-37：vSAN Datastore 儲存資源「滿足」vSAN 儲存原則的要求

順利部署 VM 虛擬主機之後，讓我們查看 VM 虛擬主機物件和元件的存放資訊。

Type	Component State	Host	Fault Domain
Virtual Object Components			
∨ ⬛ Hard disk 1　(RAID 1)			
∨ RAID 0			
Component	✓ Active	🖥 10.192.229.172	
Component	✓ Active	🖥 10.192.229.172	
∨ RAID 0			
Component	✓ Active	🖥 10.192.235.142	
Component	✓ Active	🖥 10.192.253.35	
∨ Virtual Machine SWAP Object　(RAID 1)			
Component	✓ Active	🖥 10.192.230.229	
Component	✓ Active	🖥 10.192.233.122	
Witness	✓ Active	🖥 10.192.229.172	
∨ 🗀 VM Home　(RAID 1)			
Component	✓ Active	🖥 10.192.235.142	
Component	✓ Active	🖥 10.192.229.172	
Witness	✓ Active	🖥 10.192.253.35	

圖 5-38：查看 VM 虛擬主機物件和元件的資訊（FTT=1、SW=2）

如**圖 5-38** 所示，可以看到 VM 虛擬主機物件和元件的資訊。其中 VMDK 虛擬硬碟的部分，和剛才說明的理論完全相同。元件將會採用 **SW=2（RAID-0）** 進行條帶化佈建，可能存放在同一台 vSAN 節點主機，或是跨 vSAN 節點主機存放，然後再採用 **FTT=1（RAID-1）** 進行鏡像，將相關元件再產生額外的一份複本。

在這個使用案例,雖然 VMDK 虛擬硬碟物件的部分,並沒有產生 Witness,然而我們想再次強調 Witness 的重要性。因為根據 vSAN 叢集規模的大小,將會需要 Witness 仲裁機制,以便確認發生故障事件時,VM 虛擬主機的相關物件和元件,是否仍然具備 50% 的可用性。系統便是透過 Witness 仲裁機制來進行判斷。遺憾的是,目前 vSphere HTML 5 Client 管理介面中,無法看到物件和元件的投票資訊,但是管理人員可以透過 **RVC(Ruby vSphere Console)**,鍵入「**vsan.vm_object_info**」指令進行查看。詳細資訊我們將會在「第 9 章,CLI 指令」中說明。

```
DOM Object: c133bf5b-c8ae-df22-c11e-02003a542fc6
    RAID_1
      RAID_0
        Component: c133bf5b-8457-8023-aa44-02003a542fc6
        host: 10.192.229.172
          votes: 2, usage: 0.0 GB, proxy component: false)
        Component: c133bf5b-b8d3-8123-c51a-02003a542fc6
        host: 10.192.229.172
          votes: 1, usage: 0.0 GB, proxy component: false)
      RAID_0
        Component: c133bf5b-d86a-8223-86a6-02003a542fc6
        host: 10.192.235.142
          votes: 2, usage: 0.0 GB, proxy component: false)
        Component: c133bf5b-60f4-8223-14d5-02003a542fc6
        host: 10.192.253.35
          votes: 2, usage: 0.0 GB, proxy component: false)
```

在 RVC 指令執行結果中,可以看到 **RAID-0** 中每個元件都有兩票(**votes: 2**),除了一個元件例外,只有一票(**votes: 1**),這是系統為了確保 IP 位址結尾 **.172** 的 vSAN 節點主機,在發生網路分區的故障情況時,IP 位址結尾 **.142** 和 **.35** 的 vSAN 節點主機,仍然能夠以**超過 50%** 的投票數,順利存取元件並持續運作。

此外,在前面的**圖 5-38** 中可以看到,VM Home Namespace 物件和 VM SWAP 物件,僅套用了 **FTT=1** 的儲存原則內容,並未套用 **SW=2** 的儲存原則內容,原因我們已經在先前的理論部分討論過了。

使用案例 3：FTT=2、SW=2

在使用案例 3 的環境中，我們採用的 vSAN 儲存原則為「**FTT=2、SW=2**」。當管理人員採用此 vSAN 儲存原則「執行」VM 虛擬主機的部署作業時，在 VMDK 虛擬硬碟的部分，將會產生「六個元件」。**圖 5-39** 就是採用此 vSAN 儲存原則部署 VM 虛擬主機的邏輯示意圖，可以因應 vSAN 叢集發生「**兩個**」故障事件，例如，vSAN 節點主機、網路、儲存裝置等等發生故障了，VM 虛擬主機仍然能夠正常運作。

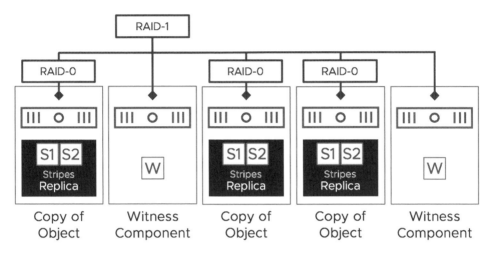

圖 5-39：採用「FTT=2、SW=2 儲存原則」部署的 VM 虛擬主機

值得注意的是，採用「FTT=2、SW=2」的 vSAN 儲存原則之後，VM 虛擬主機將會擁有「**n+1**」複本，且 vSAN 叢集必須具備「**2n+1**」台 vSAN 節點主機，才能夠順利運作。因此，在此使用案例之中，VM 虛擬主機將會有三**個**額外的複本，且 vSAN 叢集必須具備**五台** vSAN 節點主機，才能夠順利運作。

順利部署 VM 虛擬主機之後，讓我們查看 VM 虛擬主機物件和元件的存放資訊。

Virtual Object Components

Type	Component State	Host	Fault Domain
∨ Virtual Machine SWAP Object (RAID 1)			
Witness	✅ Active	🖥 10.192.235.142	
Component	✅ Active	🖥 10.192.253.35	
Component	✅ Active	🖥 10.192.230.229	
Component	✅ Active	🖥 10.192.248.44	
Witness	✅ Active	🖥 10.192.233.122	
∨ 🖴 Hard disk 1 (RAID 1)			
∨ RAID 0			
Component	✅ Active	🖥 10.192.235.142	
Component	✅ Active	🖥 10.192.235.142	
∨ RAID 0			
Component	✅ Active	🖥 10.192.230.229	
Component	✅ Active	🖥 10.192.230.229	
∨ RAID 0			
Component	✅ Active	🖥 10.192.233.122	
Component	✅ Active	🖥 10.192.233.122	
Witness	✅ Active	🖥 10.192.225.212	
Witness	✅ Active	🖥 10.192.241.169	
∨ 🗂 VM Home (RAID 1)			
Witness	✅ Active	🖥 10.192.253.35	
Component	✅ Active	🖥 10.192.248.44	
Component	✅ Active	🖥 10.192.233.122	
Component	✅ Active	🖥 10.192.235.142	
Witness	✅ Active	🖥 10.192.230.229	

圖 5-40：查看 VM 虛擬主機物件和元件的資訊（FTT=2、SW=2）

在查看 VM 虛擬主機物件和元件資訊之後，管理人員應該可以發現，採用「FTT=2、SW=2」的 vSAN 儲存原則，將會讓元件的存放變得相當複雜。

如前面的**圖 5-40** 所示，可以看到 VM 虛擬主機物件和元件資訊，其中 VMDK 虛擬硬碟的部分，和剛才說明的運作理論相同。元件將會採用 **SW=2（RAID-0）**進行條帶化佈建，可能存放在同一台 vSAN 節點主機，或是跨不同台 vSAN 節點主機存放，然後再採用 **FTT=2（RAID-1）**進行鏡像，將元件再產生額外的一份複本。因此，可以看到條帶化後共有三個 RAID-0，所以當 vSAN 叢集發生「**兩個**」故障事件時，VM 虛擬主機仍可繼續正常運作。此外，在**圖 5-40** 當中的 vSAN 叢集，是由**九台** vSAN 節點主機所組成，而 VM 虛擬主機的物件和元件，則會存放在其中**五台** vSAN 節點主機之中。

同樣的，在**圖 5-40** 中也可以看到，VM Home Namespace 物件和 VM SWAP 物件，僅套用了 **FTT=2** 的儲存原則內容，建立出三個元件，並未套用 **SW=2** 的儲存原則內容，原因我們已經在先前的理論部分討論過了。最後，我們還是再次強調，無論是 VM 虛擬主機當中的哪一個物件，在 vSAN 叢集發生故障事件時，可用的元件必須超過 50%（請注意，是投票結果超過 **50%**），那麼物件和元件才能正常使用。舉例來說，假設 VM Home Namespace 因為故障事件，導致兩個元件故障損壞，由於仍有一個元件和兩個 Witness 未損壞，所以投票結果仍有超過 50% 的可用元件，所以仍能正常運作。

RAID-5 儲存原則

讓我們將討論的焦點，轉移到 RAID-5 和 RAID-6 類型吧。簡單來說，採用 RAID-5 和 RAID-6 類型的最大優點，就是節省 vSAN Datastore 儲存空間。舉例來說，採用 RAID-5 類型部署 **100GB** 的 VM 虛擬主機時，僅會消耗 **133.33GB** 的 vSAN Datastore 儲存空間，只比實際消耗空間多出 **33%** 而已；相較於 RAID-1 類型部署的 VM 虛擬主機，則會消耗 **200GB** 的 vSAN Datastore 儲存空間，比實際消耗空間多出 **100%**。此外，採用 RAID-5 類型部署的 VM 虛擬主機，可以容忍 vSAN 叢集發生「**一個**」故障事件。

如**圖 5-41** 所示，採用「**FTT=1、RAID-5**」的 vSAN 儲存原則，進行 VM 虛擬主機的部署作業後，可以看到 VM 虛擬主機相關物件，將會產生四個元件，且這四個元件將會分散存放，分別存放在不同台 vSAN 節點主機之中，這也是所謂的「**3+1**」配置，也就是三份資料和一份同位檢查。

Virtual Object Components			
Type	Component State	Host	Fault Domain
∨ 🗂 VM Home (RAID 5)			
Component	✅ Active	🖥 10.192.230.229	
Component	✅ Active	🖥 10.192.241.169	
Component	✅ Active	🖥 10.192.225.212	
Component	✅ Active	🖥 10.192.244.132	
∨ Virtual Machine SWAP Object (RAID 5)			
Component	✅ Active	🖥 10.192.244.132	
Component	✅ Active	🖥 10.192.241.169	
Component	✅ Active	🖥 10.192.230.229	
Component	✅ Active	🖥 10.192.225.212	
∨ 💾 Hard disk 1 (RAID 5)			
Component	✅ Active	🖥 10.192.225.212	
Component	✅ Active	🖥 10.192.244.132	
Component	✅ Active	🖥 10.192.241.169	
Component	✅ Active	🖥 10.192.230.229	

圖 5-41：查看 VM 虛擬主機物件和元件的資訊（FTT=1、RAID-5）

請注意，採用 RAID-5 類型時，可以看到 VM Home Namespace 物件和 VM SWAP 物件，也都繼承同樣的 vSAN 儲存原則。

RAID-6 儲存原則

相較於 RAID-5 類型只能容忍 vSAN 叢集發生「一個」故障事件，假設管理人員希望提升可用性，希望 vSAN 叢集環境中，可以容忍發生「**兩個**」故障事件，那麼就可以採用 **RAID-6** 類型。當管理人員採用 RAID-6 類型，部署 **100GB** 的 VM 虛擬主機時，僅會消耗 **150GB** 的 vSAN Datastore 儲存空間，也就是比實際消耗空間多出 **50%**；相較於 RAID-1 類型部署的 VM 虛擬主機，必須組態設定 FTT=2 儲存空間，將會消耗 **300GB**

的 vSAN Datastore 儲存空間，比實際消耗空間多出 **200%**。因此，與 **FTT=2、RAID-1**儲存原則相比，採用 RAID-6 類型的儲存原則時，除了提供相同的可用性層級之外，同時僅消耗一半的 vSAN Datastore 儲存空間。

Virtual Object Components

Type	Component State	Host	Fault Domain
⌄ 🗂 VM Home (RAID 6)			
Component	⊘ Active	🖥 10.192.248.44	
Component	⊘ Active	🖥 10.192.244.132	
Component	⊘ Active	🖥 10.192.235.142	
Component	⊘ Active	🖥 10.192.229.172	
Component	⊘ Active	🖥 10.192.253.35	
Component	⊘ Active	🖥 10.192.225.212	
⌄ 💾 Hard disk 1 (RAID 6)			
Component	⊘ Active	🖥 10.192.225.212	
Component	⊘ Active	🖥 10.192.235.142	
Component	⊘ Active	🖥 10.192.253.35	
Component	⊘ Active	🖥 10.192.248.44	
Component	⊘ Active	🖥 10.192.244.132	
Component	⊘ Active	🖥 10.192.229.172	
⌄ Virtual Machine SWAP Object (RAID 6)			
Component	⊘ Active	🖥 10.192.248.44	
Component	⊘ Active	🖥 10.192.235.142	
Component	⊘ Active	🖥 10.192.253.35	
Component	⊘ Active	🖥 10.192.229.172	
Component	⊘ Active	🖥 10.192.225.212	
Component	⊘ Active	🖥 10.192.244.132	

圖 5-42：查看 VM 虛擬主機物件和元件的資訊（FTT=2、RAID-6）

如**圖 5-42** 所示，可以看到 VM 虛擬主機的物件，將會有六個元件並且分散存放，分別存放在不同台 vSAN 節點主機中，同時 VM Home Namespace 物件和 VM SWAP 物件，也都繼承同樣的 vSAN 儲存原則。

RAID-6、SW = 2 儲存原則

RAID-5 和 RAID-6 類型儲存原則，也可以搭配 **SW=2** 的儲存功能，針對元件進行條帶化的動作。如**圖 5-43** 所示，便是採用「**RAID-6、SW=2**」儲存原則，部署 VM 虛擬主機的 VMDK 物件和元件資訊。

Virtual Object Components			
Type	Component State	Host	Fault Domain
∨ 🖴 Hard disk 1 (RAID 6)			
∨ RAID 0			
Component	✓ Active	🖾 10.192.229.172	
Component	✓ Active	🖾 10.192.229.172	
∨ RAID 0			
Component	✓ Active	🖾 10.192.241.169	
Component	✓ Active	🖾 10.192.241.169	
∨ RAID 0			
Component	✓ Active	🖾 10.192.253.35	
Component	✓ Active	🖾 10.192.253.35	
∨ RAID 0			
Component	✓ Active	🖾 10.192.233.122	
Component	✓ Active	🖾 10.192.233.122	
∨ RAID 0			
Component	✓ Active	🖾 10.192.248.44	
Component	✓ Active	🖾 10.192.248.44	
∨ RAID 0			
Component	✓ Active	🖾 10.192.225.212	
Component	✓ Active	🖾 10.192.225.212	

圖 5-43：查看 VM 虛擬主機物件和元件的資訊（RAID-6、SW=2）

值得注意的是，在 RAID-6 類型儲存原則中，雖然 VM Home Namespace 物件和 VM SWAP 物件，會繼承同樣的 vSAN 儲存原則，但是在條帶化（**SW=2**）儲存功能的部分，則「**不會**」繼承上層的 vSAN 儲存原則。

Type	Component State	Host	Fault Domain
> 🖴 Hard disk 1 (RAID 6)			
∨ 🗀 VM Home (RAID 6)			
Component	✅ Active	🔲 10.192.225.212	
Component	✅ Active	🔲 10.192.229.172	
Component	✅ Active	🔲 10.192.233.122	
Component	✅ Active	🔲 10.192.241.169	
Component	✅ Active	🔲 10.192.253.35	
Component	✅ Active	🔲 10.192.248.44	
∨ Virtual Machine SWAP Object (RAID 6)			
Component	✅ Active	🔲 10.192.241.169	
Component	✅ Active	🔲 10.192.248.44	
Component	✅ Active	🔲 10.192.229.172	
Component	✅ Active	🔲 10.192.253.35	
Component	✅ Active	🔲 10.192.233.122	
Component	✅ Active	🔲 10.192.225.212	

Virtual Object Components

圖 5-44：VM Home Namespace 物件和 VM SWAP 物件不會繼承 SW=2

雖然，上述採用 RAID-6 類型進行舉例，但 RAID-5 類型儲存原則也同樣適用；在 RAID-5，VM Home Namespace 物件和 VM SWAP 物件，同樣「**不會**」繼承上層的 vSAN 儲存原則。

vSAN 預設儲存原則

如前所述，當管理人員未選擇定義的 vSAN 儲存原則時，系統將會採用「**vSAN 預設儲存原則**」（**vSAN Default Storage Policy**），來執行部署 VM 虛擬主機的動作。

vSAN 預設儲存原則的儲存功能資訊如下：

- 容許故障的次數（Number of failures to tolerate）= 1
- 每個物件的磁碟等量區數目（Number of disk stripes per object）= 1
- Flash 讀取快取保留區（Flash read cache reservation）= 0%
- 物件空間保留區（Object space reservation）= 未使用（not used）
- 強制佈建（Force provisioning）= 停用（disabled）
- 總和檢查碼（Checksum）= 啟用（enabled）
- IOPS 限制（IOPS Limit）= 0（unlimited；無限制的）

管理人員可以編輯 vSAN 預設儲存原則。請在 **VM Storage Policies** 管理介面中，點選「**vSAN Default Storage Policy**」項目之後，點選「**Edit Settings**」，即可進行編輯。（如圖 **5-45** 所示。）

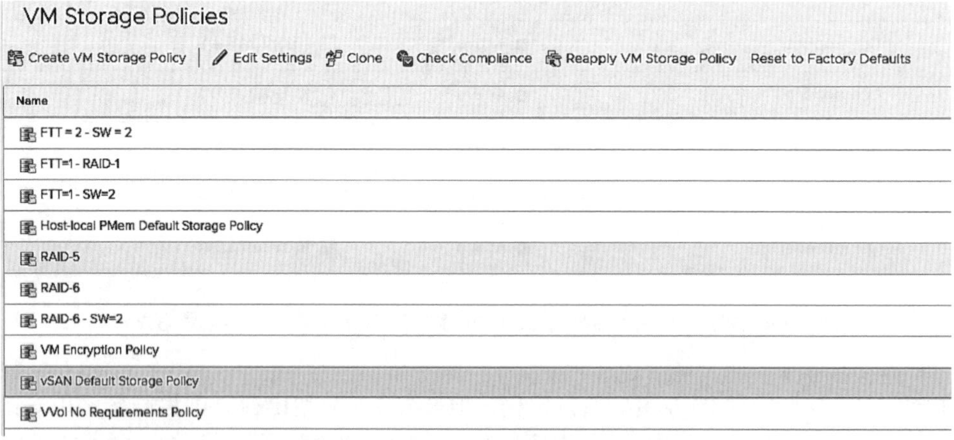

圖 5-45：編輯 vSAN 預設儲存原則

事實上，管理人員無須編輯 vSAN 預設儲存原則，而是應該依照 VM 虛擬主機的工作負載，建立新的 vSAN 儲存原則，並進行後續的部署作業才對。

此外，當管理人員採用單一 vCenter Server，同時管理多個 vSAN 叢集環境時，可以將不同的 vSAN 預設儲存原則，與不同的 vSAN Datastore 進行關聯。舉例來說，vSAN 叢集環境中，有「**Production**」正式環境和「**Test&Dev**」測試環境，便可以關聯不同的 vSAN 預設儲存原則。請在 vSphere HTML 5 Client 管理介面中，依序點選「**vSAN Datastore > Configure > General > Default Storage Policy > Edit**」，在彈出的 **Change Default Storage Policy** 視窗中，選擇進行 vSAN 預設儲存原則的關聯（如**圖5-46** 所示）。

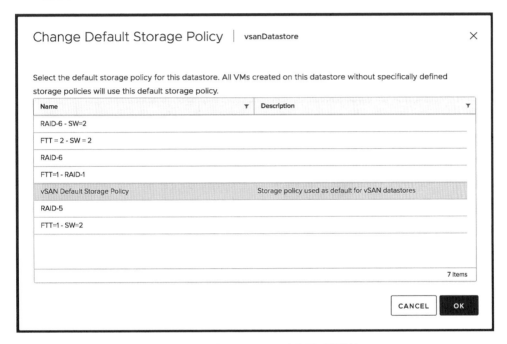

圖 5-46：調整 vSAN 預設儲存原則關聯性

見證和複本：因應故障事件

剛開始接觸 vSAN 技術的管理人員，最常詢問的就是在 vSAN 叢集的環境之中，如何因應各種突發的故障事件。本節我們將透過幾個範例，詳細說明在故障事件發生時，vSAN 將會採用哪些機制來因應故障事件。

在以下故障事件的情境之中，vSAN 叢集具備四台 vSAN 節點主機，我們將深入分析，當管理人員採用不同 vSAN 儲存原則，例如：不同的 FTT、SW 等組態設定值，以及在 vSAN 叢集發生故障事件時，系統將會如何進行因應這些故障事件。

使用案例 1：FTT = 1、SW = 1

在使用案例 1 的環境之中，採用的 vSAN 儲存原則為「**FTT=1、SW=1**」，因此部署出來的 VM 虛擬主機（如**圖 5-47** 所示），將會額外產生一份複本資料，但並不會進行條帶化的動作，所以可以因應 vSAN 叢集發生「**單一**」故障事件。此外，系統將會自動產生「見證」（Witness），以便因應「腦裂」（Split-brain）的故障情況。

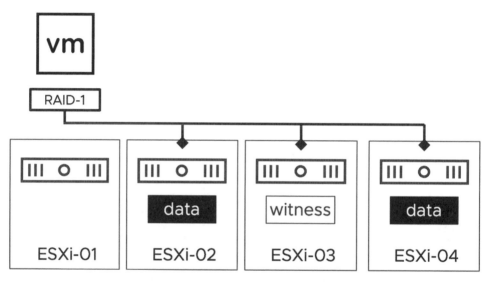

圖 5-47：採用「FTT=1、SW=1 儲存原則」部署的 VM 虛擬主機

如**圖 5-47** 所示，VM 虛擬主機運作在 ESXi-01 節點主機上（使用運算資源），而儲存物件、元件及見證，則是存放於 ESXi-02、ESXi-03、ESXi-04 節點主機上。在 vSAN 叢集發生「單一」故障事件的情況下，VM 虛擬主機仍可正常運作。例如，當 ESXi-02 節點主機發生故障，由於仍有 ESXi-03 和 ESXi-04 節點主機中的物件，所以 VM 虛擬主機仍然可以正常運作；若 ESXi-03 節點主機又發生故障事件，由於已經無法執行「仲裁」的動作，所以物件和元件便無法進行 I/O 存取。

使用案例 2：FTT = 1、SW = 2

在使用案例 2 的環境之中，採用的 vSAN 儲存原則為「**FTT=1、SW=2**」，因此部署出來的 VM 虛擬主機（如**圖 5-48** 所示），將會進行條帶化的動作，並額外產生一份複本資料。條帶化後的物件可能存放於同一台 vSAN 節點主機，也可能存放在不同台 vSAN 節點主機。

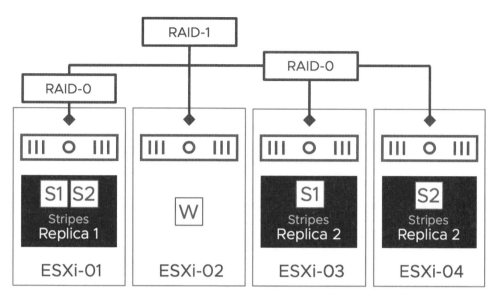

圖 5-48：採用「FTT=1、SW=2 儲存原則」部署的 VM 虛擬主機

如**圖 5-48** 所示，因為 FTT=1 儲存原則的關係，所以額外產生一份物件（RAID-1），同時又套用 SW=2 儲存原則，所以物件會切割成兩份儲存物件（RAID-0）。其中 **Replica1** 的 **S1** 和 **S2** 元件，經過 vSAN 演算法安排之後，存放在同一台 ESXi-01 節點主機之中；而 **Replica2** 的 **S1** 和 **S2** 元件，則分散存放在 ESXi-03 和 ESXi-04 節點主機。此時，管理人員可能感到困惑，在這樣的物件分佈結構下，為何還會需要見證呢？管理人員可以想像，若 ESXi-01 節點主機發生故障事件，等於一次損壞 50% 的物件。雖然還有 50% 的可用物件和元件，在 ESXi-03 和 ESXi-04 節點主機中正常運作，然而，在這種故障的情況下，vSAN 叢集必須要有見證的幫助，才能正常執行仲裁機制，確保 vSAN 叢集能夠正確判斷「物件擁有者」是誰。

同樣的，當 ESXi-01 節點主機尚未修復時，假設 ESXi-03 或 ESXi-04 節點主機，其中一台節點主機又發生了故障，那麼 VM 虛擬主機便無法存取物件和元件。因為 vSAN 叢集的環境之中，只剩下不到 50% 的物件和元件（請注意！見證只有中繼資料，並沒有物件和元件資料）。事實上，這樣的故障事件，已經超出 FTT=1 能夠容忍的故障範圍，所以 VM 虛擬主機當然無法繼續運作。

使用案例 3：FTT = 1、RAID-5

在使用案例 3 的環境之中，採用的 vSAN 儲存原則為「**FTT=1、RAID-5**」，因此部署出來的 VM 虛擬主機，將如**圖 5-49** 所示分散存放。請注意 vSAN 叢集之中，至少要具備四台 vSAN 節點主機，而不像「FTT=1、RAID-1」只要三台 vSAN 節點主機即可。

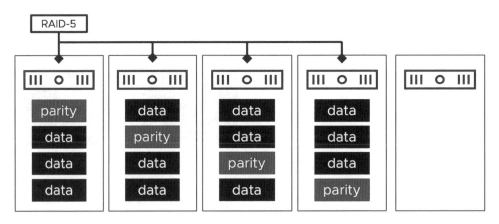

圖 5-49：採用「FTT=1、RAID-5 儲存原則」部署的 VM 虛擬主機

同時，在這樣的使用案例環境之中，vSAN 叢集應該要有五台 vSAN 節點主機，以便其中一台 vSAN 節點主機發生故障時，vSAN 叢集能夠透過 RAID-5 同位機制，將需要修復的物件和元件，重建在另一台 vSAN 節點主機之中。

即時調整 VM 虛擬主機儲存原則

在 vSAN 叢集架構中，還有一項非常獨特且亮眼的功能，就是針對線上運作的 VM 虛擬主機，線上「即時變更」設定內容並且「立即套用」，同時又不影響 VM 虛擬主機的運作。稍後我們將示範此亮眼的獨特功能，可以為企業或組織帶來什麼優勢。

如前所述，在 vSAN 叢集環境預設情況下，即便管理人員未定義 vSAN 儲存原則，部署出來的 VM 虛擬主機，也會採用 vSAN 預設儲存原則進行部署，也就是採用「FTT=1」儲存原則（如**圖 5-50** 所示）。此 VM 虛擬主機將能容忍，在 vSAN 叢集中發生「單一」故障事件。

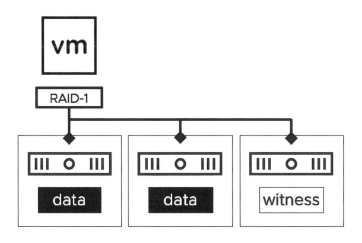

圖 5-50：採用 vSAN 預設儲存原則部署的 VM 虛擬主機

當管理人員採用 vSAN 預設儲存原則，順利部署 VM 虛擬主機之後，在 VM 虛擬主機初期運作時，因為 vSAN 叢集環境之中的 VM 虛擬主機數量「較少」，幾乎擁有「**100 %**」的讀取快取命中率，所以 VM 虛擬主機的運作效能非常好。然而，隨著時間的推移，在 vSAN 叢集中運作的 VM 虛擬主機「數量持續不斷增加」的情況下，管理人員會發現，VM 虛擬主機的讀取快取命中率降為「**90%**」。這表示當 VM 虛擬主機在資料讀取需求為 2,000 IOPS 時，就會有「10%（也就是 200 IOPS）的資料讀取需求」，需要至「容量層級」進行資料讀取作業；若容量層級中，單顆儲存裝置為 150 IOPS，那麼讀取效能肯定不佳。因此，管理人員在經過考量後，決定調整 VM 虛擬主機的 vSAN 儲存原則，啟用條帶化機制將物件進行切割（RAID-0），讓物件能夠分散存放在多個容量儲存裝置之中，期望提升資料讀取效能。

在 vSAN 叢集環境中，管理人員有兩種解決此問題的作法。首先，第一種作法，直接修改 VM 虛擬主機儲存原則，組態設定「**SW=2**」儲存功能，便能夠立即套用生效。然而，此作法的最大缺點在於，透過 vSAN 預設儲存原則所部署的 VM 虛擬主機，全部都會套用新的儲存原則內容，這會導致大量的 vSAN 網路「重建流量」，所以我們不建議採用此作法。

第二種作法，即額外建立一個新的 vSAN 儲存原則，與先前部署 VM 虛擬主機的儲存原則相同，只是在儲存功能的部分調整為「**SW=2**」。因此，新的 vSAN 儲存原則建立之後，即可指定 VM 虛擬主機套用新的 vSAN 儲存原則。此時 VM 虛擬主機將會「自動」把相關物件執行切割分散存放作業（RAID-0）。當 VM 虛擬主機後續需要讀取資料時，便能有效提升資料讀取效率。

如前所述，管理人員可以透過上述兩種作法，針對線上運作的 VM 虛擬主機及其工作負載需求的變更，即時調整 vSAN 儲存原則並進行套用，以便滿足 VM 虛擬主機的工作負載需求。同時，兩種作法的優缺點也已經說明：第一種作法只要直接調整為 SW=2，但是可能會讓「其它無關的 VM 虛擬主機」也套用新的 vSAN 儲存原則內容，造成不必要的 vSAN 網路「重建流量」；第二種作法則需要額外建立 vSAN 儲存原則，內容可能包含「FTT=1、SW=2」等組態設定。所以請視管理需求選擇最適當的作法吧。

值得注意的是，當 VM 虛擬主機套用新的 vSAN 儲存原則之後，由於重新配置物件以達成條帶化（RAID-0），所以在物件執行切割作業的過渡時期，管理人員將會看到許多「暫存物件」被建立。因此 vSAN Datastore 儲存資源，必須具備足夠的儲存空間，才能因應「暫存物件」的產生。當物件切割且分散存放作業完成之後，便會將過渡時期產生的「暫存物件」自動捨棄。

> 請注意！套用新的 vSAN 儲存原則之後，將會導致 vSAN 叢集環境中，產生「重建」和「重新同步」的 vSAN 網路流量。因此，調整 vSAN 儲存原則的動作，應該在維運期間進行，以避免影響正式營運的系統穩定性和效能。

此外，並非所有的 vSAN 儲存原則調整作業，都需要執行「重建」或「重新同步」物件和元件，例如：調整 IOPS 限制、降低 FTT 組態設定值、降低預留儲存空間等等。但是，在許多情況下，當調整 vSAN 儲存原則內容之後，確實會觸發建立新的複本或元件，甚至重建整個物件（在稍後的**表格 5-3** 當中，我們將會說明哪些 vSAN 儲存原則，將會觸發重新建立物件的情況）。雖然，隨著 vSAN 版本的不斷演進，我們已經確保重建的 vSAN 網路流量，不會對 vSAN 叢集和 VM 虛擬主機造成儲存資源和效能上的影響。但是我們仍然建議管理人員，將大型 vSAN 儲存原則內容的變更，視為資料中心的維護工作任務，避免在正式營運時間執行變更。因此，在正式營運環境中，線上調整 vSAN 儲存原則內容時，管理人員應該謹慎考量，變更作業是否會影響多台 VM 虛擬主機，以避免「重建」或「重新同步」的 vSAN 網路流量，影響到正式營運環境。

如**圖 5-51** 所示，當 VM 虛擬主機套用新的 vSAN 儲存原則後，將會執行物件條帶化的動作。

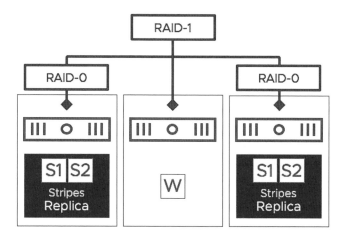

圖 5-51：套用 SW=2 儲存原則的 VM 虛擬主機物件

管理人員可以想像，要將上述的 VM 虛擬主機工作負載需求變更作業，套用至傳統儲存設備和架構時，至少需要以下的處理程序：

- 將該台 VM 虛擬主機，從原本的 Datastore 遷移至其它 Datastore，且原有的 Datastore 之中，其它無關的 VM 虛擬主機也必須遷移。
- 所有掛載該 Datastore 的 ESXi 主機，執行儲存資源卸載的動作。
- 在傳統儲存設備中，針對該 LUN/Volume 進行下線和刪除作業。
- 在傳統儲存設備中，針對剛才刪除的 LUN/Volume，建立新的 RAID 類型；當新的 RAID 類型初始化完成後，再次建立 LUN/Volume。
- 其中一台 ESXi 主機，掛載新的 LUN/Volume 儲存空間，並且執行格式化為 VMFS 檔案系統的動作，然後其它台 ESXi 主機再次掛載 Datastore。
- 將相關的 VM 虛擬主機，遷移回新的 Datastore 儲存資源。

再次提醒管理人員，在 vSAN 叢集的架構之中，當系統建立並重新同步新的物件和元件之後，便會自動刪除舊有的物件和元件（包括複本）。同時，如前所述，在 vSAN 叢集的環境之中，VM 虛擬主機的物件和元件，能夠跨 vSAN 節點主機進行存放，所以可以直接建立新的複本和元件，無須在 vSAN 節點主機之間移動資料。

當管理人員調整 vSAN 儲存原則內容之後，也會影響到「見證」的數量和存放位置，因為 vSAN 叢集必須依靠見證機制，進行物件和元件的仲裁（投票）。簡言之，在 vSAN 叢集的環境之中，VM 虛擬主機的物件和元件在故障事件發生時，只要投票後，仍然有超過 50% 物件可用的話，那麼 VM 虛擬主機便能繼續運作。

在 vSphere HTML 5 Client 管理介面中，請依序點選「**vSAN Cluster > Monitor > Resyncing Components**」，即可看到在 vSAN 叢集中，所有執行「重建」（rebuilding）和「重新同步」（resyncing）的元件。如**圖 5-52** 所示，管理人員將 vSAN 儲存原則，由原本的 RAID-6 調整為 RAID-1、SW=2 後，VM 虛擬主機正在進行重新同步元件的動作。

圖 5-52：查看 vSAN 叢集之中，元件的「重建」和「重新同步」作業

管理人員可能仍然感覺疑惑：『在調整了 vSAN 儲存原則的內容之後，vSAN 叢集何時會重建元件？何時不會呢？』大量的 VM 虛擬主機元件重建作業，除了需要大量的 vSAN Datastore 儲存空間外，也可能影響 vSAN 叢集的運作效能。**表格 5-3** 將說明 vSAN 叢集何時會重建元件、何時不會。

調整 vSAN 儲存原則 （POLICY CHANGE）	是否重建 （REBUILD REQUIRED?）	說明 （COMMENTS）
在不改變 RAID 類型的情況下，增加或減少 FTT 數值	否	
調整 RAID 類型	是	在 RAID-5 和 RAID-6 類型之間轉換，也視為調整 RAID 類型。
增加或減少 SW 數值	是	
調整 OSR 物件空間預留百分比	是	只有在從 0% 調整為非 0%、或者從非 0% 調整為 0% 時，才需要重建。
調整讀取快取預留	是	僅適用於 Hybrid 模式
啟用或停用總和檢查碼	否	

表格 5-3：調整 vSAN 儲存原則是否會重建元件

小結

本章我們深入剖析了 vSAN 儲存原則，以及透過不同的 vSAN 儲存原則，部署 VM 虛擬主機至 vSAN Datastore 儲存資源之中。管理人員應該已經了解，不同的 VM 虛擬主機工作負載，應該採用不同的 vSAN 儲存原則；若未選擇定義的 vSAN 儲存原則，系統就會自動套用 vSAN 預設儲存原則。同時，我們也說明了 VM 虛擬主機中的哪些物件會繼承或者不會繼承上層的 vSAN 儲存原則。最後，希望閱讀完本章的管理人員，能夠有足夠的信心去建立、使用和編輯 vSAN 儲存原則。

6

vSAN 的維運管理

本章我們將深入探討 vSAN 叢集架構的監控和維運管理，同時也提供一些日常維運管理流程上，可能會遭遇的一些實際使用案例。隨著 vSAN 版本的不斷演進，監控和維運管理也發生了很大的變化。我們將逐步為管理人員進行剖析。

檢查健康狀態

首先，管理人員最希望了解的，應該是如何監控 vSAN 叢集的運作狀態。在 vSAN 叢集的環境之中，已經為管理人員提供了 **vSAN 健康檢查機制**（vSAN Health Check），且 vSAN 健康檢查機制在預設的情況下，已經內建於 vCenter Server 和 vSAN 節點主機之中，無須任何額外的操作步驟即可使用。透過 vSAN 健康檢查機制，可以幫助管理人員「一目了然」整個 vSAN 叢集的健康狀態。

偵測健康情況

vSAN 健康檢查機制之中，對管理人員最大的幫助，即系統會針對整個 vSAN 叢集進行「全方位」的健康情況測試作業。這些偵測包括了：檢查 vSAN 節點主機配置的硬體是否符合 **VCG**（VMware Compatibility Guide），也就是 VMware 相容性指南清單；而針對儲存控制器的部分，將會檢查「驅動程式」和「韌體版本」是否正確；驗證 vSAN 節點主機之間的 vSAN 網路是否能夠「正常通訊」；相關儲存裝置是否有任何錯誤產生…等等。這些可以快速引導管理人員，並找出 vSAN 問題的根本原因。所以當管理人員在進行任何維運動作之前，建議先透過「vSAN 健康檢查機制」，確認 vSAN 叢集是否正常運作。如**圖 6-1** 所示，在 vSAN 6.7 U1 的叢集之中，管理人員透過 vSAN 健康檢查機制，快速了解目前 vSAN 叢集的健康情況。每個 vSAN 版本之中都有新增或增強的功能，因此，採用不同的 vSAN 版本，將會支援不同程度的 vSAN 健康檢查作業。

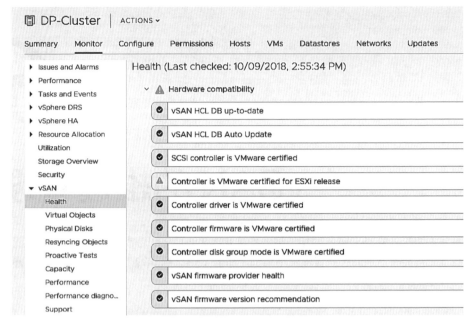

圖 6-1：vSAN 健康檢查管理介面

vSAN 健康檢查機制之中，還包括「**警示**」（Alarm）機制，以便在 vSAN 健康檢查的工作流程當中，偵測到 vSAN 叢集健康情況不佳時，能夠觸發警示機制通知管理人員。同時，vSAN 健康檢查機制有另一個非常好的功能，即結合了 **AskVMware** 機制，將所有健康情況測試項目「連結」至 **VMware KB** 知識庫文章，以便管理人員可以透過 **VMware KB** 文章內容，了解發生警告或錯誤的情況，以及如何進行修復並恢復到健康狀態。預設情況下，vSAN 叢集每隔「60 分鐘」，便會自動執行一次 vSAN 健康檢查作業，管理人員也可以在管理介面中，依序點選「**vSAN Cluster > Monitor > vSAN > Health**」項目，然後按下「**Retest**」鈕，即可立即執行 vSAN 健康檢查作業。

線上健康檢查

管理人員啟用了**線上健康檢查機制**（Online Health Check）之後，只要 **VMware KB** 知識庫新增了文章、並發現 vSAN 叢集潛在的問題時，就可以立即得到通知。簡言之，啟用線上健康檢查機制之後，vSAN 叢集將會自動識別「新的 KB 文章」和「新增的更新或修補程序」是否適用於目前的 vSAN 叢集，節省管理人員必須逐一核對「KB 文章或新的 vSAN 發行說明內容」的時間（我們仍然建議，在執行 vSAN 更新或升級動作之前，應該詳細閱讀發行說明內容）。

在啟用線上健康檢查機制之前，管理人員必須先啟用「**客戶體驗改善計劃**」（Customer Experience Improvement Program，**CEIP**）。

加入 VMware 客戶體驗改善計劃，有助於 VMware 改善 vSAN 的功能和體驗，以便後續推出的 vSAN 版本能夠更符合企業和組織的需求，且更易於管理和維護。有關 CEIP 的詳細資訊，請參考：https://www.vmware.com/solutions/trustvmware/ceip.html。

此外，啟用 CEIP 還有其它好處，我們稍後會介紹。

有關啟用 CEIP 機制，管理人員最常詢問的，便是 vSAN 叢集會將「哪些資訊」傳送給 VMware ？答案是，會傳送 vSAN 叢集的「組態設定資訊」給 VMware，例如：啟用哪些 vSAN 儲存功能、vSAN 效能資訊、日誌、中繼資料等等，不過，並不會傳送「企業和組織實際運作的資料」給 VMware。即便傳送的資訊中含有部分資料，預設情況下，系統也會進行「資料混淆」的動作。除非 VMware 在管理人員的同意下，才有可能解開資料混淆機制，因為管理人員必須提供「**混淆對應表**」（Obfuscation Map）。如**圖 6-2** 所示，管理人員可以在管理介面中，依序點選「**vSAN Cluster > Monitor > vSAN > Support**」，即可看到混淆對應的管理介面。

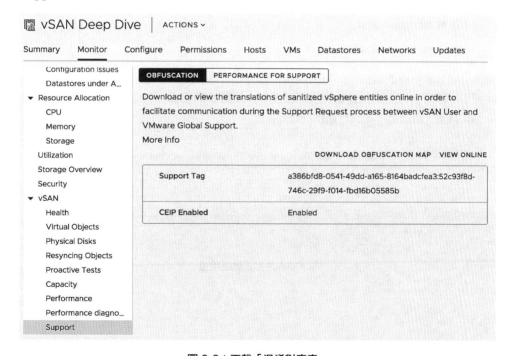

圖 6-2：下載「混淆對應表」

不管從主動或被動的角度來看，我們都建議管理人員應為 vSAN 叢集「啟用」CEIP 客戶體驗改善計劃。

主動式健康檢查

如前所述，vSAN 叢集在預設情況下，每隔 60 分鐘便會執行一次 vSAN 健康檢查。事實上，vSAN 叢集還提供「**主動式健康檢查**」（Proactive Health Checks）。但是在 vSAN 正式營運的環境中，通常不會執行此項健康檢查。除非建構的 vSAN 叢集是 **POC**（**proof-of-concept**）概念性驗證環境、或者要測試新的硬體伺服器能否正常運作，則「主動式健康檢查」會非常有用。

建議管理人員，將 vSAN 叢集推送至正式營運環境之前，應該執行「主動式健康檢查」，確保 vSAN 叢集運作一切正常。在 vSAN 6.7 版本時，僅支援「**VM Creation Test**」測試項目，也就是在 vSAN 叢集中，自動測試能否建立和部署 VM 虛擬主機；而在最新的 vSAN 6.7 U1 版本中，則新增了「**Network Performance Test**」測試項目，自動測試 vSAN 節點主機之間，vSAN 網路的網路頻寬使用率：

- **VM Creation Test**
- **Network Performance Test**

在主動式健康檢查的頁面中，只要點選希望進行的健康測試項目，然後按下「**Run**」箭頭圖示，即可進行主動式健康檢查測試作業。如**圖 6-3** 所示，可以看到主動式健康檢查的測試結果，以及上一次執行測試的時間。

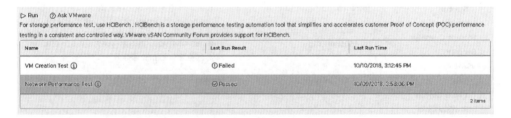

Name	Last Run Result	Last Run Time
VM Creation Test ⓘ	ⓘ Failed	10/10/2018, 3:12:45 PM
Network Performance Test ⓘ	⊘ Passed	10/09/2018, 3:53:06 PM

圖 6-3：主動式健康檢查

在「**VM Creation Test**」的項目中，vSAN 叢集將採用 vSAN 預設儲存原則，快速驗證 VM 虛擬主機是否能夠「順利部署」至 vSAN Datastore 儲存資源。當驗證程序執行完畢之後，驗證時期建立的 VM 虛擬主機便會被刪除，並顯示每台 vSAN 節點主機的測試結果（如**圖 6-4** 所示）。

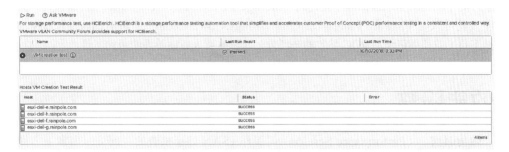

圖 6-4：執行 VM Creation Test 健康測試

在「**Network Performance Test**」的項目中，vSAN 叢集將會驗證 vSAN 網路可以「處理」多少的網路流量，並顯示 vSAN 網路是否能夠順利承載。舉例來說，當 vSAN 網路環境為 Layer 3 時，vSAN 網路可能會經過多次路由，這會導致網路流量可能無法通過驗證程序。

如**圖 6-5** 所示，在「Network Performance Test」測試項目中，將會驗證所有 vSAN 節點主機之間的 vSAN 網路至少要有「850Mbps」的網路頻寬，以便支援基本的 vSAN 工作負載。

From Host	To Host	Health Status	Received Bandwidth (Mb/s)
esxi-dell-k.rainpole.com	esxi-dell-i.rainpole.com	⊘ Passed	8,979.45
esxi-dell-i.rainpole.com	esxi-dell-j.rainpole.com	⊘ Passed	4,820.79
esxi-dell-j.rainpole.com	esxi-dell-i.rainpole.com	⊘ Passed	8,976.64

圖 6-5：執行 Network Performance Test 健康測試

熟悉 vSAN 版本的管理人員，可能知道過去的 vSAN 版本中，曾經有過「Storage Performance Test」測試項目。但 VMware 已經捨棄此測試項目。因為，VMware 建議管理人員，應該使用專門為「vSAN 超融合運作架構」所設計的 HCI 效能測試工具「**HCIbench**」。簡單來說，HCIbench 效能測試工具是專門為「vSAN 超融合架構」所設計的，比先前 vSAN 版本中內建的「Storage Performance Test」測試項目還強大。管理人員可以從 VMware Fling 網站（http://flings.vmware.com）下載 HCIbench 效能測試工具，並利用它作為 POC 驗收的一部分。建議管理人員應熟悉使用此工具。

效能服務

「**效能服務**」（Performance Service）可視作 vSAN 健康檢查的一部分。事實上，從 vSAN 第一個版本問世之後，收到最多意見反應的部分，便是如何監控 vSAN 的運作效能。雖然管理人員可以透過管理介面了解有關每一台 VM 虛擬主機的運作效能，但是關於「vSAN 叢集運作效能的資訊」卻很少，即便是每台 vSAN 節點主機、磁碟群組或是儲存裝置，相關資訊也都非常有限。現在，管理人員可以輕鬆透過管理介面，隨時查看 vSAN 叢集和 vSAN 節點主機，查詢儲存效能、延遲時間以及網路流量，當然，能夠查看的資訊還不止這些。

在過去的 vSAN 版本之中，預設情況下，效能服務為「停用」狀態。管理人員需要透過管理介面，手動啟用效能服務。現在，最新 vSAN 6.7 U1 版本，預設情況下便「自動啟用」效能服務，並在 vSAN Datastore 儲存資源之中，建立存放效能數據的資料庫（稱為 **Statistics Database**）。啟用效能服務之後，並不會為 vCenter Server 管理平台增加任何額外的工作負載。

預設情況下，當 vSAN 叢集啟用效能服務之後（如**圖 6-6** 所示），將會保留最多「**90 天**」的歷史數據。而在管理介面中的效能指標，預設採用**五分鐘**平均值的間隔時間進行顯示。由於這些效能統計資訊儲存在 VM Home Namespace 物件之中，所以最多可以使用 255GB 的容量。

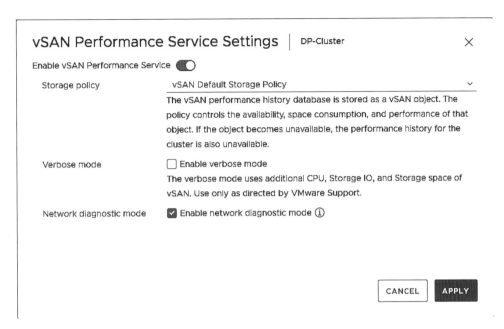

圖 6-6： vSAN 叢集預設啟用「效能服務」

最新 vSAN 6.7 U1 版本包括了許多新增的健康檢查項目，例如：收集 CPU 工作負載、儲存 I/O、儲存空間資訊等等，還有一個新的「**網路診斷模式**」（Network Diagnostics Mode）選項。預設情況下此選項為停用狀態，當管理人員啟用此選項後，系統將會透過 vSAN 效能服務，自動建立「**記憶體磁碟統計物件**」（RAM Disk Stats Object），以便用於收集和存放網路效能指標。請注意！一般情況下，管理人員無須啟用此選項。通常只有當 VMware 技術支援人員「通知和指示」管理人員啟用時，才會啟用此功能項目。優點是提供非常詳細的效能數據，以便 VMware 技術支援人員快速收集問題，協助後續的故障排除作業；缺點則是會產生非常大量的效能資料。

效能診斷

「**效能診斷**」（Performance Diagnostics）可以幫助管理人員了解效能表現的情況，以便最佳化 vSAN 組態設定。要啟用效能診斷功能，管理人員必須先啟用 CEIP 客戶體驗改善計劃，搭配先前討論過的混淆資訊，以「匿名的方式」傳送給 VMware 進行分析；之後，VMware 再將分析結果傳回管理介面，以便管理人員從效能診斷結果中，了解如何提升 vSAN 叢集的運作效能，例如，最大化 IOPS、最大網路流量、最小網路延遲時間等等，並提供效能分析圖表，以便管理人員進一步了解原因。

在管理人員選擇效能診斷項目之後，接著選擇效能診斷的時間範圍，以及在 vSAN 叢集的環境之中運作「HCIBench 效能測試」的部分；請注意，預設僅會顯示最後一小時，所以請在時間範圍下拉式選單中，選取進行效能診斷的時間範圍。如**圖 6-7** 所示，此效能診斷項目的主要目標，是希望了解「**最大輸送量**」（Max Throughput）效能表現，以便做為 POC 概念性驗證中的一部分結果。在選擇適當的目標和 HCIbench 之後，從效能診斷報告的結果可以看到，資料 I/O 太小，導致無法達成預期目標；事實上，它還提供了 **VMware KB** 知識庫文章的連結，該文章詳細說明了有關「效能目標」以及如何「實現」該目標的其他資訊。

Performance diagnostics analyzes previously executed benchmarks. It detects issues, suggests remediation steps, and provides supporting performance graphs for further insight. Select a desired benchma during which the benchmark ran. The analysis might take some time depending on the cluster size and the time range chosen. This feature is not expected to be used for general evaluation of performance cluster.   SEE MORE

Benchmark goal: MAX THROUGHPUT ∨   Time Range: HCIBENCH-VDB-4VMDK-1OWS-4K-7ORDPCT-8ORAN... ∨   From Aug 8, 2018, 12:53:55 AM to Aug 8, 2018, 2:09:51 AM

Summary: ⚠ 1 issues were detected between 8/8/2018, 12:53 AM and 8/8/2018, 2:09 AM in regards to benchmark goal Max Throughput.

Issue	▼	More Info
∨ The size of IOs is too small to achieve the desired goal		Ask VMware
vSAN - VM consumption		
vSAN - VM consumption		

圖 6-7：執行效能診斷（結果顯示：This size of IOs is too small to achieve the desired goal）

如前所述，在 vSAN 正式營運的環境中，不應該貿然執行效能診斷作業，因為它通常用於 POC 概念性驗證環境。至此，我們已經討論了健康檢查和測試以及相關的服務。現在，讓我們將討論的焦點，轉回日常 vSAN 叢集的維運任務，以及更常接觸的 vSAN 節點主機任務吧。

管理 vSAN 節點主機

VMware vSAN 超融合解決方案，支援「**垂直擴充**」（**Scale Up**）和「**水平擴充**」（**Scale Out**）運作架構。這代表需要擴充 vSAN 叢集的運作規模時，可以快速且無縫的進行擴充。除了立即提升 vSAN 叢集整體的儲存空間之外，vSAN 叢集的執行效能也同步線性提升。此外，最令管理人員感到驚豔的部分，應該是在 vSAN 叢集之中，操作並加入新的 vSAN 節點主機，竟是如此簡單。

vSphere 資深管理人員可能不會感到驚訝，不管是為了 vSAN 節點主機而擴充資源（運算和儲存資源），或者是為了 vSAN 叢集而加入新的 vSAN 節點主機，其實都非常容易。那麼，讓我們詳細討論這是如何達成的吧。

新增 vSAN 節點主機至 vSAN 叢集

首先,請確認準備加入 vSAN 叢集的 vSAN 節點主機,是否符合 vSAN 叢集架構的要求。例如,多張網路卡(Hybrid 模式建議採用 10GbE;All-Flash 模式則至少採用 10GbE)、至少一個快取儲存裝置、至少一個或多個容量儲存裝置…等。雖然加入 vSAN 叢集的 vSAN 節點主機可以支援不同的硬體配置,但還是強烈建議使用一致的硬體配置,以確保 vSAN 叢集獲得最佳的運作效能和可用性。

在 vSAN 節點主機加入 vSAN 叢集之前,必須先完成運作環境組態設定的部分才行,例如,用於 vSAN 通訊的 VMkernel port。在 vSAN 節點主機順利加入 vSAN 叢集之後,就可以新增磁碟群組,以增加 vSAN Datastore 儲存空間。還記得吧,快取儲存裝置僅會負責「資料讀取」和「寫入 I/O」的快取和緩衝,並不會增加 vSAN Datastore 儲存空間。以下是透過 vSphere HTML 5 Client 管理介面,將一台獨立的 vSAN 節點主機加入 vSAN 叢集的操作步驟:

1. 點選 vSAN 叢集後,按下滑鼠右鍵選擇「**Add Host**」項目。

2. 如**圖 6-8** 所示,在 **Name and location** 頁面中,鍵入 vSAN 節點主機的**主機名稱**或 **IP 位址**。

Add Host

✓ 1 Name and location	**Name and location**
✓ 2 Connection settings	Enter the name or IP address of the host to add to vCenter Server.
3 Host summary	
4 Assign license	Host name or IP address: esxi-dell-e.rainpole.com
5 Lockdown mode	
6 Resource pool	Location: 🖥 CH-Cluster
7 Ready to complete	

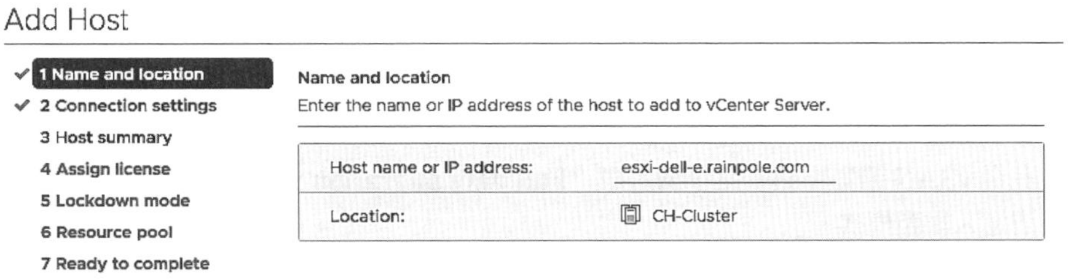

圖 6-8:鍵入 vSAN 節點主機的主機名稱或 IP 位址

3. 在 **Connection Settings** 頁面中,鍵入 vSAN 節點主機的**管理者帳號**(通常為 **root**)以及**管理者密碼**。

4. 通過身分驗證程序之後,在彈出的安全性警告視窗之中,請按下 **Yes** 鈕,接受 vSAN 節點主機的 **SHA1 憑證指紋**內容。

5. 在 **Host Summary** 頁面中,確認 vSAN 節點主機的概述資訊無誤之後,按下 **Next** 鈕繼續新增流程。

6. 在 **Assign License** 頁面中，選擇 vSAN 節點主機所要套用的**軟體授權金鑰**。

7. 在 **Lockdown Mode** 頁面中，依照運作環境需求，啟用或停用 **Lockdown Mode** 運作模式，然後按下 **Next** 鈕繼續新增流程。

8. 在 **Resource Pool** 頁面中，按下 **Next** 鈕繼續新增流程。

9. 在 **Ready to Complete** 頁面中，再次檢視新增 vSAN 節點主機的內容，確認無誤之後，按下 **Finish** 鈕即可。

當操作步驟執行完成之後，就能輕鬆將 vSAN 節點主機加入 vSAN 叢集之中，且 vSAN 叢集會自動為 vSAN 節點主機「建立磁碟群組」並「加入 vSAN Datastore 儲存空間」。在本章後續的磁碟群組小節，我們將會深入剖析如何管理磁碟群組。

從 vSAN 叢集中移除 vSAN 節點主機

如果管理人員需要在 vSAN 叢集中「移除」某一台 vSAN 節點主機時，必須先確保該台 vSAN 節點主機已經進入「**維護模式**」（Maintenance Mode），才能放心移除該台 vSAN 節點主機。以下是透過 vSphere HTML 5 Client 管理介面，在 vSAN 叢集的環境之中「移除」一台 vSAN 節點主機的操作步驟：

1. 點選該台 vSAN 節點主機，在右鍵選單中點選「**Enter Maintenance Mode**」項目。如**圖 6-9** 所示，在進入維護模式視窗中，若確認要從 vSAN 叢集中，徹底移除此台 vSAN 節點主機的話，請選擇「**Full data migration**」項目，然後按下「**OK**」鈕進入維護模式。

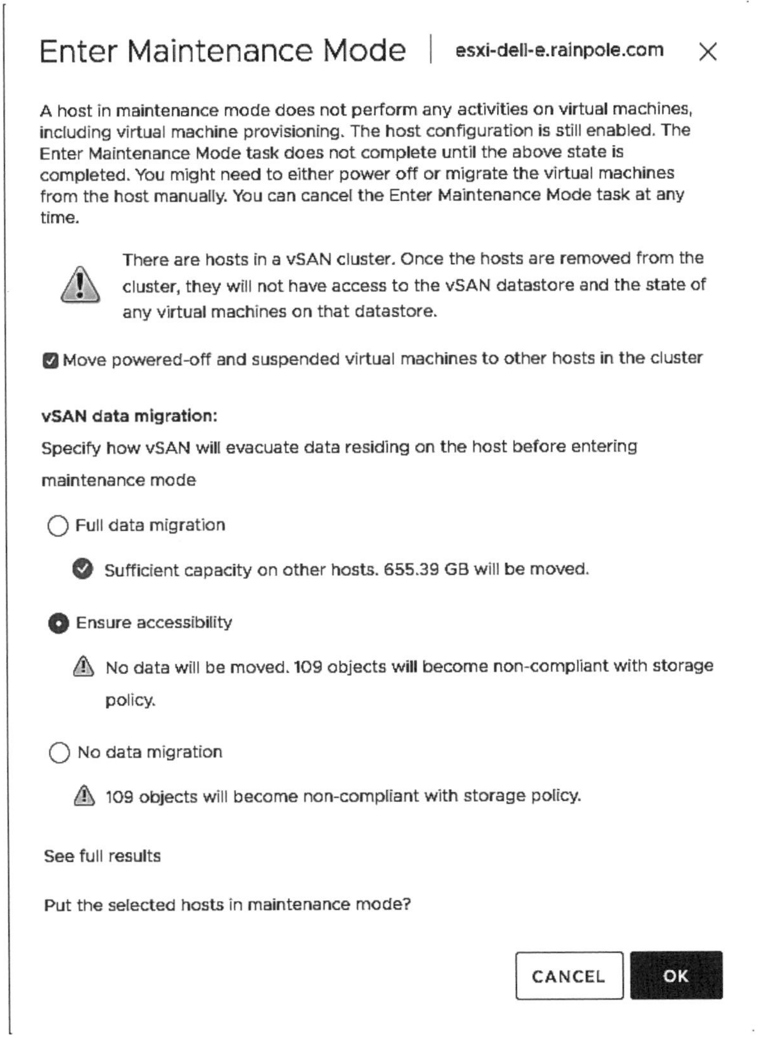

Enter Maintenance Mode | **esxi-dell-e.rainpole.com** ✕

A host in maintenance mode does not perform any activities on virtual machines, including virtual machine provisioning. The host configuration is still enabled. The Enter Maintenance Mode task does not complete until the above state is completed. You might need to either power off or migrate the virtual machines from the host manually. You can cancel the Enter Maintenance Mode task at any time.

⚠ There are hosts in a vSAN cluster. Once the hosts are removed from the cluster, they will not have access to the vSAN datastore and the state of any virtual machines on that datastore.

☑ Move powered-off and suspended virtual machines to other hosts in the cluster

vSAN data migration:

Specify how vSAN will evacuate data residing on the host before entering maintenance mode

○ Full data migration

　　✓ Sufficient capacity on other hosts. 655.39 GB will be moved.

◉ Ensure accessibility

　　⚠ No data will be moved. 109 objects will become non-compliant with storage policy.

○ No data migration

　　⚠ 109 objects will become non-compliant with storage policy.

See full results

Put the selected hosts in maintenance mode?

CANCEL　　OK

圖 6-9：vSAN 節點主機進入維護模式

2. 此時，如果 vSAN 叢集已啟用了 vSphere DRS 機制，那麼該台 vSAN 節點主機上所有運作的 VM 虛擬主機，將會自動透過 **vSphere vMotion** 機制，遷移至其它台 vSAN 節點主機；如果沒有啟用 vSphere DRS 機制，那麼管理人員就必須「手動」將相關的 VM 虛擬主機進行遷移之後，vSAN 節點主機才能順利進入維護模式。

3. 當 VM 虛擬主機的遷移作業完成之後，根據剛才選擇的 vSAN Data Migration 項目，vSAN 叢集會決定是否「重建」相關物件和元件。

4. vSAN 節點主機順利進入維護模式之後，再次點選該台 vSAN 節點主機，在右鍵選單中點選「**Move to**」項目，即可從 vSAN 叢集中「移除」該台 vSAN 節點主機。

5. 如果管理人員希望從 **vCenter Server** 中將該台 vSAN 節點主機移除的話，請點選該台 vSAN 節點主機，在右鍵選單中點選「**Remove from Inventory**」項目，即可移除。

6. 在移除主機視窗中，按下 **Yes** 鈕，即可移除 vSAN 節點主機。

維護模式

在上一個小節中，我們簡單介紹了在 vSAN 叢集的環境之中，如何「移除」vSAN 節點主機的操作步驟。事實上，管理人員必須了解「維護模式」的細節。在過去傳統的 vSphere 叢集當中，當 ESXi 主機進入維護模式時，只要遷移 VM 虛擬主機的運算資源即可。然而，在 vSAN 叢集的環境之中，除了遷移「運算資源」之外，還必須考慮「儲存資源」的部分，以及如何處理 VM 虛擬主機的物件和元件。以下就是 vSAN 節點主機進入維護模式時，因應儲存資源遷移的功能選項：

- **確保可存取性（Ensure Accessibility）**：此選項為**預設值**。當 vSAN 節點主機採用此選項進入維護模式之後，vSAN 叢集會將此台 vSAN 節點主機之內「必要的物件和元件」進行**「疏散」**（Evacuation）的動作。由於此選項**並不是**將物件和元件進行「完整資料疏散」的動作，所以當 VM 虛擬主機儲存原則為 **FTT=0** 時、或者 vSAN 叢集中有 vSAN 節點主機**故障**、或是 vSAN 叢集中有 vSAN 節點主機仍然處於**維護模式**的狀態時，可能會導致 VM 虛擬主機「沒有足夠的元件」或「無法進行仲裁」。此時 vSAN 叢集服務的 CLOM 角色（Cluster Level Object Manager），便會執行「重新配置」的動作，處理受影響的物件和元件。簡單來說，當 vSAN 節點主機只是進行**短暫的**日常維運作業時，那麼適合選擇此功能選項；否則應考慮採用「完整資料疏散」選項。此外，當 vSAN 節點主機進入維護模式之後，將不會再為 vSAN Datastore 儲存空間提供資源，而相關的物件和元件則會被標記為 **ABSENT**。

- **移轉全部資料（Full Data Migration）**：此功能選項會將該台 vSAN 節點主機之中的「所有物件和元件」進行「完整資料疏散」的動作。因此，在 vSAN 叢集中的所有 vSAN 節點主機，可能都會受到這個動作的影響。因為 vSAN 叢集必須「重新建立」所有受到影響的物件和元件，進而影響 vSAN 叢集的運作效能。同時，vSAN 叢集必須「確認」所有受到影響的物件和元件，都完成了「完整資料疏散」的動作之後，該台 vSAN 節點主機才能進入「維護模式」。簡單來說，當 vSAN 節點主機要進行**長時間**的維護作業，或是從 vSAN 叢集中「移除」此台 vSAN 節點主機時，就適合選擇此功能選項。

- **不移轉資料（No Data Migration）**：顧名思義，此功能選項不會對該台 vSAN 節點主機之中「相關的物件和元件」進行「資料疏散」的動作。因此，當 vSAN 叢集中有其它的維護動作，或是發生未知的問題和故障事件時，將會導致 VM 虛擬主機發生故障，或者資料無法順利存取。簡單來說，只有在整個 vSAN 叢集進行「計劃性的關閉」（或者根據 VMware 技術人員的建議），才適合選擇此功能選項。

再次提醒，當 vSAN 節點主機進入「維護模式」之後，將不會再為 vSAN Datastore 儲存空間提供資源，且該台 vSAN 節點主機之中，相關的物件和元件都會被標記為 **ABSENT**。

維護模式和主機位置

如前所述，從 vSAN 6.7 版本開始，便支援 VM 虛擬主機採用 **FTT=0** 的儲存原則（請注意，這將無法因應任何故障事件）。簡言之，此類型的 VM 虛擬主機，在運算和儲存資源方面，必須運作在「同一台」vSAN 節點主機上，且這些 VM 虛擬主機內運作的應用程式，通常已經具備「資料保護」機制，例如，**Hadoop HDFS** 就是最典型的使用案例。VMware vSAN 團隊一開始在 vSAN 叢集環境之中針對 Hadoop HDFS 進行測試時，其中一項「限制」便是 VM 虛擬主機的「運算和儲存資源」必須運作在「同一台」vSAN 節點主機才行（如**圖 6-10** 所示），然而，後來也放寬了這項限制，以便達到更靈活的運作架構。

請注意，vSAN 儲存原則在預設的情況下，並不支援「**主機位置**」（Host Locality）機制；企業和組織必須向 VMware 請求技術支援，才能獲得啟用主機位置的特殊功能。

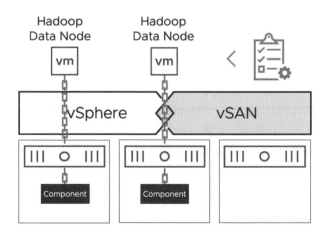

圖 6-10：主機位置運作機制示意圖

啟用「主機位置」運作機制後，仍有許多「警告機制」尚未被解決。舉例來說，當 vSAN 節點主機必須進入「維護模式」時，由於 VM 虛擬主機的「運算和儲存資源」必須在同一台 vSAN 節點主機，然而，當 vSAN 節點主機準備嘗試進入「維護模式」時，卻又無法透過「vSphere vMotion 機制」將 VM 虛擬主機進行「遷移」、或者執行「資料疏散」的動作。此時，VM 虛擬主機內的「資料可用性」，只能依靠「內部應用程式」來維持了。

vUM 預設維護模式

另一項維護重點是管理人員整合「vUM 更新機制」時，預設維護模式的組態設定值。在預設情況下，vUM 更新機制的維護模式為 ensureAccessibility，但是此預設維護模式的組態設定值，可能不符合企業或組織的運作環境，於是，管理人員可以透過進階參數 vSAN.DefaultHostDecommissionMode，調整 vUM 更新機制的預設維護模式（如**表格 6-1** 所示）。

維護模式選項	說明
ensureAccessibility	確保可存取性； 確保 vSAN 能夠存取物件和元件。
evacuateAllData	移轉全部資料； 確保 vSAN 能夠存取物件和元件。
noAction	不移轉資料； vSAN 不會對物件和元件採取任何動作。

表格 6-1：調整 vUM 更新機制預設維護模式

更新或修補時所採用的維護模式

在傳統的共享式儲存環境之中，當儲存設備需要更新或進行修補時，通常會採用「**滾動**」（Rolling）的更新方式，也就是一次只更新或修補兩個控制器當中的「其中一個控制器」，此時「資料 I/O」將全靠「另一個控制器」來處理，這種情況下的更新程序其實有風險的。管理人員可以想像，若是主要處理資料 I/O 的「控制器」在更新或修補的期間遭遇問題，將會導致儲存設備無法處理資料 I/O，甚至儲存設備「離線」無法繼續服務。

vSAN 叢集的架構之中，每一台 vSAN 節點主機，其實都可以被視為一個控制器。所以當 vSAN 節點主機發生故障事件時，通常不會影響所有的 VM 工作負載（取決於 vSAN 叢集的運作規模，以及容忍故障次數的組態設定）。同時，vSAN 叢集還能與原有的虛擬化功能整合，例如：vSphere vMotion、vSphere HA 等等，進而大幅降低維護期間的風險。然而，管理人員仍然需要考量他們願意承擔的風險程度：當運作架構發生故障事件時，企業和組織是否能夠**承受**停機時間？若是無法承受的話，又該如何因應。

因此，從 vSAN 叢集的角度來看，當 vSAN 節點主機必須進入「維護模式」時，管理人員應該考慮以下幾個問題：

- **vSAN 節點主機為何需要進入維護模式？**該如何讓 vSAN 節點主機進入維護模式，以便維運管理？如何更新或修補 vSAN 節點主機，並將維護時間縮短？如何在 vSAN 叢集之中，順利移除 vSAN 節點主機？應該選擇哪一種物件和元件的資料移轉選項？

- **vSAN 叢集中有幾台 vSAN 節點主機？**當 vSAN 叢集中只有「三台」vSAN 節點主機時，只能選擇「確保可存取性」資料移轉選項，因為 vSAN 叢集架構的最低運作需求中，至少需要「三台」vSAN 節點主機（兩份複本、一份見證）。因此，當 vSAN 叢集的運作規模只有「三台」vSAN 節點主機時，在維護期間就必須承擔「資料遺失」的風險，因為無法進行「完整資料疏散」的動作。這就是為什麼 VMware 建議 vSAN 叢集的最小運作規模，應該需要「四台」vSAN 節點主機，以便在 vSAN 節點主機的維護期間，仍然能夠提供資料的全面性保護。

- **資料疏散所花費的時間？**

  ◇ vSAN 叢集採用 Hybrid 模式或是 All-Flash 模式？

  ◇ 容量儲存裝置類型（SAS 或 SATA）？

  ◇ 已使用多少儲存空間？

  ◇ vSAN 網路頻寬是否足夠？ 1GbE、10GbE、25GbE ？

  ◇ vSAN 叢集的運作規模？

- **「完整資料疏散」代表移轉容量裝置的所有儲存空間嗎？** vSAN 只會移轉「受到影響的物件和元件」，而非容量裝置的所有儲存空間。舉例來說，假設容量裝置的儲存空間為 8TB，但物件和元件總共使用 6TB，那麼只會移轉 6TB 的資料量。

- **採用「確保可存取性維護選項」時，能否承受風險？**「確保可存取性維護選項」只會移轉「有風險的物件和元件」。舉例來說，假設物件和元件總共使用 6TB，但是有風險的物件和元件只有 500GB，那麼只會移轉 500GB 的資料量。

事實上，不同的維護模式資料移轉選項，具有不同的優點和缺點。當管理人員選擇採用「**移轉全部資料**」的資料移轉選項之後，將會進行「完整資料疏散」的動作，屆時在維運期間能夠承受「較大的故障事件」，並降低整個維運的風險程度。然而，卻可能會使整個維運的時間，從原本的「幾分鐘」拉長至「幾小時」。原因在於必須等待 vSAN 網路，將所有受到影響的物件和元件，完成重新配置或重新建立的動作之後，vSAN 節點主機才能真正進入維護模式，管理人員也才能開始後續的維運動作。

預設情況下，「確保可存取性」的資料移轉選項，可能不是最適合的解決方案。管理人員可以採用「FTT=2、RAID-6」儲存原則，來因應單台 vSAN 節點主機在維護期間發生另一個故障事件的情況，且不會影響 VM 虛擬主機的運作，而與「FTT=2、RAID-1」儲存原則相比，在儲存空間上又更為節省。值得注意的是，採用「FTT=2、RAID-6」儲存原則時，vSAN 叢集中至少需要「六台」vSAN 節點主機才行。

實務上，我們很難為管理人員提供最佳的建議選項。我們強烈認為，一般正常的軟體或硬體維運任務，維護時間通常很短（應該小於一小時）。因此，採用預設的「確保可存取性」資料移轉選項，應該是可以被接受的。然而，這可能不是適合企業或組織的最佳方案，應該要視「**服務等級協議**」（Service Level Agreement，**SLA**）而定，並從整體營運的角度來看待這件事情，才能決定最適合企業或是組織的維護模式方案。

如前所述，管理人員可以視運作環境需求，將預設的「延遲修復時間」進行調整。維運事務預估要花費幾小時，然而管理人員不希望在維護期間，vSAN 叢集會自動重建任何物件或元件。但管理人員應審慎評估此作法。因為維護期間的 VM 虛擬主機，將處於高風險的狀態下運作，即便調整預設的「延遲修復時間」，也應該在維護事務結束之後，將「延遲修復時間」還原為「預設值」，以確保 vSAN 叢集能夠自動重建物件和元件。

過去的 vSAN 版本，管理人員必須在 vSAN 叢集之中，逐台為 vSAN 節點主機「調整」預設的「延遲修復時間」組態設定。若 vSAN 叢集的運作規模較大時，此舉將會造成維運工作上的困擾。從最新的 vSAN 6.7 U1 版本開始，在 vSAN 叢集中即可統一管理，避免不同台的 vSAN 節點主機，採用不同的「延遲修復時間」組態設定。有關組態設定的詳細資訊，請參考「第 4 章」**圖 4-16** 的組態設定說明。

維護模式和 vUM

在 vSAN 叢集的環境中，整合 **vUM（VMware Update Manager）** 更新機制時，預設情況下，vUM 會在更新升級期間，自動將 vSAN 節點主機進入「維護模式」。而 vUM 更新機制的預設維護模式，採用「確保可存取性」資料移轉選項，因為在 vUM 更新機制的運作流程之中，更新或升級作業時間通常不會超過 60 分鐘。

多台 vSAN 節點主機同時進入維護模式

在過去的 vSAN 版本之中，讓 vSAN 叢集內的「多台」vSAN 節點主機「同時」進入維護模式，可能會導致許多潛在的風險和問題。首先，多台 vSAN 節點主機進入維護模式，將會影響 vSAN Datastore 儲存空間。同時，在預設的情況下，當 vSAN 節點主機嘗試進入「維護模式」時，vSAN 叢集將會「偵測」和「檢查」vSAN Datastore 儲存空間是否足夠，是否能夠「保護」VM 虛擬主機物件和元件，而在缺少相關物件和元件時，將會立即執行重建作業，以便確保 VM 虛擬主機的可用性，直到用盡所有 vSAN Datastore 儲存空間。從最新的 vSAN 6.7 U1 版本開始，當 vSAN 節點主機嘗試進入維護模式時，vSAN 叢集將會先進行「模擬作業」，確認 vSAN Datastore 儲存空間是否足夠。如果模擬作業的結果顯示 vSAN Datastore 儲存空間可能不足時，那麼該台 vSAN 節點主機，將無法順利進入維護模式，不會像過去的版本那樣，讓 vSAN 節點主機進入維護模式，然後用盡 vSAN Datastore 儲存空間。

延伸叢集進行站台維護

在撰寫本書時，vSAN 延伸叢集的特色功能之中，仍尚未支援完整的站台維護作業。管理人員仍然要以 vSAN 節點主機為單位，進行主機維護的工作任務。當然，在延伸叢集運作架構之中，必須先調整 vSphere DRS 關聯性規則，確保所有工作負載能夠「遷移」到可用的站台上繼續運作，然後才將相關 vSAN 節點主機進入「維護模式」，並採用「確保可存取性」選項。若在延伸叢集環境中，所有 VM 虛擬主機都受到延伸叢集的保護，並且採用「**FTT > 0**」的儲存原則時，那麼維護模式可以考慮採用「不移轉資料」選項。

關閉整個 vSAN 叢集

如前所述，不管是「容錯網域」或「延伸叢集」，都沒有直接關閉整個 vSAN 叢集的功能選項。管理人員仍然要以 vSAN 節點主機為單位，逐台進行關閉作業。首先，在這樣的情況下，建議先關閉所有 VM 虛擬主機。然後每台 vSAN 節點主機，採用「不移轉資料」的維護模式選項之後，逐台進行關閉作業，最後即可關閉整個 vSAN 叢集。

升級注意事項

隨著 vSAN 版本的演進，與 vUM 更新機制的整合也逐漸完整。在最新的 vSAN 6.7 U1 版本中，管理人員可以透過 vUM 更新機制，為 vSAN 叢集中的 vSAN 節點主機，進行

vSAN 版本升級的工作任務。預設情況下，vUM 更新機制會讓 vSAN 節點主機進入「確保可存取性」的維護模式選項；然後進行 vSAN 版本升級作業；並在 vSAN 版本升級作業完成之後，重新啟動 vSAN 節點主機，再重新加入 vSAN 叢集當中；然後重新同步所有受影響的物件和元件；接著升級下一台 vSAN 節點主機的 vSAN 版本，重複以「滾動的方式」進行版本升級，直到 vSAN 叢集中所有的 vSAN 節點主機，都升級 vSAN 版本之後，才會停止。

從過去 vSAN 版本的升級作業來看，在升級 vSAN 版本的過程中，可能牽扯到更新儲存控制器韌體，或者是特定裝置驅動程式的部分。這在過去的 vSAN 版本，需要管理人員「全面的介入處理」才能完成。這代表管理人員必須預先「下載」相應的韌體或驅動程式，然後才能進行 vSAN 版本升級的動作。現在，最新的 vSAN 6.7 U1 版本之中，vUM 更新機制已經整合了更多的韌體和驅動程式。若有尚未整合到的部分，管理人員也可以手動下載之後，上傳到 vUM 更新平台，讓 vUM「自動化」幫忙處理每一台 vSAN 節點主機「韌體」和「驅動程式」的部分。管理人員再也無須手動為每台 vSAN 節點主機處理相應的「韌體」或「驅動程式」。

另一個升級注意事項是 vSAN 叢集中的「磁碟格式」（on-disk format）。在 **VMware KB 2145267** 知識庫文章之中，已經詳細說明每個 vSAN 版本所支援的磁碟格式和版本。舉例說明，在 vSAN 6.2 版本時採用新的磁碟格式，以便支援重複資料刪除和壓縮機制，而在 vSAN 6.6 版本時，則支援機敏資料加密儲存功能。

值得注意的是，當 vSAN 叢集套用新的磁碟格式時，將會執行 **DFC** 的工作流程（on-disk format change）。首先，任意挑選 vSAN 叢集中的某個磁碟群組，將所有資料進行「完整資料疏散」的動作；然後，刪除該磁碟群組，並採用新的磁碟格式「重建」磁碟群組，最後再重新加入 vSAN 叢集之中；然後再挑選另一個磁碟群組，執行同樣的 DFC 工作流程；直到 vSAN 叢集中，所有磁碟群組都套用了「新的磁碟格式」。

有經驗的管理人員，可能會詢問：『這樣的磁碟格式重建動作，是否會對 vSAN 叢集造成風險？』管理人員可以想像，當 vSAN 叢集的運作規模只有兩台或三台 vSAN 節點主機時，在執行 DFC 的工作流程中，必須套用「**允許降低容錯性**」（Allow Reduced Redundancy），才能順利執行 DFC 工作流程。然而在套用新的磁碟格式期間，便會讓 VM 虛擬主機處於風險當中。因此，這也是為何 **VMware** 的最佳作法建議 vSAN 叢集的「最小運作規模」至少具備「四台」vSAN 節點主機的主要原因之一，以確保執行 DFC 工作流程時，VM 虛擬主機仍然能夠因應故障事件。

注意，並非所有新的磁碟格式，都必須進行「完整資料疏散」的動作。舉例來說，vSAN 6.6 版本支援加密功能的磁碟格式，便無須進行「完整資料疏散」的動作，即可套用新的磁碟格式。

另一個升級注意事項是 vSAN 叢集中的網路通訊方式。因為，在 vSAN 6.6 版本之前，vSAN 節點主機之間是採用「多點傳送」（Multicast）進行通訊；從 vSAN 6.6 版本開始，才將通訊方式改為「單點傳送」（Unicast）。因此，當 vSAN 節點主機進行 vSAN 版本升級，並重新加入 vSAN 叢集之後，管理人員應該確保 vSAN 節點主機已經將「網路通訊方式」改為「單點傳送」。

最後，當 vSAN 叢集中的 vSAN 節點主機，從原本的 vSAN 6.2 版本，全數升級為 vSAN 6.6 U1 版本之後，那麼所有的 vSAN 節點主機，應該都將「網路通訊方式」改為「單點傳送」。假設尚未執行 DFC 工作流程，所以磁碟格式仍維持在版本 3。現在，若將一台 vSAN 6.2 版本的 vSAN 節點主機，加入到已經升級為 vSAN 6.6 U1 版本的叢集之中，那麼所有的 vSAN 節點主機，將會「恢復」採用「多點傳送」網路通訊方式，以便與「新加入和採用 vSAN 6.2 版本的 vSAN 節點主機」進行溝通和網路通訊。那麼，此時的「DFC 工作流程」所扮演的角色是什麼呢？

在剛才的 vSAN 版本升級作業之中，所有 vSAN 節點主機，已經從 vSAN 6.2 升級為 vSAN 6.6 U1 版本。管理人員也同時執行了 DFC 工作流程，將磁碟格式從版本 3 升級為版本 5。此時，當 vSAN 6.2 版本的 vSAN 節點主機「嘗試加入」vSAN 6.6 U1 叢集時，就會發生「無法順利加入」叢集的情況。簡單來說，管理人員可以透過「升級」磁碟群組格式，阻擋舊版本的 vSAN 節點主機加入，避免恢復使用「多點傳送」網路通訊方式。

在新的 vSAN 叢集版本之中，除了採用「單點傳送」網路通訊方式之外，在叢集服務和追蹤叢集成員資格的部分，也都與「舊有的多點傳送方式」不同。因此請確保全面採用「單點傳送」。本章之後的 vCenter Server 小節將會詳細討論更多的相關資訊。

管理 vSAN 磁碟

如前所述，vSAN 是具有靈活性的軟體定義儲存解決方案，並支援垂直和水平擴充的運作架構。接下來，讓我們來談談這個部分，了解當 vSAN 節點主機需要新增磁碟、或者更換發生故障的磁碟時，應該如何進行維運的動作。

新增磁碟群組

在「第 2 章」中，我們已經實際操作過如何建立「磁碟群組」（Disk Group）。以下操作步驟是「建立磁碟群組」的詳細過程：

1. 在 vSphere HTML 5 Client 管理介面中,點選 vSAN 叢集項目。

2. 在管理視窗右方頁籤中,點選 **Configure** 頁籤項目。

3. 依序點選「**vSAN > Disk Management**」項目。

4. 如**圖 6-11** 所示,當管理人員在管理介面中點選 vSAN 節點主機的「磁碟群組」時,無論採用 Hybrid 模式或 All-Flash 模式,都會在下方顯示磁碟群組內的「儲存裝置」,以及儲存裝置的「類型」、「健康情況」、「儲存空間」等資訊。同時,在管理介面中,也可以看到 vSAN 節點主機在網路分區中屬於「哪一個分區」,以及所採用的「磁碟格式版本」。

圖 6-11:查詢 vSAN 叢集之中「vSAN 節點主機」和「磁碟群組」的資訊

5. 此外,在磁碟管理介面的上方,有許多儲存功能圖示(如**圖 6-11** 所示)。第一個圖示(黑色打勾)是「建立新的磁碟群組」。當管理人員點選此圖示時,系統將會彈出「互動式視窗」,允許管理人員查詢 vSAN 節點主機中,還有哪些可以用於 vSAN 的儲存裝置。接著,點選儲存裝置之後,依照需求指派為「快取層」或「容量層」儲存裝置,然後按下 **OK** 鈕即可。

此時,vSAN 叢集將會建立新的磁碟群組,整個建立流程可能需要幾秒鐘的時間。接下來,我們會依序討論其它儲存功能圖示的用途。

移除磁碟群組

在磁碟管理介面上方的第四個儲存功能圖示（紅色打叉），是管理人員希望「移除磁碟群組」時才使用（如**圖 6-11** 所示）。當管理人員點選該圖示時，系統將會出現組態設定視窗，提醒管理人員這個操作必須組態設定「相關的物件和元件」，以及要採取哪一個「資料疏散」選項（如**圖 6-12** 所示）。注意，執行這個動作的 vSAN 節點主機，無須進入「維護模式」即可執行。

雖然執行「移除磁碟群組」時，vSAN 節點主機無須進入維護模式，但我們強烈建議管理人員，在準備「移除磁碟群組」之前，應該先讓該台 vSAN 節點主機進入「維護模式」之後再執行（雖然這並非必要條件）。因為在決定移除磁碟群組之前，應該先將相關物件和元件進行「資料疏散」的動作才對，否則可能造成「缺少」相關物件及元件，進而觸發「重新同步」或「重新建立」機制，導致 vSAN 叢集的儲存效能下降。此外，若是採用「移轉全部資料」選項，那麼應該先確認「目前的 vSAN Datastore 儲存空間」是否足夠。

因此，預設情況下，當管理人員希望「移除磁碟群組」時，彈出的「移除磁碟群組視窗」之中，就會請管理人員選擇「資料疏散」功能選項。

再次提醒，如果選擇採用「移轉全部資料」選項，管理人員應該先行確認「vSAN Datastore 儲存空間」是否足夠。

如**圖 6-12** 所示，管理人員確認相關資訊之後，便可以選擇適合的「資料疏散」功能選項。

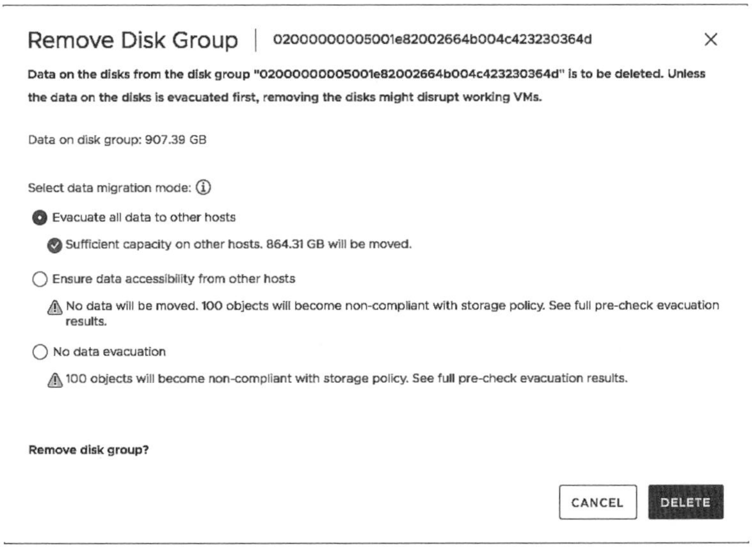

圖 6-12：移除磁碟群組

在過去的 vSAN 版本，管理人員可以採用「手動」或「自動」模式，也就是決定 vSAN 叢集如何處理磁碟群組的方式。同時，在過去的 vSAN 版本，預設值為「自動」模式，代表管理人員刪除了磁碟群組之後，vSAN 會立即且自動建立磁碟群組。管理人員必須先調整為「手動」模式之後，才能順利執行「移除磁碟群組」的動作。

因此，管理人員必須調整 vSAN 叢集設定，將預設的「自動」模式調整為「手動」模式之後，才能避免系統自動將移除的磁碟群組，又立即重新建立，影響維運作業。

當磁碟群組模式被管理人員調整為「手動」模式之後，便可以點選「移除磁碟群組」圖示（紅色打叉），執行「移除磁碟群組」。 在最新的 vSAN 6.7 版本，vSAN 叢集不再採用自動模式的預設值。所以管理人員在執行移除磁碟群組之前，無須調整 vSAN 叢集的磁碟群組模式，即可全面管控磁碟群組的建立和移除。

新增硬碟至磁碟群組

當管理人員需要新增硬碟至磁碟群組時，只要透過 vSphere HTML 5 Client 管理介面，即可輕鬆完成擴充磁碟群組的動作。請在管理介面中，依序點選「**vSAN Cluster > Configure > vSAN > Disk Management**」項目，然後點選「**Add a disk to the selected disk group**」圖示，也就是第二個儲存功能圖示（如**圖 6-11** 所示），即可勾選儲存裝置，並新增至磁碟群組當中。再次提醒，只能使用 vSAN 節點主機中本地端且可用的儲存裝置，並不支援遠端磁碟（例如，SAN LUN）。或者雖然為本地端的儲存裝置，但已經被初始化並格式化，亦無法被 vSAN 所使用。

如果管理人員直接點選 vSAN 節點主機，或者直接點選磁碟群組時，在管理介面中，就只會顯示「**Add a disk to the selected disk group**」圖示（如**圖 6-13** 所示）。

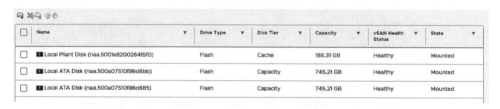

Name		Drive Type		Disk Tier		Capacity		vSAN Health Status		State	
Local Pliant Disk (naa.5001e820026415f0)		Flash		Cache		186.31 GB		Healthy		Mounted	
Local ATA Disk (naa.500a07510f86d6bb)		Flash		Capacity		745.21 GB		Healthy		Mounted	
Local ATA Disk (naa.500a07510f86d685)		Flash		Capacity		745.21 GB		Healthy		Mounted	

圖 6-13：點選「Add a disk to the selected disk group」儲存功能圖示

在本書的實作環境中，我們將選擇的硬碟加入至現有的磁碟群組之中。請記得每個磁碟群組，最多只能支援「七個」容量儲存裝置。如**圖 6-14** 所示，請勾選「本地端可用儲存裝置」之後，按下「**ADD**」鈕即可。

圖 6-14：新增硬碟至磁碟群組

順利將硬碟新增至磁碟群組之後，此時管理人員再次查看 vSAN Datastore，即可發現 vSAN Datastore 儲存空間已經自動增加了相應的儲存空間。

從磁碟群組中移除硬碟

與先前討論「移除磁碟群組」類似，管理人員可以在登入管理介面之後，依序點選「**vSAN Cluster > Configure > vSAN > Disk Management**」項目，然後點選希望移除硬碟的磁碟群組，接著點選「**Remove a disk from a disk group**」圖示，系統便會彈出移除硬碟視窗，和選擇資料疏散功能選項（如**圖 6-15** 所示）。

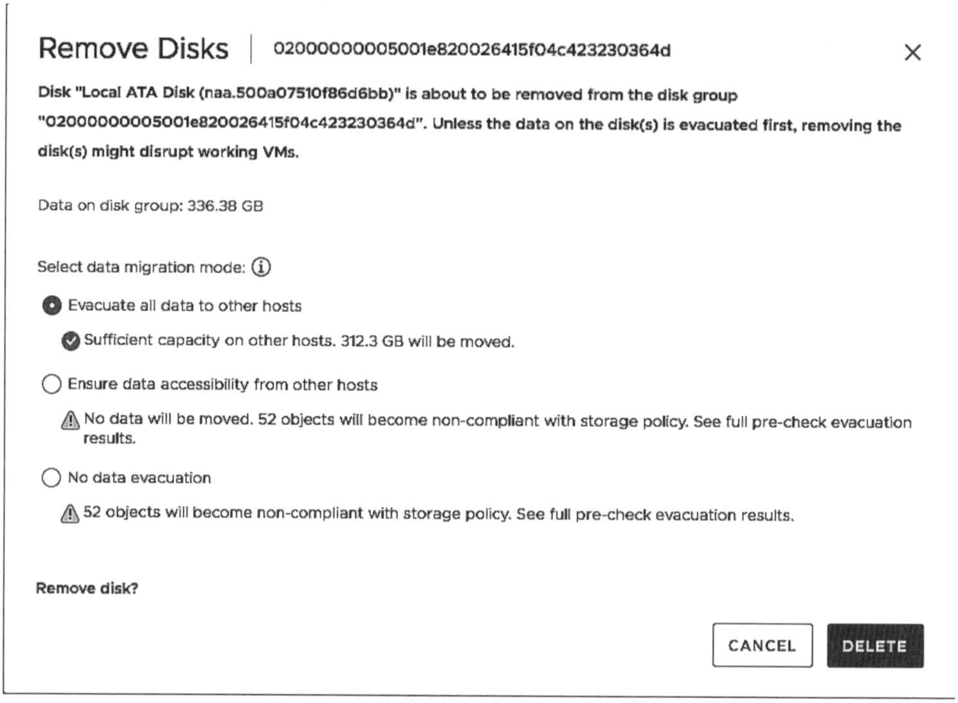

Remove Disks | 02000000005001e820026415f04c423230364d   ✕

Disk "Local ATA Disk (naa.500a07510f86d6bb)" is about to be removed from the disk group "02000000005001e820026415f04c423230364d". Unless the data on the disk(s) is evacuated first, removing the disk(s) might disrupt working VMs.

Data on disk group: 336.38 GB

Select data migration mode: ⓘ

● Evacuate all data to other hosts

   ✓ Sufficient capacity on other hosts. 312.3 GB will be moved.

○ Ensure data accessibility from other hosts

   ⚠ No data will be moved. 52 objects will become non-compliant with storage policy. See full pre-check evacuation results.

○ No data evacuation

   ⚠ 52 objects will become non-compliant with storage policy. See full pre-check evacuation results.

Remove disk?

CANCEL   DELETE

圖 6-15：從磁碟群組中移除硬碟，並且選擇採用的資料疏散功能選項

同樣的，在磁碟群組中移除硬碟時，由於該硬碟內一定會存放物件和元件，所以在預設的情況下，將會採用「完整資料疏散」功能選項，以便將受影響的物件和元件，完整遷移至其它容量儲存裝置之內。如圖 **6-15** 所示，從磁碟群組中移除該硬碟時，採用「完整資料疏散」功能選項，將會遷移 **312.3GB** 儲存資料量。

刪除已啟用重複資料刪除的硬碟

請注意，當 vSAN 叢集啟用「重複資料刪除和壓縮」機制之後，將無法執行從磁碟群組「移除硬碟」的動作。原因在於啟用了「重複資料刪除和壓縮」機制之後，磁碟群組中容量層級的儲存裝置，將會進行「條帶化」的動作。因此，vSAN 叢集無法支援在磁碟群組移除「單一硬碟」的動作，僅支援將「整個磁碟群組」移除，所以管理人員必須移除「整個磁碟群組」，然後更換故障的單一硬碟，接著再重新建立磁碟群組，並加入 vSAN Datastore 儲存資源之內。

抹除硬碟

在某些情況下，管理人員在建構 vSAN 叢集之前，所採用的儲存裝置可能已經被使用過了，例如，硬碟被格式化過、安裝過作業系統、建立分割區…等。此時，vSAN 將無法使用該硬碟，這是為了避免管理人員不小心選錯硬碟的防護機制。因此，當管理人員希望使用此儲存裝置時，可以透過以下操作步驟，「手動」執行「抹除」硬碟所有資料的動作。

在管理介面中，請依序點選「**vSAN Host > Configure > Storage Devices**」項目之後，再點選「**Erase Partitions**」圖示即可（如圖 **6-16** 所示）。

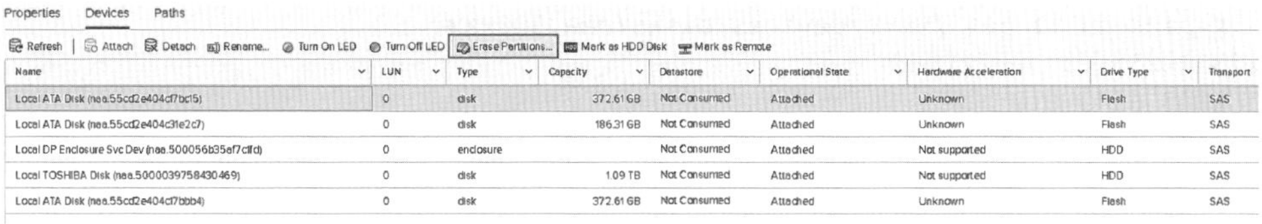

圖 6-16：點選「Erase Partitions」圖示

此外，除了 GUI 圖形介面的操作步驟之外，管理人員也可以透過 CLI 指令模式，達到抹除硬碟的目的。以下是兩種抹除硬碟的主要方式：

- 透過 vSphere HTML 5 Client 管理介面，執行抹除硬碟的動作。
- 透過「`esxcli vsan storage`」指令，執行抹除硬碟的動作。

如上所述，雖然透過「CLI 指令模式」可以達到抹除硬碟所有資料的目的，但在一般的情況下，我們建議採用「vSphere HTML 5 Client 管理介面」執行抹除硬碟的動作即可。

上述兩種抹除硬碟的方式，主要用於已經建立 vSAN 叢集的環境。然而，在沒有 vSAN 叢集的運作環境之中，可以考慮下列兩種非正規的方式，達到抹除硬碟的目的：

- 透過內建於 ESXi 主機之中，用於管理硬碟分割區的「`partedUtil`」指令。
- 採用「**GParted**」硬碟分割區管理工具，將 ISO 映像檔燒錄至光碟或 USB 隨身碟，並在該台 ESXi 主機開機之後，進行資料抹除的動作。

使用 **GParted**（Gnome Partition Editor）的方式很簡單。請到 **GParted** 官方網站（http://gparted.org），下載 ISO 映像檔並燒錄至光碟或 USB 隨身碟，然後，在 ESXi 主機上開機，即可刪除指定硬碟中所有的分割區資訊，接著按下 **Apply** 鈕，就能完成抹除硬碟的動作了。

請注意！執行抹除硬碟的動作，屬於破壞性的操作步驟，後續想要救回原有的資料是相當困難的。因此，在執行抹除硬碟的動作之前，請再三確認選擇的硬碟無誤，然後才執行抹除硬碟的動作。

同樣的，在採用內建的「partedUtil」指令執行抹除硬碟的動作之前，管理人員應該先執行「esxcli storage core device list」指令，再次確認硬碟識別碼，並檢視硬碟內的分割區資訊。確認無誤後，才執行抹除硬碟的動作：

步驟 1：顯示硬碟內的分割區資訊

```
~ # partedUtil get /vmfs/devices/disks/naa.500xxx
24321 255 63 390721968
1 2048 6143 0 0
2 6144 390721934 0 0
```

步驟 2：顯示硬碟內的分割區類型

```
~ # partedUtil getptbl /vmfs/devices/disks/naa.500xxx
gpt
24321 255 63 390721968
1 2048 6143 381CFCCC728811E092EE000C2911D0B2 vsan 0
2 6144 390721934 77719A0CA4A011E3A47E000C29745A24 virsto 0
```

步驟 3：刪除硬碟內的指定分割區

```
~ # partedUtil delete /vmfs/devices/disks/naa.500xxxxxx 1
~ # partedUtil delete /vmfs/devices/disks/naa.500xxxxxx 2
```

關於 partedUtil 硬碟分割區管理工具指令，詳細資訊請參考 **VMware KB 1036609**（http://kb.vmware.com/kb/1036609）。

開啟硬碟識別燈號

從 vSphere 6.0 版本開始，使用支援的儲存控制器時，管理人員可以直接在管理介面中開啟硬碟的「識別燈號」。此功能非常有幫助。因為在 vSAN 叢集運作的環境之中，可能包含了數十個或數百個儲存裝置。而有了「識別燈號」，管理人員就可以輕鬆識別在 vSAN 叢集中發生故障損壞的硬碟。

在管理介面中，依序點選「**vSAN Host > Configure > Storage Devices**」項目後，點選「**Turn On LED**」圖示，即可「開啟」指定硬碟的識別燈號；點選「**Turn Off LED**」圖示，即可「關閉」指定硬碟的識別燈號（如**圖 6-17** 所示）。

請注意，並非所有儲存控制器都支援此功能。有些必須搭配安裝「第三方工具」才行。例如，採用 HPE 伺服器時，必須安裝 HP SSA CLI 指令集，才能夠使用「開啟硬碟識別燈號」的功能。

圖 6-17：開啟或關閉硬碟識別燈號

監控 vSAN 儲存空間

另一個重要的維運管理議題是查看 vSAN Datastore 儲存空間的使用量。管理人員可以在管理介面中，依序點選「**vSAN Cluster > Monitor > vSAN > Capacity**」項目之後，查詢 vSAN Datastore 儲存空間的使用量（如**圖 6-18** 所示）。

如**圖 6-18** 所示，在 **Capacity** 資訊區塊中，將會顯示各項物件儲存空間的使用量。以下便是顯示的物件項目清單：

- VM Home Namespaces
- VM SWAP
- VM 虛擬硬碟檔案（包含 VMDKs、增量磁碟等等）
- 快照記憶體
- iSCSI Targets 和 LUNs
- 效能資料庫名稱空間

除了各項物件的儲存空間使用資訊之外，隨著 vSAN 叢集的運作時間增長，也會出現額外的儲存資源開銷。以下便是 vSAN 叢集額外的儲存資源開銷項目：

- Filesystem overhead
- Checksum overhead

除了顯示物件的儲存空間使用量之外，也會顯示「重複資料刪除和壓縮」資訊（如**圖 6-18** 所示）。

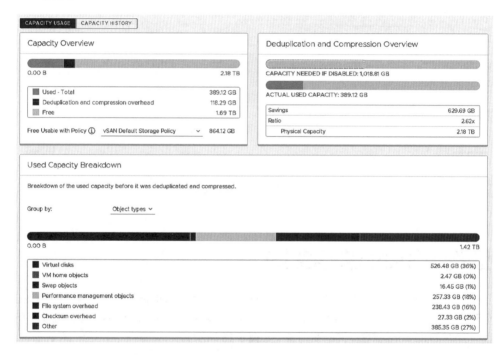

圖 6-18：查詢 vSAN Datastore 儲存空間的使用量

此外，在「**Used Capacity Breakdown**」區塊中，預設情況下，「**Group by**」欄位會採用「**Object Types**」組態設定值，代表採用顯示「物件」的方式，來條列顯示 vSAN Datastore 儲存空間的使用量資訊。如果管理人員希望採用不同的顯示方式，可以將「**Group by**」欄位，調整為「**Data Types**」組態設定值，則系統將會顯示 VM 虛擬主機資料，以及 vSAN 儲存資源開銷的部分。

最新的 vSAN 6.7 U1 版本多了「**Capacity History**」檢視模式（如**圖 6-19** 所示），幫助管理人員了解 vSAN Datastore 儲存空間的「歷史使用量」（預設為 1 天）。

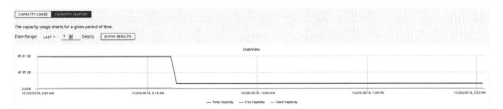

圖 6-19：查詢 vSAN Datastore 儲存空間的歷史使用量

硬碟空間用盡時

在 vSAN 叢集環境中可能會出現的另一個問題，便是 vSAN Datastore 儲存空間用盡的時候。管理人員可能會問：『在什麼樣的使用案例中，vSAN Datastore 儲存空間會被用盡呢？』在解答這個問題之前，管理人員應該先了解，當單個儲存裝置的硬碟空間用盡時，將會發生什麼樣的情況。因為在 vSAN Datastore 儲存空間用盡之前，這個情況一定會先發生。

當單個儲存裝置的硬碟空間即將用盡時，vSAN 會嘗試阻止這種情況發生。簡單來說，vSAN 叢集會自動負載平衡，將物件和元件進行遷移至其它儲存裝置中進行存放，以避免單個儲存裝置硬碟空間用盡的情況發生。

預設情況下，採用 vSAN 儲存原則部署的 VM 虛擬主機，都會採用「精簡佈建」的虛擬磁碟格式。當容量層級儲存裝置的儲存空間用盡時，vSAN 將會進入「**vSAN 暈眩**」（vSAN Stun）的狀態。此時，若只是進行資料讀取的 I/O 行為，並不會出現問題，且能正常運作，然而，若是需要進行資料寫入的 I/O 行為，受影響的 VM 虛擬主機便會發生錯誤。

管理人員只要在管理介面中，依序點選「**vSAN Cluster > Monitor > vSAN > Physical Disk**」項目，即可看到儲存裝置的整體儲存空間、已使用多少儲存空間、剩餘多少儲存空間、健康狀態等等硬碟資訊（如**圖 6-20** 所示）。

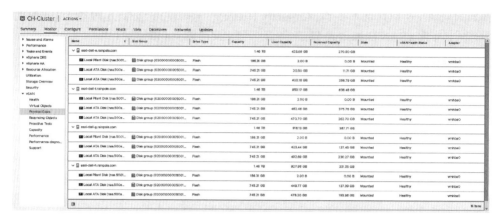

圖 6-20：查詢容量層級儲存裝置的硬碟資訊

精簡佈建的考量

預設情況下，採用 vSAN 儲存原則部署的 VM 虛擬主機，都會採用「**精簡佈建**」（Thin Provisioning）虛擬磁碟格式。優點是部署的 VM 虛擬主機，不會預先佔用未使用到的儲存空間。同時，就資料中心儲存空間的使用統計結果來看，VM 虛擬主機配置的儲存空間，通常只會使用 **40 % ~ 60 %** 的儲存空間。因此，管理人員可以想像，若是採用「**完整佈建**」（Thick Provisioning）虛擬磁碟格式，將會造成多大的儲存空間浪費。

採用「精簡佈建」的虛擬磁碟格式時，雖然運作初期不會佔用太多的儲存空間，但是隨著部署的 VM 虛擬主機數量越來越多，且運作時間亦越來越長的情況下，導致佔用的儲存空間不斷增加，進而產生「過度使用」（overcommitted）的問題，最後造成 vSAN Datastore 儲存空間用盡的情況。因此，管理人員應該要定期檢查 vSAN Datastore 整體儲存空間的使用量（如**圖 6-21** 所示）。

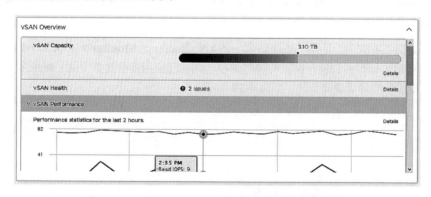

圖 6-21：查詢 vSAN Datastore 整體儲存空間使用量

此外，當 vSAN Datastore 儲存空間的使用量達到特定的「使用門檻值」時，vCenter
Server 將會發送警告訊息，通知管理人員應該進行儲存空間的擴充作業。預設情況
下，當 vSAN Datastore 使用空間「**超過 75%**」時，就會發送嚴重性等級為「**警告**」
（Warning）的黃色驚嘆號訊息，而當使用空間「**超過 85%**」時，就會發送嚴重性等級
為「**緊急**」（Critical）的紅色錯誤訊息。

支援 UNMAP

首先，讓我們概述 UNMAP 功能的主要用途。簡單來說，透過 UNMAP 運作機制，可
以幫助 vSAN 叢集進行儲存空間回收。過去，在尚未支援 UNMAP 運作機制時，每當
VMFS 檔案系統內的檔案被刪除、或是被遷移，vSAN Datastore 儲存空間都無法感知。
現在，透過 UNMAP 運作機制，系統可以採用標準的 SCSI 指令，順利回收已不使用的
儲存空間。

過去，由於未支援 UNMAP 運作機制，所以當 VM 虛擬主機儲存空間即將用盡時，僅
能透過「**收縮**」（Shrunk）機制，回收 VM 虛擬主機不使用的儲存空間。現在，有了
UNMAP 運作機制的支援，系統將會「自動回收」不使用的儲存空間，而無須管理人員
手動介入處理。

在過去的 vSAN 版本，管理人員在 vSAN Datastore 儲存資源中，無論是遷移或刪除
VM 虛擬主機，vSAN 叢集都會「自動回收」不使用的儲存空間。在最新 vSAN 6.7 U1
版本中，支援 UNMAP 運作機制的部分，主要在於 VM 虛擬主機內的「客體作業系統」
是否能夠「支援」儲存空間回收機制。一般來說，新版的 Windows 和 Linux 作業系統都
有支援。此外，在 UNMAP 機制運作期間，可能會對運作效能產生一些影響。

最新的 vSAN 6.7 U1 版本，在預設的情況下，並未自動啟用 UNMAP 機制。管理人員
可以透過 **RVC**（Ruby vSphere Console）指令，啟用或停用 UNMAP 運作機制。

```
> vsan.unmap_support -h
usage: unmap_support [opts] cluster
Manage vSAN cluster on supporting SCSI command 'unmap', by default check
current status
  cluster: vSAN cluster to manage
  -e, --enable      Enable unmap support on vSAN cluster
  -d, --disable     Disable unmap support on vSAN cluster
  -h, --help        Show this message
```

在 vSAN 叢集的環境之中，還有其他針對 UNMAP 機制的注意事項，例如：VM 虛
擬主機所使用的虛擬硬體版本。我們建議管理人員可以閱讀 VMware 的官方文件，以
便了解更多的技術細節。（譯者注：有興趣的讀者可以閱讀 VMware StorageHub 的

《UNMAP/TRIM Space Reclamation on vSAN》：https://storagehub.vmware.com/t/vmware-vsan/vsan-space-efficiency-technologies/unmap-trim-space-reclamation-on-vsan-1/）

管理 vCenter Server

在 vSphere 或 vSAN 叢集的架構之中，vCenter Server 管理平台的重要性不言而喻。許多進階功能都必須透過 vCenter Server，才能進行管理、觸發、監控…等工作。舉例來說，vSphere DRS（Distributed Resource Scheduler）這項自動化遷移功能，必須在 vCenter Server 正常運作的情況下，才能自動執行 VM 虛擬主機的遷移作業，反之則無法執行遷移作業。

幸好，只有在初始建構 vSAN 叢集時，或者需要針對 vSAN 叢集調整組態設定時，才需要依靠 vCenter Server 管理平台。一旦 vSAN 叢集建構完成並順利運作之後，即使 vCenter Server 發生了故障事件，無法執行管理作業時，也不會影響 vSAN 叢集的運作，當然也不會影響正在運作的 VM 虛擬主機。事實上，在 vSAN 叢集的環境之中，管理人員可以透過 esxcli 管理指令，或後續介紹的 RVC（Ruby vSphere Console）管理工具，來進行 vSAN 叢集環境的所有維運任務。

管理人員可能會好奇，既然 vSAN 叢集無須依賴 vCenter Server，為何 VMware 仍將「vSAN 解決方案」與「原有的 vSphere 叢集」整合在一起，並與「相關的進階功能」，例如：vSphere HA、vSphere DRS 互相整合呢？其實這是綜合多種考量以及使用者意見反應之後所得到的結果，經過不斷的演變，才成為今天的 vSAN 叢集架構。那麼，讓我們來討論，在 vCenter Server 管理平台發生故障事件之前，是如何運作的吧。

首先，最主要的考量，是希望提供管理人員一致的管理體驗。舉例來說，在 vSphere HTML 5 Client 管理介面當中，要啟用和組態設定 vSAN 叢集功能，就如同組態設定 vSphere HA、vSphere DRS 一樣簡單。

因此，這樣的 vSAN 叢集架構，不只讓初始設定和部署作業更加容易，在正確架構規劃的前提下，啟用和組態設定 vSAN 進階功能，即可在彈指之間完成。

此外，vSAN 叢集的架構整合了 vSphere HA、vSphere DRS 特色功能，對於 vSAN 叢集的可用性也有一定程度的提升。舉例來說，透過 vSphere HA 高可用性機制，當 vSAN 節點主機發生故障事件、或發生網路隔離和網路分區時，能夠自動將 VM 虛擬主機「重新啟動」在其它正常運作的 vSAN 節點主機上。

在 vSAN 叢集中運作 vCenter Server

另一個管理人員經常詢問的問題，就是能否將 vCenter Server 管理平台運作在 vSAN 節點主機之中？答案是：『沒有問題。』VMware 絕對支援將 vCenter Server 管理平台運作在 vSAN 叢集的架構之中。然而，管理人員必須考量後續可能會發生的管理問題。舉例來說，當發生重大災難事件時，在 vSAN Datastore 儲存資源損壞的情況下，vSAN 叢集內的 vCenter Server 可能也會受到影響，進而無法運作，雖然仍可以連線至存活的 vSAN 節點主機，透過 esxcli 指令進行管理的動作，但是整體的管理體驗將會大打折扣，這是管理人員必須考慮的部分。

因應故障事件

我們已經在「第 4 章」和「第 5 章」討論過一些 vSAN 叢集環境的故障情境，並說明元件是「缺席狀態」（Absent State）或「降級狀態」（Degraded State）的因應方式。在我們討論如何因應故障事件之前，讓我們先回顧一下，儲存裝置主要的兩種故障狀態：

- **缺席（Absent）**：vSAN 節點主機發生故障事件時，vSAN 叢集「無法」判斷 vSAN 節點主機是「發生故障」或「重新啟動」。因此，在預設情況下，vSAN 叢集會在重建程序之前，透過 CLOM 叢集服務（Cluster Level Object Manager），啟動 60 分鐘倒數計時機制。

- **降級（Degraded）**：vSAN 節點主機發生故障事件時，vSAN 叢集「可以」判斷「受到影響的物件和元件」究竟發生了什麼問題。例如，SSD 固態硬碟故障，於是 vSAN 叢集判斷此儲存裝置故障了，且在短時間之內無法恢復。因此，vSAN 叢集將自動執行重建機制，針對受到影響的物件和元件，在正常運作的 vSAN 節點主機中「立即重建」。

現在，管理人員應該已經了解，在 vSAN 叢集之中，不同的故障事件，所導致的故障狀態也會不同。那麼，讓我們更進一步討論，當「快取儲存裝置」或「容量儲存裝置」發生故障損壞事件時，對 vSAN 叢集和 vSAN Datastore 儲存資源會產生什麼樣的影響吧。

容量儲存裝置故障

儲存環境中最容易發生故障的部分就是硬碟，這在 vSAN 叢集的環境之中也不例外。那麼，容量儲存裝置發生故障時，vSAN 叢集的資料讀取和寫入 I/O 又會發生什麼變化呢？

首先，我們來看看資料讀取的部分。在 Hybrid 模式中，容量儲存裝置會是機械式硬碟；在 All-Flash 模式中，則會是 SSD 固態硬碟。在 vSAN 儲存原則中，預設情況下自動採用 **FTT=1** 進行 VM 虛擬主機的部署作業，所以在 vSAN Datastore 儲存資源中，會擁有**兩份**一模一樣的物件和元件。當 vSAN 叢集需要「讀取」（Read）資料時，可能因為資料暫時無法使用，所以狀態是「可復原」或「不可復原」。

當物件和元件為「**可復原**」狀態時，vSAN 叢集將會透過 DOM 叢集服務（Distributed Object Manager），將資料讀取 I/O 錯誤報告，直接回報給儲存物件擁有者。此時物件擁有者會再次建立受影響的元件，並在建立新的元件之後，將剛才 I/O 回報錯誤的元件刪除。然而，因為特殊需求或其它原因，使用 **FTT=0** 的組態設定並進行部署之後，導致物件和元件發生「**不可復原**」狀態時，vSAN 叢集便會直接回報 VM 虛擬主機發生資料 I/O 錯誤。請注意，在這個使用案例之中，因為「快取儲存裝置」並沒有發生故障，所以若是讀取的資料存在於快取層級之中，就會直接回覆給應用程式完成 I/O 的動作。

在「資料寫入」的部分，與「資料讀取」的動作相同。當物件和元件為「**可復原**」的狀態時，vSAN 叢集將會透過 DOM 叢集服務，將資料讀取 I/O 錯誤報告，直接回報給儲存物件擁有者。此時物件擁有者會再次建立受影響的元件，並在建立新的元件之後，將剛才 I/O 回報錯誤的元件刪除。接著，透過 CMMDS 叢集服務，進行物件和元件的更新。同樣的，因為「快取儲存裝置」並沒有發生故障，所以若是讀取的資料存在於快取層級之中，就會直接回覆給應用程式完成 I/O 的動作。

管理人員可以登入管理介面，依序點選「**vSAN Cluster > Monitor > vSAN > Resyncing Objects**」項目，就會顯示重新同步的物件數量、剩餘資料量、預估完成時間等等資訊。

當「Erasure Coding 環境」的「容量儲存裝置」發生故障時

在「第 5 章」討論過，vSAN 叢集的環境支援「不同的資料保護機制」，例如，預設的 **FTT=1（RAID-1）**。在 vSAN 叢集的環境之中，採用 **RAID-5** 資料保護機制時，因為採用「**3+1**」的資料寫入方式，也就是寫入「三份」資料之後，便寫入「一份」同位檢查，所以需要至少「四台」vSAN 節點主機；採用 **RAID-6** 資料保護機制時，因為採用「**4+2**」的資料寫入方式，也就是寫入「四份」資料之後，便寫入「兩份」同位檢查，所以需要至少「六台」vSAN 節點主機。現在，讓我們來看看，在 Erasure Coding 運作的環境之中，當「容量儲存裝置」發生故障損壞事件時，對 VM 虛擬主機會產生什麼樣的影響吧。

在 Erasure Coding 運作的環境之中，要了解它是如何因應故障事件的重點，在於理解它是如何透過「獨佔 OR」（Exclusive OR，**XOR**）機制，來計算「同位檢查」。舉例來說，採用 **RAID-5** 資料保護機制時，可以因應發生「**單一**」故障事件，所以當容量儲存裝置發生故障時，系統會透過剩下的資料結合 XOR 機制，計算出受影響而遺失的資料，然後透過計算結果「重建」受影響的資料。

而採用 **RAID-6** 資料保護機制時，可以因應發生「**兩個**」故障事件，所以當容量儲存裝置，發生「單一」故障損壞事件時，系統會透過剩下的資料結合 XOR 機制，計算出受影響而遺失的資料，然後透過計算結果「重建」受影響的資料。即便「兩個」容量儲存裝置發生故障，由於 **RAID-6** 保護機制具有「**兩個**」同位檢查，所以仍然能夠透過 XOR 機制來計算，然後重新建立受影響的資料。

採用 RAID-5 或 RAID-6 資料保護機制，與 RAID-1 相比，當然節省了許多儲存空間。但是，在使用 RAID-5 或 RAID-6 資料保護機制時，因為資料寫入需要額外建立同位檢查，所以當 vSAN 叢集發生故障事件且需要進行資料重建作業時，對於「儲存效能的影響」將會更加嚴重。這部分需要管理人員的深思熟慮。

當「重複資料刪除環境」的「容量儲存裝置」發生故障時

如前所述，vSAN 叢集啟用了「重複資料刪除和壓縮機制」之後，無法移除磁碟群組中的單一硬碟，只能移除「整個磁碟群組」，然後「退出」並「更換」故障損壞的硬碟，然後才能重新建立磁碟群組，並加回 vSAN Datastore 儲存資源之內。

因此，當 vSAN 叢集啟用了「重複資料刪除和壓縮機制」，若「容量儲存裝置」發生了故障，將會導致所屬的磁碟群組無法存取。此時，管理人員就需要進行維護作業，也就是移除「整個磁碟群組」，「退出」並「更換」故障損壞的硬碟，然後才能重新建立磁碟群組，並加回 vSAN Datastore 儲存資源之內。同時，將磁碟群組重新加入之後，vSAN 叢集會「自動負載平衡」所有物件和元件。請注意，所執行的自動負載平衡，並非重新同步或重建物件和元件，而是將受到影響的物件和元件「負載平衡」到不同台的 vSAN 節點主機之中。

快取儲存裝置故障

在 vSAN 叢集的環境之中，當「快取儲存裝置」發生故障時，同一組磁碟群組內，「所有的儲存裝置」都會受到影響，且磁碟群組將進入「**降級狀態**」（Degraded State）。因

為磁碟群組中所有資料讀取和寫入 I/O 的行為，必須先進入「快取儲存裝置」，才能繼續後續的資料 I/O。所以「快取儲存裝置」發生故障事件之後，其實等同於該磁碟群組「整個」都發生故障損壞的情況。此時，vSAN 叢集就會尋找仍然正常運作的 vSAN 節點主機，重新建立受到影響的物件和元件。無論 vSAN 叢集是「啟用」或是「停用」重複資料刪除和壓縮機制，都會立即執行物件和元件的「重建作業」。

在整個 vSAN 叢集的架構之中，磁碟群組可以被視為「**故障網域**」（Failure Domain）。因此，從整個 vSAN 叢集的可用性角度來看，規劃 vSAN 節點主機的磁碟群組時，建議採用「多個小型的磁碟群組」（如**圖 6-22** 所示），而非「單一大型的磁碟群組」。

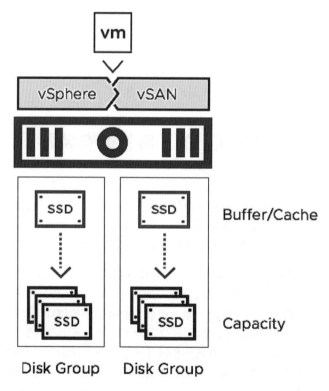

圖 6-22：「多個小型磁碟群組」優於「單一大型的磁碟群組」

vSAN 節點主機故障時

在 vSAN 叢集的環境中，若管理人員建立的 vSAN 儲存原則，組態設定 **FTT=1** 的儲存功能時，便能容忍「單一」故障事件。如前所述，vSAN 叢集並非總是執行重建作業。舉例來說，vSAN 節點主機僅重新啟動，或是 vSAN 節點主機離開了維護模式，此時就只要執行「重新同步」作業即可。

如果 vSAN 叢集中的某一台 vSAN 節點主機，突然發生了故障損壞事件，此時 60 分鐘倒數計時機制便會啟動。當故障時間超過 60 分鐘時，且該台 vSAN 節點主機仍未恢復時，vSAN 叢集就會觸發「自動重建」機制，立即重建受到影響的物件和元件，並在重建作業完成之後，透過 CMMDS 叢集服務更新相關資訊。

若故障的 vSAN 節點主機超過了 60 分鐘倒數計，vSAN 叢集便會立即執行重建作業（也就是觸發 CLOMD 修復機制）。假設故障的 vSAN 節點主機，在修復完成後重新加入了 vSAN 叢集，此時 vSAN 叢集重建的物件和元件，應該仍在執行重建和同步作業。

從 vSAN 6.6 版本開始，vSAN 叢集便會透過「演算法」進行檢查。當檢查結果發現「重新加入的 vSAN 節點主機」的「物件和元件的存取狀態」是完整的，且計算後可以減少作業時間，這時，vSAN 叢集就會執行「**重新同步**」（Resynchronization）作業，捨棄正在進行修復和同步的物件和元件。反之，則會針對重新加入的 vSAN 節點主機，捨棄有關聯的物件和元件。

管理人員可能會好奇，vSAN 叢集是如何「重新同步」物件和元件的呢？在 vSAN 叢集的架構之中，會自動維護「資料區塊映射」（Block Bitmap）資訊，紀錄資料區塊的使用狀況。當 vSAN 叢集發生故障事件時，例如，vSAN 節點主機、vSAN 網路、儲存裝置等發生了故障，便能透過平常維護的「資料區塊映射」資訊，執行物件和元件的「重新同步」。舉例說明，採用 **FTT=1（RAID-1）**儲存原則，將會部署「兩份」相同的物件和元件。當**物件 A** 發生故障無法存取時，由於 vSAN 叢集已經記錄了**物件 A** 和**物件 B**，所以正常運作的**物件 B**，能夠繼續提供資料讀取和寫入 I/O 作業。當**物件 A** 恢復存取時，vSAN 叢集便會透過**物件 B** 的資訊，重新同步或重建**物件 A**。

此外，當 vSAN 叢集中的某一台 vSAN 節點主機，發生了非預期的停機事件或其它故障事件時，將會觸發 vSphere HA 高可用性機制，自動把該台 vSAN 節點主機當中「原本正在運作的 VM 虛擬主機」，在其它存活的 vSAN 節點主機之中「重新啟動」（如**圖 6-23** 所示），而不管其它存活的 vSAN 節點主機之中是否有「託管」受影響的物件和元件。

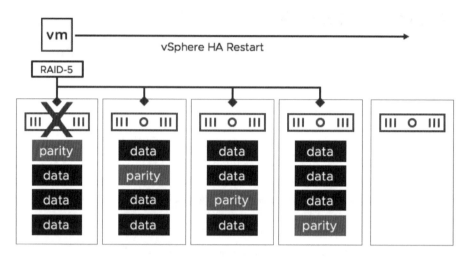

圖 6-23：vSAN 節點主機故障之後，觸發了 vSphere HA 高可用性機制

如果 vSAN 節點主機並未故障損壞，而是因為互相溝通的網路發生問題，導致「網路分區」（Network Partition）的情況時，同樣會觸發 vSphere HA 高可用性機制。那麼，讓我們深入討論這種更為複雜的情況吧。

發生網路分區或主機隔離時

在 vSAN 叢集的架構之中，如果 vSAN 節點主機因為網路通訊問題，發生「網路分區」（Network Partition）時，這會導致「部分 vSAN 節點主機」在一側，「其餘的 vSAN 節點主機」在另一側。vSAN 叢集在偵測健康狀態之後，將會顯示 vSAN 節點主機之間「發生通訊網路錯誤」的警告訊息。

在開始討論「網路分區」之前，我們先說明在 vSAN 叢集的架構之中，當通訊網路發生問題導致「隔離」時，vSAN 叢集如何因應「網路分區」的情況。

如**圖 6-24** 所示，在 vSAN 叢集中一共有「四台」vSAN 節點主機。管理人員採用 **FTT=1（RAID-1）**儲存原則，進行 VM 虛擬主機的部署作業，其中 **esxi-01** 的 vSAN 節點主機運作一台部署完成的 VM 虛擬主機。

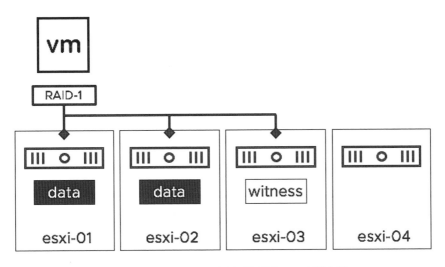

圖 6-24：以 FTT=1 儲存原則部署的 VM 虛擬主機

如前所述，觸發 vSphere HA 高可用性機制之後，無論其它存活的 vSAN 節點主機之中是否有「託管」受影響的物件和元件，皆能「重新啟動」受影響的 VM 虛擬主機。事實上，vSAN 叢集支援 vSphere HA 特色功能，也採用「網路心跳偵測」（Network Heartbeating）機制，然而 vSAN 叢集中的 vSphere HA 功能，與傳統的 vSphere 叢集有些不同。現在，讓我們來看看，當 vSAN 叢集發生「網路分區」時，將會如何因應此故障事件：

- vSphere HA 網路心跳偵測機制，偵測到 **esxi-01** 的 vSAN 節點主機「沒有回傳」網路心跳。

- 在 vSphere HA 架構當中擔任「主要」（Master）角色的 vSAN 節點主機，嘗試透過 vSAN 網路（使用 ping），確認能否與「次要」（Slave）角色 **esxi-01** 的 vSAN 節點主機溝通。

- vSphere HA 高可用性機制判斷 **esxi-01** 的 vSAN 節點主機「無法使用」。

- vSphere HA 啟動保護機制，將原本 **esxi-01** 的 vSAN 節點主機上「正在運作的 VM 虛擬主機」，重新啟動在其它正常運作的 vSAN 節點主機上（如**圖 6-25** 所示）。

- 透過 vSphere HA 進階組態設定，可以決定隔離中的 VM 虛擬主機，其電源狀態為「持續運作」或「關閉電源」；我們建議採用「**關閉電源**」（Power Off）選項。

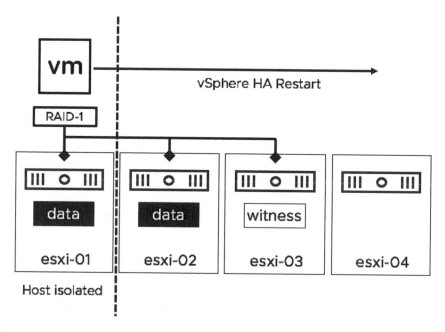

圖 6-25：vSAN 叢集發生網路分區，觸發 vSphere HA 高可用性機制

如前所述，若 vSAN 叢集的架構之中，通訊網路發生了更嚴重的故障情況，導致 **esxi-01**、**esxi-04** 成為 **Partition A** 網路分區，而 **esxi-02**、**esxi-03** 為另一個 **Partition B** 網路分區時（如**圖 6-26** 所示），vSAN 叢集中的 VM 虛擬主機，將會發生什麼樣的情況？vSAN 叢集又有什麼機制能夠因應？此時，便是「見證元件」發揮作用的時刻。

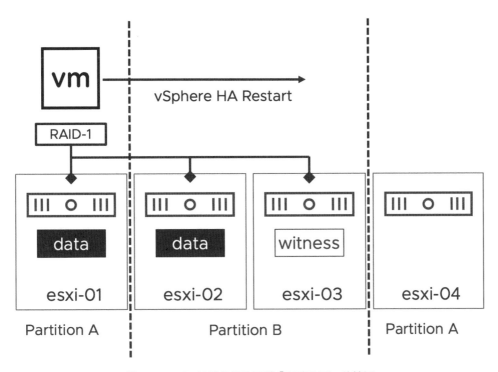

圖 6-26：vSAN 叢集發生嚴重「網路分區」的情況

在**圖 6-26** 中可以看到兩個網路分區（**Partition A** 和 **Partition B**）：**Partition A** 網路分區運作 VM 虛擬主機，並擁有一份 VMDK 複本；而 **Partition B** 網路分區，則是擁有另一份 VMDK 複本和見證元件。那麼，vSAN 叢集該如何進行判斷呢？在 vSAN 叢集的環境之中，透過見證元件的「**仲裁**」（Quorum）機制，判斷在不同的網路分區當中，誰擁有「**超過 50%**」的物件和元件擁有權，該網路分區便「獲勝」並成為「主要節點」。在此使用案例中，因為 **Partition B** 網路分區擁有超過 50% 的物件和元件而獲勝，此時 vSphere HA 高可用性機制，將會把 **Partition A** 網路分區，也就是 **esxi-01**、**esxi-04** 的 VM 虛擬主機，重新啟動在 **Partition B** 網路分區，也就是 **esxi-02**、**esxi-03** 的 vSAN 節點主機上。請注意，原本運作於 **esxi-01**、**esxi-04** 的 VM 虛擬主機，由於是發生「網路分區」的情況，而非「主機隔離」（Host Isolated）的情況，所以 VM 虛擬主機將會持續運作。

 注意：強烈建議在 vSphere HA 的進階組態設定採用「關閉電源」（Power Off）選項，即便在網路分區情況中，並不會套用主機隔離的功能選項。

如果是 **esxi-01** 和 **esxi-04** 發生了主機隔離事件，vSAN 叢集又會如何因應呢？如**圖 6-27** 所示，事實上，這與處理「網路分區」的情況非常類似。

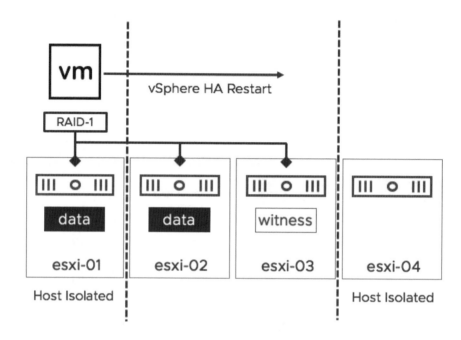

圖 6-27：vSAN 叢集發生「主機隔離」的情況

還記得剛才說過的判斷原則嗎？

> 在不同的網路分區當中，誰擁有「超過 50%」的物件和元件擁有權，該網路分區便「獲勝」並成為「主要節點」。

在**圖 6-27** 中可以看到，**esxi-02**、**esxi-03** 的 vSAN 節點主機都擁有 **66 %** 物件和元件的擁有權而獲勝，所以 **esxi-01**、**esxi-04** 上的 VM 虛擬主機，將會在 **esxi-02**、**esxi-03** 主機上重新啟動。同時，因為是「主機隔離」的故障情況，將會套用 vSphere HA 進階組態中所設定的「關閉電源」（Power Off）選項，將 VM 虛擬主機強制關閉。

因此，為了避免 vSAN 叢集架構發生「網路分區」或「主機隔離」的故障情況，管理人員應該詳細參考「第 3 章」的說明，為 vSAN 節點主機建置網路高可用性機制，也就是在實體網路環境方面，應該採用「多台網路交換器」，搭配 vSAN 節點主機建構 NIC Teaming 機制，以防止「單點失敗」（Single Point Of Failure，SPOF）的情況發生。

vCenter Server 主機故障時

在 vSAN 叢集的環境之中，當 vCenter Server 管理平台故障時，vSAN 叢集會發生什麼情況？管理人員應該如何重建環境？雖然，vSAN 叢集建構完成之後，無須依靠 vCenter Server 也能運作，這對 vSAN 叢集的影響又是什麼呢？

當 vCenter Server 主機發生嚴重故障事件且無法修復或快速復原時，管理人員只需重建一台新的 vCenter Server，並在重新建立新的 vSAN 叢集之後，將 vSAN 節點主機加入新的 vSAN 叢集即可。

從 vSAN 6.6 版本開始，由於 VMware 收集大量使用者的意見反應，讓 vSAN 節點主機之間的通訊網路，由原本的「多點傳送」改為「單點傳送」之外，同時也採用新的 vCenter 成員追蹤機制，也就是「**組態設定產生號碼**」（Configuration Generation Number）。因此，當 vCenter Server 管理平台在一段時間之內無法使用，一旦恢復並再次與 vSAN 叢集互相通訊時，系統將會與 vSAN 節點主機「比較」組態設定產生號碼的差異。若比較的結果不一樣，vCenter Server 就會自動感知「組態設定內容」已經發生變化，於是，將會請求 vSAN 叢集中所有 vSAN 節點主機進行「資訊更新同步」的動作，確保組態設定都是一致的。請注意，這部分「資訊更新同步」的動作，完全無須管理人員手動介入處理，而是系統自動處理完成。管理人員可以透過「**esxcli vsan cluster get**」指令，查詢 vSAN 節點主機的「組態設定產生號碼」。

```
[root@esxi-dell-i:~] esxcli vsan cluster get
Cluster Information
   Enabled: true
   Current Local Time: 2018-10-10T14:09:26Z
   Local Node UUID: 5b8d18eb-4fb4-670a-94b7-246e962f4ab0
   Local Node Type: NORMAL
   Local Node State: AGENT
   Local Node Health State: HEALTHY
   Sub-Cluster Master UUID: 5b8d1919-8d9e-2806-dfb3-246e962f4978
   Sub-Cluster Backup UUID: 5b8d190c-5f7c-50d8-bbb8-246e962c23f0
   Sub-Cluster UUID: 52e934f3-5507-d5d8-30fa-9a9b392acc72
   Sub-Cluster Membership Entry Revision: 7
   Sub-Cluster Member Count: 4
   Sub-Cluster Member UUIDs: 5b8d1919-8d9e-2806-dfb3-246e962f4978,
5b8d190c-5f7c-50d8-bbb8-246e962c23f0, 5b8d18f9-941f-f045-7457-
246e962f48f8, 5b8d18eb-4fb4-670a-94b7-246e962f4ab0
   Sub-Cluster Member HostNames: esxi-dell-l.rainpole.com, esxi-dell-k.
rainpole.com, esxi-dell-j.rainpole.com, esxi-dell-i.rainpole.com
   Sub-Cluster Membership UUID: 2a8f965b-671a-921c-0c8b-246e962f4978
   Unicast Mode Enabled: true
   Maintenance Mode State: OFF
```

```
    Config Generation: e4e74378-49e1-4229-bfe9-b14f675d23e6 10 2018-10-
10T12:57:50.947
```

如前所述,若 vCenter Server 嚴重故障且無法修復,代表管理人員「自訂的 vSAN 儲存原則」也會隨著 vCenter Server 的故障而遺失。幸好,vSAN 環境仍然繼續套用「先前自訂的 vSAN 儲存原則」,而 VM 虛擬主機也仍正常運作。在本書撰寫期間,vSphere HTML 5 Client 管理介面,仍未支援「匯出」vSAN 儲存原則,但是管理人員可以透過 PowerCLI 工具,執行「匯出/匯入」vSAN 儲存原則的動作,以便快速復原 vSAN 儲存原則。詳細資訊請參考 VMware PowerCLI 的文件內容。

小結

閱讀完本章之後,管理人員應該已經深刻了解,vSAN 叢集非常容易達到「垂直擴充」和「水平擴充」的運作架構。vSAN 團隊花費非常多的時間,幫助管理人員輕鬆完成所謂的 Day 2 事務(Day 2 operations),無論是進入維護模式、還是建立磁碟群組…等等,都可以輕鬆透過「圖形介面」來完成。此外,那些喜歡使用指令操作的管理人員,也可以透過 esxcli 或 PowerCLI,來管理 vSAN 叢集的運作環境。

7

延伸叢集使用案例

本章我們將討論特殊使用案例的組態設定，也就是針對 vSAN **「延伸叢集」**（Stretched Cluster）的部分。同時，我們將深入剖析 vSAN 延伸叢集運作架構的「規劃設計」，和後續「維運管理」的操作程序，以及如何因應「故障損壞」事件。首先，我們先一同思考，為何企業或組織需要 vSAN 延伸叢集環境呢？

vSAN 延伸叢集為企業和組織提供了「在資料中心之間」進行 VM 虛擬主機負載平衡的能力。主要原因是為了避免資料中心等級的災難事件，或者因應資料中心進行大規模的維運動作。所以從 VM 虛擬主機的角度來看，由於運算／儲存／網路等相關資源，在兩個資料中心之間都是可用的，所以可以達成無停機時間的維運管理。此外，vSAN 延伸叢集可以在需要時，負載平衡資料中心之間的硬體資源。

什麼是 vSAN 延伸叢集？

在我們開始深入剖析之前，先討論 vSAN 延伸叢集的定義是什麼。一般情況下，當我們在討論 vSAN 延伸叢集時，指的是透過 vSphere HTML 5 Client 管理介面，完成 vSAN 延伸叢集的部署和組態設定。在建置工作流程中，必須建立見證主機，使它可以運作在實體伺服器或 VM 虛擬主機上，且必須部署在**「第三個」**站台才行。值得注意的是，由於 vSAN 延伸叢集將會跨越兩個資料中心（即 Active/Active 架構），所以在兩個資料中心內，建議部署相同數量的 vSAN 節點主機，同時確保見證主機運作在第三個站台（如圖 7-1 所示）。兩個資料中心站台之間，透過高速網路頻寬以及低延遲時間的網路環境，互相連接並進行通訊；至於資料中心和見證主機之間，採用較低網路頻寬和較高延遲時間的網路環境即可。

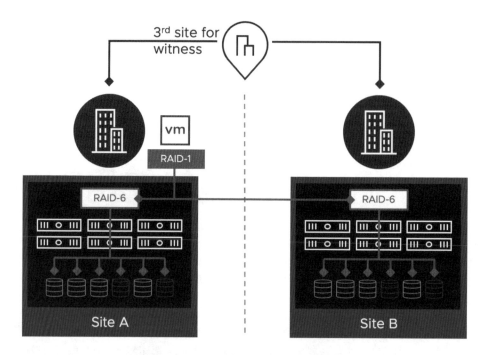

圖 7-1：vSAN 延伸叢集運作架構示意圖

每個資料中心站台，都會組態設定為 vSAN **「容錯網域」**（**Fault Domain**），最多支援三個站台（兩個資料中心、一個見證）。

在 vSAN 延伸叢集架構中，命名規則的組態設定為「X+Y+Z」，其中 X 是指 Site A 的 vSAN 節點主機數量，Y 指的是 Site B 的 vSAN 節點主機數量，至於 Z 則是 Site C 的見證主機數量，而「資料站台」（Data Sites）指的是部署 VM 虛擬主機的位置。在 vSAN 延伸叢集的架構之中，最低的運作規模為「**1+1+1**」（共 **3 台**主機），最大運作規模則是「**15+15+1**」（共 **31 台**主機）。

事實上，在 vSAN 延伸叢集的架構之中，見證主機的數量只會有一台。若是企業或組織部署多個 vSAN 延伸叢集，那麼每個 vSAN 延伸叢集，都必須要有自己唯一的見證主機才行。如前所述，見證主機可以運作在 VM 虛擬主機中，且不需要任何 vSphere 或 vSAN 軟體授權。

預設情況下，在 vSAN 延伸叢集的架構之中，將會採用 **RAID-1** 部署 VM 虛擬主機。所以在 Site A 資料中心內將會有一份資料複本，而 Site B 資料中心內會有另一份複本，至於 Site C 見證主機內將會存放見證元件，以達成容錯網域運作架構。因此，當其中一座

資料中心發生故障事件時，另一座資料中心內會有 VM 虛擬主機複本，以及超過 50% 的可用元件，所以 VM 虛擬主機可以持續正常運作。如果 VM 虛擬主機在發生故障的資料中心內運作，那麼將會由「vSphere HA 高可用性機制」，在另一個資料中心的站台內，重新啟動原本受影響的 VM 虛擬主機。在過去的 vSAN 版本中，稱之為「**主要可容忍故障**」（Primary failures to tolerate）。

此外，管理人員還能進階組態設定在資料中心內的「資料保護等級」。在過去的 vSAN 版本中，稱之為「**次要可容忍故障**」（Secondary failures to tolerate）。

環境需求和限制

在 vSAN 延伸叢集的架構之中，至少需要採用 vSphere 6.0.0 Update1 版本，以及 vCenter Server 6.0 Update1 版本。這代表 vSAN 延伸叢集所能運作的最低版本要求是 vSAN 6.1 版本。在 VMware 的最佳作法中，建議採用最新的 vSAN 6.7 Update1 版本，來建構 vSAN 延伸叢集。

隨著 vSAN 功能和版本不斷演進，在 vSAN 軟體授權方面也有所改變。在 vSAN 6.1 版本時，vSAN 軟體授權新增「**進階**」（Advanced）版本。採用進階版的 vSAN 軟體授權版本，企業和組織才能為 vSAN 叢集啟用「重複資料刪除和壓縮」功能，以及支援 RAID-5/RAID-6 類型。從 vSAN 6.2 版本開始，新增「**企業級**」（Enterprise）的 vSAN 軟體授權版本。採用企業級 vSAN 軟體授權版本，企業和組織才能建構 vSAN 延伸叢集，以及啟用 vSAN 加密機制。

在 vSAN 軟體授權的版本中，針對 vSphere 軟體授權版本的部分並沒有任何限制。這表示可以搭配任何 vSphere 軟體授權版本。然而，在 vSAN 延伸叢集的架構之中，非常需要 vSphere DRS 自動化遷移功能。因為透過 vSphere DRS 運作機制，可以決定 VM 虛擬主機的初始啟動位置，以及在資料中心站台故障事件修復之後，自動將受影響的 VM 虛擬主機「遷移」到正確的資料中心站台內繼續運作。若是採用的 vSphere 軟體授權版本沒有支援 vSphere DRS 運作機制，那麼管理人員必須「手動」處理這些工作。請注意，vSphere DRS 自動化遷移功能，必須採用 vSphere 軟體授權版本中的「企業加強版」（Enterprise Plus）才能支援。（事實上，在 2016 年第一季時，vSphere DRS 自動化遷移功能，只要採用 vSphere 企業版軟體授權即可支援，但是 VMware 後來宣布棄用 vSphere 企業版）。

如前所述，在 vSAN 延伸叢集的架構中，見證主機角色可以運作在實體伺服器之內，也可以運作在 VM 虛擬主機之中。值得注意的是，在多個 vSAN 延伸叢集的架構之中，是**無法共用**同一台見證主機的，而且見證主機也不可以運作在另一個 vSAN 延伸叢集之

內。簡單來說，每個 vSAN 延伸叢集需要三個站台（或更多），且見證主機必須運作在**第三個站台**。

在 vSphere 6.0 版本時，VMware 推出新的 VM 容錯機制 **SMP-FT**，且在標準的 vSAN 叢集中，可以使用新式的 VM 容錯機制 SMP-FT。但是 vSAN 延伸叢集卻不支援 VM 容錯機制 SMP-FT。主要原因在於新式 VM 容錯機制 SMP-FT 對於「網路頻寬」和「網路延遲時間」的要求很高，管理人員必須針對啟用 SMP-FT 功能的 VM 虛擬主機，將它固定在單一資料中心的站台內才行。本章的後續內容將會說明如何進行組態設定。此外，在 vSAN 延伸叢集的架構之中，另一項功能限制為 vSAN **iSCSI**。除非企業和組織獲得 VMware 許可，否則無法在 vSAN 延伸叢集架構中啟用 vSAN iSCSI。詳細原因請參考「第 4 章」的內容。

至此，相信管理人員已經了解，在 vSAN 延伸叢集架構中的「環境需求」以及相關特色功能的「限制」。現在，讓我們來看看 vSAN 延伸叢集的架構對於「網路頻寬」以及「網路延遲時間」的要求吧。

網路環境需求和延遲時間

在部署 vSAN 延伸叢集時，網路環境方面必須遵守下列要求。

- 在 vSAN 資料站台之間，支援 **Layer 2** 和 **Layer 3** 網路環境。

    ◇ 建議採用 **Layer 2** 網路環境，保持運作架構簡單化。

- 在 vSAN 資料站台和見證主機之間，則需要採用 **Layer 3** 網路環境。

    ◇ 這是為了避免 I/O 程序透過「低網路頻寬」在見證主機之間進行路由。

- vSAN 資料站台之間，最大網路延遲時間應低於 **5 ms**。

- vSAN 資料站台和見證主機之間，最大網路延遲時間應低於 **200 ms**。

- vSAN 資料站台之間，建議至少採用 **10 Gbps** 網路頻寬。

- vSAN 資料站台和見證主機之間，建議至少採用 **100 Mbps** 網路頻寬。

無論採用哪一種 vSphere 部署架構，網路環境需求始終是個熱門的討論話題，在 vSAN 延伸叢集的架構之中也是如此。VMware 官方發布兩份非常棒的指南文件，包括網路頻寬估算和網路拓撲資訊，以及其它需要管理人員注意的事項。上述的網路延遲時間和網路頻寬建議，便是出自這兩份指南文件。因此，管理人員在部署 vSAN 延伸叢集的架構之前，應該詳細閱讀這兩份指南文件，並透過指南文件中的估算方式，搭配企業和組織的工作負載需求，以確保採用正確的方式建構和部署 vSAN 延伸叢集。

- vSAN 6.7 延伸叢集網路頻寬估算建議指南

  https://storagehub.vmware.com/t/vmware-vsan/vsan-stretched-cluster-bandwidth-sizing/

- vSAN 6.7 延伸叢集部署指南

  https://storagehub.vmware.com/t/vmware-vsan/vsan-stretched-cluster-guide/

隔離見證主機流量和混合 MTU

在 vSAN 延伸叢集的架構中，預設情況下，vSAN 資料站台中的 vSAN 節點主機，其標記為 vSAN 網路流量的 Witness VMkernel 網路，必須與 vSAN VMkernel 網路互相通訊。

從 vSAN 6.7 版本開始，支援在 vSAN 延伸叢集的架構之中，採用**專用的 Witness VMkernel 網路**。這雖然類似早期雙節點的組態設定，但是運作機制更加靈活，也能同時避免「資料流量」透過見證網路進行傳送的風險。在撰寫本書時，管理人員僅能透過 esxcli 指令建立 Witness VMkernel 網路。透過以下的 esxcli 指令，即可指定 vmk1 VMkernel 網路介面，啟用並傳送 Witness 見證流量。

```
esxcli vsan network ip add -i vmk1 -T=witness
```

 請注意，在 vSAN 見證主機中，僅會看到標記為 vSAN Traffic 的 VMkernel 網路，並不會看到標記為 Witness 的 VMkernel 網路。

請注意，即使隔離了見證網路流量，建議管理人員仍然需要為 vSAN「網路流量」和「見證流量」提供不同的網路環境。否則，可能會導致多重歸屬問題，甚至在 vSAN 叢集的運作架構之中，健康情況偵測機制將會不斷產生各種警告。

在過去的 vSAN 版本中，管理人員經常面對的挑戰，便是在 vSAN 延伸叢集中 MTU 組態設定的部分。在某些情況下，客戶希望在 vSAN 資料站台之間，能夠使用 Jumbo Frames（MTU 9000），而 vSAN 資料站台與見證主機之間，則採用標準的 MTU 1500（或更低的 MTU）。現在，最新的 vSAN 6.7 U1 版本支援 vSAN VMkernel 網路，其組態設定採用不同的 MTU 數值，也完全支援 vSAN 資料站台之間與見證主機之間採用不同的 MTU 數值。然而，我們仍建議在 vSAN 延伸叢集的架構之中，採用**完全一致的 MTU 數值**，才是較佳的選擇，如此一來，才能避免混合型的 MTU 網路環境，導致產生非預期的意外或錯誤。

vSAN 延伸叢集的全新概念

對於 vSAN 延伸叢集的架構，管理人員最常詢問的便是它與「容錯網域」（Fault Domains）有什麼不同？容錯網域運作機制事實上可以被稱作**「機櫃感知」**（**Rack Awareness**）機制。部署的 VM 虛擬主機物件和元件，將會分布在多個機櫃以及多台 vSAN 節點主機之中，而當發生機櫃等級的故障事件時，VM 虛擬主機仍然可以正常運作。然而，容錯網域通常只在單一資料中心之內，假設真的發生了資料中心等級的故障事件，那麼容錯網域機制並無法確保 VM 虛擬主機的持續可用性。

vSAN 延伸叢集，則是建立在容錯網域的基礎架構之上，提供**「資料中心感知」**（**Datacenter Awareness**）運作機制，將部署的 VM 虛擬主機物件和元件，分別存放在不同的資料中心站台內，同時搭配慣用站台、讀取位置、見證主機等等機制，確保能為 VM 虛擬主機提供高可用性。因此，在 vSAN 延伸叢集運作的架構之中，假設真的發生了資料中心等級的故障事件，vSAN 延伸叢集仍然可以確保 VM 虛擬主機的正常運作。

在「第 4 章」我們已經討論過，在 vSAN 延伸叢集的架構之中，預設情況下，主要的節點運作於**「慣用站台」**（**Preferred Site**），而備用的節點則運作於**「次要站台」**（**Secondary Site**），並確保見證主機能夠與兩個資料中心內擔任「主要」與「備用」角色的 vSAN 節點主機互相通訊。

請注意，由於 vSAN 延伸叢集中的見證主機，預設情況下已經內含可用軟體授權，所以不會使用到任何 vSphere 和 vSAN 軟體授權。雖然，見證主機角色，可運作於實體伺服器或 VM 虛擬主機，然而在 vSAN 延伸叢集的架構之中，見證主機必須運作在第三方站台中，若採用 VM 虛擬主機的方式，企業和組織必須額外購買 vSphere 軟體授權，所以我們建議將見證主機運作在實體伺服器之上。此外，當見證主機運作在實體伺服器或 VM 虛擬主機時，在 vSphere HTML 5 Client 管理介面中，將會採用不同的圖示進行顯示，如**圖 7-2** 所示，便是見證主機運作在 VM 虛擬主機時的圖示。

> ∨ 🏢 Witness-Datacenter
> 　　> 📱 vsan-witness.lab.homedc.nl

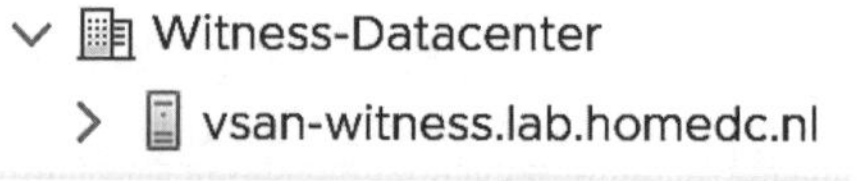

圖 7-2：見證主機運作在 VM 虛擬主機時的圖示

相信管理人員已經注意到了，在進行 vSAN 延伸叢集的組態設定時，出現了兩個新的技術名詞，分別是「慣用站台」和「次要站台」。那麼這兩種站台有什麼不同的地方呢？首先，「慣用站台」是當兩個資料中心站台出現故障事件時（例如，因為網路分區事件而無法互相通訊），管理人員希望能夠繼續運作的資料中心的站台；所以許多管理人員會說，「慣用站台」是「最高可用性的資料中心站台」。

由於在 vSAN 延伸叢集的架構之中,部署的 VM 虛擬主機可以任意在兩個資料中心站台內運作。若資料中心站台之間發生網路中斷的情況時,由於資料中心站台與見證主機之間,仍然能夠正常互相通訊,所以以「慣用站台」會透過見證機制,獲得所有物件和元件的擁有權,讓慣用站台中的物件和元件,保持正常存取的運作狀態;而「次要站台」中的物件和元件則會立即標記為 **ABSENT**。此外,為了確保「次要站台」中的 VM 虛擬主機能夠繼續運作,vSphere HA 高可用性機制會將「次要站台」中的 VM 虛擬主機,在「慣用站台」上重新啟動,以便讓受影響的 VM 虛擬主機能夠再次運作。

在一般的 vSAN 叢集中,VM 虛擬主機在進行資料讀取作業時,將會針對 vSAN 叢集中的所有複本進行讀取。舉例來說,當 vSAN 儲存原則為 **FTT=1** 時,將會產生兩個資料複本,所以 50% 的讀取作業會來自**複本 1**,而另外 50% 的讀取作業會來自**複本 2**;同樣的,當 vSAN 儲存原則為 **FTT=2** 時,將會產生三個資料複本,所以 33% 的讀取作業會來自**複本 1**,33% 的讀取作業會來自**複本 2**,33% 的讀取作業會來自**複本 3**。

然而,在 vSAN 延伸叢集的架構中,我們不希望採用這種資料讀取方式。因為此舉除了增加「資料 I/O 作業」和不必要的「網路延遲時間」之外,還會過度耗用資料中心站台之間寶貴的「網路頻寬」。因此,在 vSAN 延伸叢集的架構之中,除了僅能設定 vSAN 儲存原則 **FTT=1** 之外,當產生兩份資料複本時,並非 50% 讀取作業來自資料站台 1、50% 讀取作業來自資料站台 2,而是盡可能讓 VM 虛擬主機進行**本地端站台 100% 的讀取作業**。值得注意的是,在過去舊版的 vSAN 版本中,必須針對每一台 vSAN 節點主機進行組態設定,但現在最新的 vSAN 6.7 U1 版本中,請於管理介面中依序點選「**vSAN Cluster > Configure > Services**」項目,並在「**Advanced Options**」組態設定區塊中,啟用「**Site Read Locality**」儲存功能(如**圖 7-3** 所示),即可針對整個 vSAN 叢集進行套用的動作。

圖 7-3:啟用 Site Read Locality 儲存功能

在 vSAN 叢集的架構之中，DOM 叢集服務負責建立 VM 虛擬主機物件，同時負責為建立的物件，提供分散式資料存取路徑。其中每一個物件都會有一個 DOM 擁有者，並且在 DOM 中會有三個角色，分別是**客戶端**、**擁有者**、**元件管理員**。簡單來說，DOM 擁有者會負責協調物件的資料存取作業，包括讀取、鎖定、組態設定、重新組態設定、異動、寫入…等。在 vSAN 延伸叢集的架構中，在管理人員啟用本地端站台讀取功能之後，DOM 叢集服務將會負責處理本地端站台讀取作業，並且能夠感知容錯網域機制，讓複本資料的讀取作業，能夠 100% 來自同一個容錯網域。

值得注意的是，在 vSAN 延伸叢集架構中採用 **Hybrid 模式**時，應避免在資料中心站台之間進行不必要的 VM 虛擬主機 vMotion 遷移作業。主要原因在於 VM 虛擬主機的讀取快取，只會存放在單一資料中心站台內，所以當 VM 虛擬主機遷移至另一個資料中心站台後，由於另一個資料中心的站台內並沒有相關的讀取快取，所以在讀取快取重新建立之前，該台 VM 虛擬主機的效能將不甚理想。為了避免出現這種情況，管理人員應建立**「關聯性規則」**（**Affinity Rules**），確保 VM 虛擬主機能夠盡量運作在同一個資料中心站台內。請注意，只有在採用 **Hybrid 模式**時，才需要注意這項限制，因為 **All-Flash 模式**快取層級中並沒有讀取快取，所以 VM 虛擬主機遷移後不會受到影響。

組態設定 vSAN 延伸叢集

在這個小節中，我們將會引導管理人員完成 vSAN 延伸叢集的組態設定。事實上，vSAN 延伸叢集的組態設定流程，與舊版 vSAN 建立容錯網域的方式相同，差別在於多了幾項額外的操作步驟。

在開始組態設定 vSAN 延伸叢集之前，請先確保兩個資料中心站台，是否能夠針對「第三方站台的見證主機」進行安裝、組態設定、存取等作業，並確保資料中心內的 vSAN 節點主機和見證主機之間，其靜態路由機制是否正確運作。在進行 vSAN 延伸叢集的組態設定時，務必確保資料中心站台內的 vSAN 叢集只有加入 vSAN 節點主機；見證主機不可以加入 vSAN 叢集，或是其它 vSphere 叢集。

在本書的實作環境中，我們透過 vCenter Server 管理平台，以 **OVA** 的方式部署見證主機，並透過 vCenter Server 啟動它，以完成見證主機的組態設定作業。值得注意的是，透過 OVA 方式部署的見證主機，目前僅支援 **vSS 標準型交換器**。

以 OVA 的方式部署見證主機非常簡單，與大部分虛擬設備的部署方式相同（如**圖 7-4** 所示）。

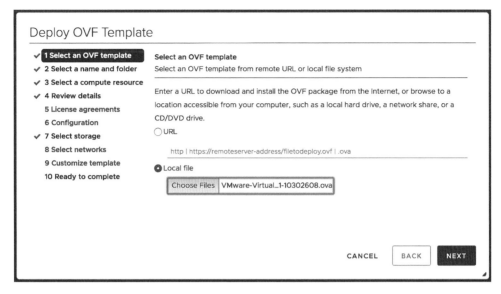

圖 7-4：以 OVA 的方式部署見證主機

在部署見證主機的過程中，唯一需要管理人員注意的部分，便是預估 vSAN 延伸叢集的運作規模。如**圖 7-5** 所示，在**步驟 6** 的 **Configuration** 頁面，若預估屆時的 vSAN 延伸叢集中，部署的 VM 虛擬主機數量將**少於 10 台**時，請採用「**Tiny**」選項；若部署的 VM 虛擬主機數量**多於 10 台**、**少於 500 台**時，請採用「**Medium**」選項（預設值）；當部署的 VM 虛擬主機數量**多於 500 台**時，請採用「**Large**」選項。不同的運作規模選項，也將會採用不同的硬體資源（CPU、記憶體、硬碟空間），來進行見證主機的部署作業。

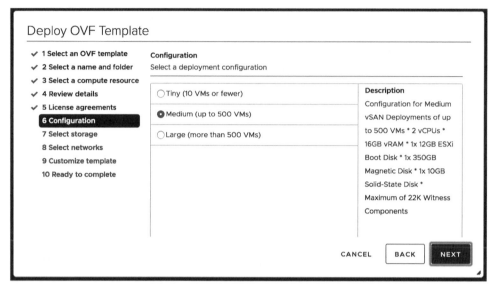

圖 7-5：選擇 vSAN 延伸叢集運作規模

在**步驟 7** 的 **Select Storage** 頁面中，請選擇存放見證主機的儲存資源。在**步驟 8** 的 **Select Networks** 頁面中，請選擇見證主機的虛擬網路環境，請注意，在此必須設定「見證流量」所採用的連接埠群組，以及「管理流量」所採用的連接埠群組。

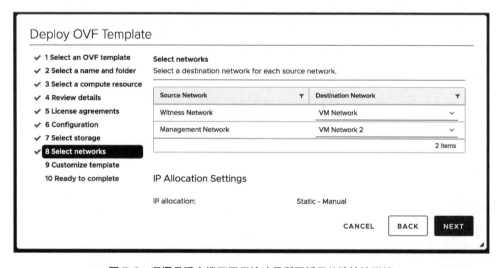

圖 7-6：選擇見證主機不同用途流量所要採用的連接埠群組

部署作業完成後，即可將見證主機開機。當見證主機啟動完畢後，便可以透過 DCUI 管理介面，為見證主機組態設定網路資訊，例如，IP 位址和 DNS，完成之後，即可將見證主機，加入至 vCenter Server 管理清單中。請注意，不要將見證主機加入任何 vSphere 叢集或 vSAN 叢集中，並確保見證主機處於第三站台。

若是管理人員將見證主機部署至「**巢狀式 ESXi**」（Nested ESXi）主機，那麼順利將見證主機加入 vCenter Server 後，請為見證主機組態設定正確的 vSAN 網路。在管理介面中點選見證主機後，依序點選「**Manage > Networking > Virtual Switches**」，即可看到見證主機中，預設名稱為「**witnessPg**」的連接埠群組。**請勿刪除這個預設的連接埠群組，因為這個連接埠群組有特殊的組態設定，可以讓見證主機的 MAC 位址，與巢狀式 ESXi 主機的 MAC 位址相同**（如圖 **7-7** 所示）。

同時，在 vSphere HTML 5 Client 管理介面中，可以看到用於 vSAN 流量的 VMkernel 網路。若在 vSAN 網路環境中沒有 DHCP 伺服器（很有可能），那麼見證主機用於 vSAN 流量的 VMkernel 網路，便無法取得有效可使用的 IP 位址。此時，便需要管理人員「手動」介入組態設定，並將正確的 VMkernel 網路標記為 vSAN 流量。

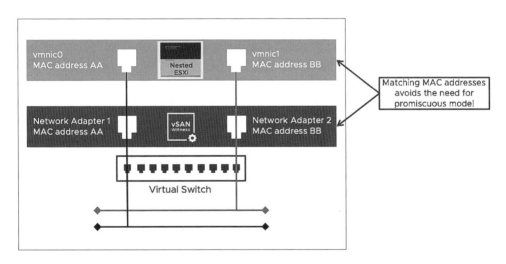

圖 7-7：巢狀式 ESXi 主機網路環境組態設定

最後，在組態設定 vSAN 延伸叢集之前，必須確保兩個資料中心站台內，vSAN 叢集中的 vSAN 節點主機，能夠透過 vSAN 網路與見證主機的 vSAN 網路通訊，反之亦然。因此，管理人員必須為 vSAN 節點主機和見證主機建立「**靜態路由**」（Static Routes），以便 vSAN 節點主機能夠透過靜態路由，在 TCP/IP 堆疊架構中採用不同的路由，順利與見證主機進行通訊，而非透過「預設閘道」（Default Gateway）進行路由。同樣的，

見證主機透過靜態路由，以便與 vSAN 節點主機進行通訊，而非透過預設閘道進行路由。

再次提醒，在大部分的情況下，兩個資料中心站台之間的網路環境，可能採用「**第二層廣播網域**」（**Layer 2 broadcast domain**），然而資料中心站台與見證主機之間，則會採用 **Layer 3** 網路環境。所以資料中心站台內的 vSAN 節點主機，與第三方站台的見證主機，便需要建立靜態路由，並透過靜態路由進行通訊。

以下是建立靜態路由的 esxcli 指令：

```
esxcli network ip route ipv4 add –n <remote network> -g <gateway>
```

靜態路由建立完成後，可以透過「**vmkping –I <vmk> <ipaddress>**」指令，檢查 vSAN 節點主機與見證主機之間，是否可以透過 vSAN 網路互相通訊。現在，建立 vSAN 延伸叢集的前置作業已經完成了，請依照以下的操作步驟，即可在短短幾分鐘的時間內，建立 vSAN 延伸叢集運作架構。

步驟 1a：選擇適合的 vSAN 延伸叢集建立方式

在本書範例環境中，總共有八台 vSAN 節點主機，每個資料中心站台內有四台 vSAN 節點主機，而第九台主機則是第三方站台的見證主機，它不會加入到任何 vSphere 叢集或 vSAN 叢集之中，但是已經加入至 vCenter Server 管理清單。因此，這個使用案例為「**4+4+1**」運作架構，表示「慣用站台」內有四台 vSAN 節點主機，「次要站台」內有四台 vSAN 節點主機，「第三方站台」則有一台見證主機。

在這個使用案例中，由於在「第 3 章」我們已使用「**叢集快速入門工作流程**」（**Cluster Quickstart Workflow**）建立了整個 vSAN 叢集運作環境，所以我們將展示如何在現有的 vSAN 叢集中，建立 vSAN 延伸叢集運作架構。當然，管理人員也可以在建立 vSAN 叢集時，同時建立 vSAN 延伸叢集，也可以在容錯網域中進行組態設定，並且啟用重複資料刪除和壓縮等特色功能。簡單來說，管理人員可以視運作環境需求，選擇適合的 vSAN 延伸叢集建立方式。值得注意的是，RAID-5 和 RAID-6 類型資料保護機制，僅適用於「單一」資料中心站台內使用（在過去的 vSAN 版本中，稱為次要 FTT）。

步驟 1b：建立 vSAN 延伸叢集

在這個使用案例中，因為 vSAN 叢集已經建立完成，所以建立 vSAN 延伸叢集架構非常容易，請在 vSphere HTML 5 Client 管理介面中，依序點選「**vSAN Cluster > Configure > vSAN > Fault Domains**」項目，然後點選「**Stretched Cluster**」設定區塊中的「**CONFIGURE**」（如**圖 7-8** 所示），即可開始組態設定 vSAN 延伸叢集。

Stretched Cluster		CONFIGURE
Status	Disabled	
Preferred fault domain	—	
Witness host	—	

圖 7-8：開始組態設定 vSAN 延伸叢集

在 vSAN 延伸叢集設定工作流程中，系統將會根據運作環境的狀態，提醒管理人員必須為 vSAN 叢集進行「宣告硬碟」和「建立磁碟群組」的動作。

步驟 2：指派 vSAN 節點主機所屬站台

此時，管理人員便可以指派 vSAN 節點主機，決定它們要屬於 vSAN 延伸叢集中的哪一個站台（如**圖 7-9** 所示）。請注意，站台名稱預設時已經配置好了。如先前所示，當 vSAN 延伸叢集發生「裂腦」（Split-brain）時，在 vSAN 延伸叢集中的「**慣用站台**」（**Preferred Site**），就是主要運作 VM 虛擬主機的站台。在本書的實作環境中，指派 IP 位址結尾是「**.101、.132、.152、.66**」的 vSAN 節點主機，屬於 vSAN 延伸叢集中的慣用站台；而 IP 位址結尾是「**.8、.143、.49、.157**」的 vSAN 節點主機，則屬於 vSAN 延伸叢集中的次要站台。

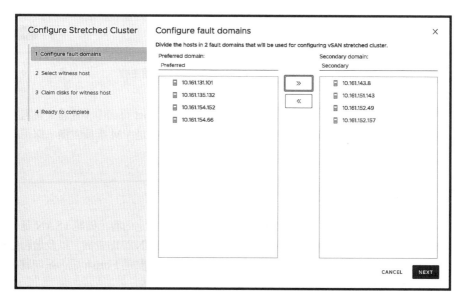

圖 7-9：指派 vSAN 節點主機所屬站台

步驟 3：選擇見證主機和磁碟群組

在 **Select witness host** 頁面中，選擇此 vSAN 延伸叢集中採用的見證主機。在本書的實作環境中，見證主機 IP 結尾為 **.16**（如**圖 7-10** 所示）。請注意，見證主機不可以屬於 vSAN 延伸叢集中的任一站台，而是必須運作在第三方站台。事實上，從**圖 7-10** 中可以看到，見證主機運作在獨立的資料中心內，但是已經被 vCenter Server 管理平台所納管。

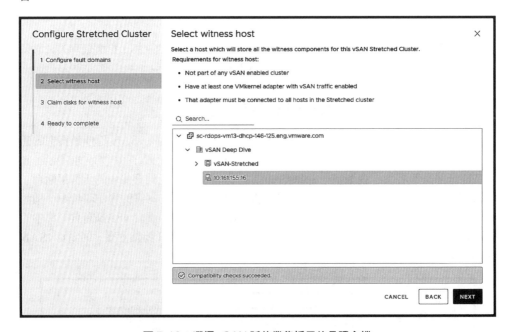

圖 7-10：選擇 vSAN 延伸叢集採用的見證主機

順利選擇採用的見證主機後，在 **Claim disks for witness host** 頁面中，管理人員需要選擇「儲存裝置」以便建立磁碟群組。事實上，因為見證主機是 VM 虛擬主機，採用的儲存裝置是 VMDK 所模擬的，所以可以直接點選使用。

步驟 4：檢視組態設定

在 **Ready to complete** 頁面中，管理人員應再次檢視組態設定內容，確認 vSAN 延伸叢集中的「慣用站台」和「次要站台」，是否已經指派了 vSAN 節點主機，以及是否指派了見證主機（如**圖 7-11** 所示）。確認組態設定內容無誤後，點選 **Finish** 鈕，系統就會立即建立 vSAN 延伸叢集。

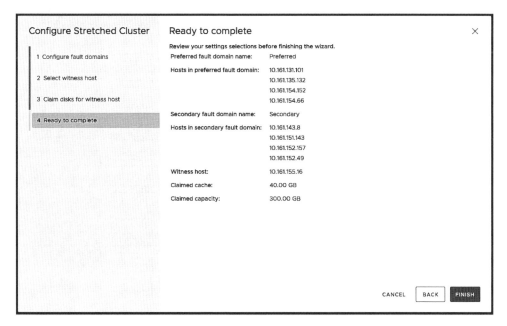

圖 7-11：再次檢視組態設定

建立 vSAN 延伸叢集，可能需要花費幾秒鐘的時間，因為系統必須確認是否符合「容錯網域」（Failure Domain）規範。

步驟 5：檢查 vSAN 延伸叢集健康狀態

當 vSAN 延伸叢集建立完成後，再進行其它組態設定作業之前，請先採用 vSAN 健康檢查機制，確認 vSAN 延伸叢集的健康狀態。如**圖 7-12** 所示，當 vSAN 延伸叢集順利建立後，在 vSAN 健康檢查機制中才會出現相關的健康檢查項目。請確保建立的 vSAN 延伸叢集，通過所有 vSAN 健康檢查項目。

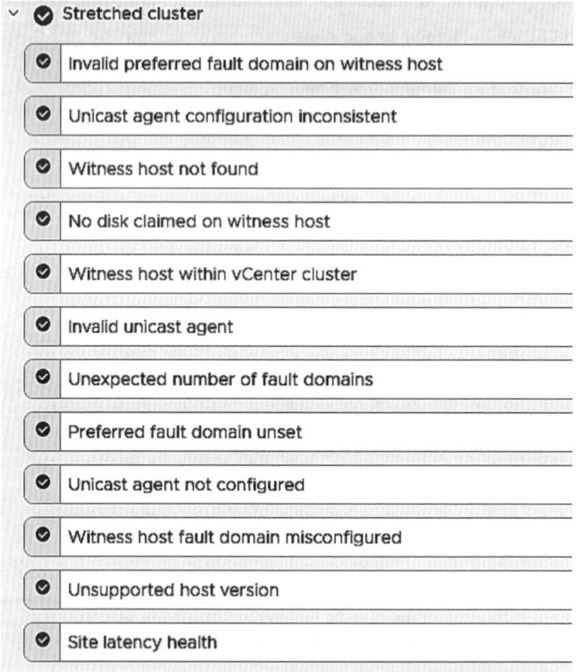

圖 7-12：檢查 vSAN 延伸叢集的健康狀態

管理人員應該已經發現，從 **vSAN 叢集的角度**來看，建立 vSAN 延伸叢集非常容易。然而，從 **vSphere 叢集角度**來看的話，雖然不是建立 vSAN 延伸叢集的必要條件，但是仍然需要考慮一些因素，以便確保運作效能的最佳化和高可用性。由於在 vSAN 延伸叢集的指南文件中，已經詳細說明從 vSphere 叢集角度來看的所有建議，同時本書的重點為 vSAN 技術，所以我們並不會深入討論相關的細節。

因此，以下僅針對 vSphere 叢集進階功能中「需要考慮的因素」和「相關的組態設定」，簡單條列幾項建議：

vSphere DRS：

- 為每個資料站台建立主機群組，並且指派所屬的 vSAN 節點主機。
- 為每個資料站台建立 VM 虛擬主機群組，並且指派所屬的 VM 虛擬主機。
- 建立主機和 VM 虛擬主機同質群組，以便進行關聯性組態設定。
- 建立同質群組軟性規則，以確保 vSAN 延伸叢集正常運作的期間，相關的 VM 虛擬主機會運作在正確的站台上。

上述的組態設定建議，可以確保在 vSAN 延伸叢集中的 VM 虛擬主機，不會漫遊在 vSAN 延伸叢集的各個站台內，並且直接使用本地端站台的快取資料，進行資料讀取作業，以確保良好的運作效能。同時，從資料中心維運的角度來看，有助於提升站台發生災難事件時的可用性。舉例來說，可以在 vSAN 延伸叢集中的兩個站台內，分別運作提供 Active Directory 和 DNS 服務的 VM 虛擬主機。

vSphere HA：

- 啟用 vSphere HA「**許可控制**」（**Admission Control**）機制；組態設定採用 CPU 和記憶體為 **50%** 的資源百分比管控原則。如此一來，當 vSAN 延伸叢集中，任一站台發生嚴重災難事件時，存活的站台將具備足夠的資源運作所有的 VM 虛擬主機。

- 確保 vSAN 延伸叢集中的每個站台，都已經使用了「**das.isolationAddress0**」和「**das.isolationAddress1**」進階設定，在 vSAN 網路之中新增了「**隔離位址**」（**Isolation Addresses**）組態設定。如此一來，當 vSAN 延伸叢集中的任一站台發生嚴重災難事件時，存活的站台仍然可以 ping 到指定的 IP 隔離位址，以便通過隔離驗證程序並採取相關措施。

- 組態設定隔離原則為「**Power off and restart VMs**」。

- 若「**預設隔離位址**」（Default Isolation Address）無法驗證 vSAN 延伸叢集發生網路分區的狀態時，請將「**das.usedefaultisolationaddress**」進階參數值設定為「**false**」進行停用。

- 若 vSAN 延伸叢集的運作環境之中，並沒有傳統的外部共用儲存資源時，請停用 Datastore 心跳偵測機制，因為 vSAN Datastore 不支援 Datastore 心跳偵測機制。請將「**das.ignoreInsufficientHbDatastore**」進階參數值設定為「**true**」即可。

上述相關的組態設定建議，可以確保當 vSAN 延伸叢集正常運作時，VM 虛擬主機在每個指派的站台內運作，而當 vSAN 延伸叢集發生災難事件時，也具備足夠的硬體資源，進行容錯移轉和重新啟動 VM 虛擬主機（許可控制機制），即便發生了網路分區，導致運作環境隔離，由於站台內的 vSAN 節點主機皆已組態設定隔離位址，所以存活的站台仍然可以 ping 到指定的 IP 隔離位址，並且通過隔離驗證程序和採取相關措施。

了解 vSAN 延伸叢集的考慮因素和組態設定的建議之後，接下來，讓我們討論另一個有關 vSAN 延伸叢集可用性的部分，即 vSAN 儲存原則。

FTT 容許故障次數儲存原則

從 vSAN 6.6 版本開始，新增了「主要」（**Primary**）和「次要」（**Secondary**）故障容忍的概念，以便在 vSAN 延伸叢集運作的架構中，保護 VM 虛擬主機和重要資料。然而，在新式 vSphere HTML 5 Client 管理介面中（如**圖 7-13** 所示），管理人員應該已經發現，在 vSAN 延伸叢集組態設定的頁面中，無法看到這兩個技術名詞，原因在於這兩個技術名詞，必須採用舊版 vSphere Web Client 管理介面才能看到（如**圖 7-14** 所示）。

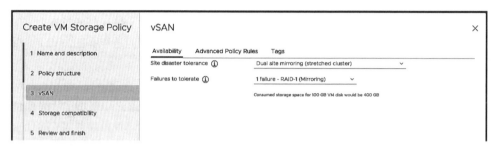

圖 7-13：新式 vSphere HTML 5 Client 管理介面的「vSAN 延伸叢集組態設定頁面」

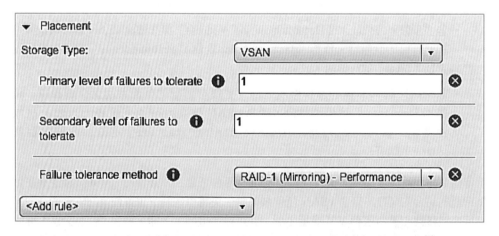

圖 7-14：舊版 vSphere Web Client 管理介面的「vSAN 延伸叢集組態設定頁面」

簡單來說，在新式 vSphere HTML 5 Client 管理介面中，並非直接採用技術名詞為設定欄位，而是讓管理人員在選擇 vSAN 儲存原則項目時，採用更直覺的方式選擇適當的項目。以下便是在 vSAN 延伸叢集組態設定的頁面中，可供選擇的 vSAN 儲存原則項目：

- Site Disaster Tolerance – Dual Site Mirroring

- Site Disaster Tolerance – None – keep data on preferred

- Site Disaster Tolerance – None – keep data on secondary

- Site Disaster Tolerance – None

- Failures to tolerate – 1 Failure – RAID-1

- Failures to tolerate – 1 Failure – RAID-5

- Failures to tolerate – 2 Failure – RAID-1

- Failures to tolerate – 2 Failure – RAID-6

- Failures to tolerate – 3 Failure – RAID-1

首先，在選擇 vSAN 儲存原則項目時，第一個需要決定的便是「**站台災難容忍度**」（**Site Disaster Tolerance**）。事實上，這個下拉式選單組態設定項目，便是對應舊版 vSphere Web Client 管理介面中的「主要故障容忍層級」（Primary Level of Failures To Tolerate）組態設定項目。簡單來說，採用 **RAID-1** 鏡像機制，保護 VM 虛擬主機和重要資料，同時從 vSAN 6.6 版本開始，管理人員甚至可以指定不要複寫物件，而只在特定的位置（站台）建立物件。通常這類型的應用程式，因為已經將本地端的資料複製到其它位置，所以便無須再透過 vSAN 來複寫物件，例如，Oracle RAC、Microsoft SQL Always On、Microsoft Active Directory 等等。

第二個組態設定項目「**故障容忍**」（**Failures to tolerate**）是指定如何保護物件可用性的方式。舉例來說，管理人員可以組態設定 VM 虛擬主機，在 vSAN 延伸叢集站台之間，採用 **RAID-1** 鏡像保護機制，而在每個站台內則是採用 **RAID-5** 或 **RAID-6** 機制（如**圖 7-15** 所示）。因此，當 vSAN 延伸叢集的運作環境發生災難事件，導致其中一個站台故障而無法服務時，運作在存活站台中的 VM 虛擬主機，仍然能夠承受一個（或多個）故障事件，且物件和元件仍然能夠被正常存取。

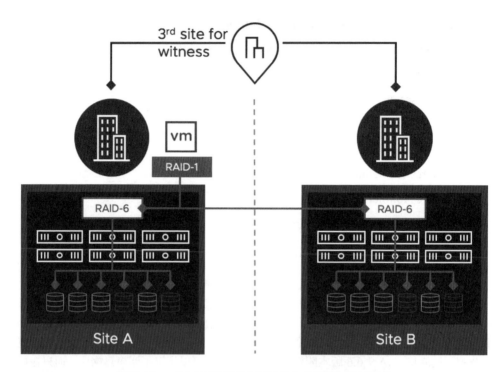

圖 7-15： vSAN 延伸叢集保護物件和元件的架構示意圖

過去的 vSAN 版本只支援 vSAN 延伸叢集採用 **RAID-1** 儲存原則，所以每個站台中僅存在一份複本。當 vSAN 延伸叢集發生災難事件時，便需要透過通訊網路在兩個站台之間，重新同步受到災難事件影響的物件和元件，因此保護物件和元件的風險時間便會拉長，造成資料的可用性受到影響。在新版的 vSAN 版本中，vSAN 延伸叢集支援 **RAID-1/RAID-5/RAID-6** 儲存原則，因此，當 vSAN 延伸叢集發生災難事件，無論是 vSAN 節點主機儲存裝置損壞，或是發生磁碟群組故障損壞的情況，都可以在本地端站台直接重建相關的物件和元件，而無須透過通訊網路在兩個站台之間重新同步，進而有效提升資料可用性。

值得注意的是，在 vSAN 延伸叢集的架構中，當見證主機發生災難事件時，將會等同於發生站台等級的故障事件，造成物件可用性的投票權損失三分之一；同時，也因為見證主機發生了災難，進而讓 vSAN 延伸叢集架構失去仲裁機制，讓資料可用性暴露在風險之中；而這些與 vSAN 節點主機的數量，以及選擇採用的 vSAN 儲存原則，也有很大的關係。因此，讓我們來看看各種災難事件發生時，各種因應的災難復原情境吧。

站台發生故障損壞時的災難復原情境

實務上,企業和組織所建立的資料中心,將會因為各種狀況而發生不同的災難事件。我們的目標並不是說明每個災難事件,因為這個討論議題影響的範圍非常廣大。本小節將會說明,在 vSAN 延伸叢集環境中的典型故障損壞事件,以及如何進行災難復原,幫助管理人員更容易、更深入了解 vSAN 延伸叢集的運作原理。

在本書的實作環境中,建立的 vSAN 延伸叢集環境為「4+4+1」,這表示**站台 1** 當中有四台 vSAN 節點主機,**站台 2** 也有四台 vSAN 節點主機,**站台 3** 則是一台見證主機。

同時,已經部署一台 VM 虛擬主機在 vSAN 延伸叢集環境之中,透過管理介面查看 VM 虛擬主機物件資訊時,可以看到 VM 虛擬主機相關的物件和元件,已經分別存放在慣用站台和次要站台之中(如**圖 7-16** 所示),至於 VM 虛擬主機物件的見證部分,則是存放於見證主機之中。

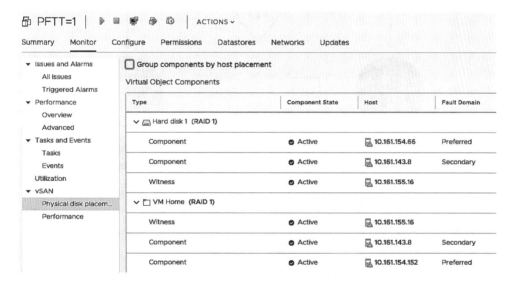

圖 7-16:查看 VM 虛擬主機物件資訊

在開始進行災難演練之前,請先確保 vSAN 延伸叢集正常運作,並且通過所有的 vSAN 健康機制檢查項目。接著,我們開始進行故障損壞測試,並了解 vSAN 如何因應不同的災難事件。

在災難演練期間，建議定期參考 vSAN 健康機制檢查項目。此外，也可以在進行故障損壞測試之前，針對「vSAN 叢集等級」組態設定「告警機制」，如此一來，任何故障損壞事件發生時，便會觸發「告警機制」通知管理人員。

最後，當我們在故障損壞測試提及「**站台**」（Site）時，表示它是一個「**容錯網域**」（**Failure Domain**）。

次要站台：單台 vSAN 節點主機發生故障

在第一個故障損壞測試中，部署的 VM 虛擬主機運作在「慣用站台」上，但 VM 虛擬主機的複本物件和元件，已經存放一份於「次要站台」當中。那麼，當次要站台中的某一台 vSAN 節點主機發生故障時（如**圖 7-17** 所示），將會發生什麼情況？

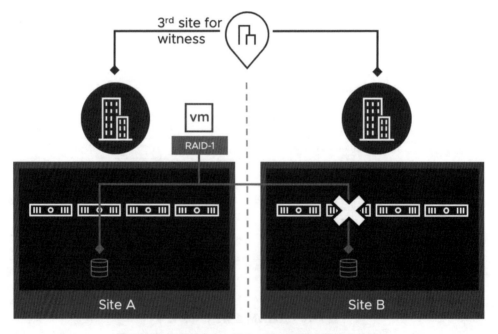

圖 7-17：次要站台中，單台 vSAN 節點主機發生故障

現在，我們將次要站台中的某一台 vSAN 節點主機重新啟動，以便「模擬」單台 vSAN 節點主機「臨時發生故障損壞事件，導致相關物件和元件發生遺失」的情況。

在 vSphere HTML 5 Client 管理介面中，將會看到次要站台內產生許多電力和 HA 事件，切換到查看 VM 虛擬主機物件資訊的項目時，將會看到存放於次要站台中的相關元件，運作狀態將顯示為「**Absent**」（如**圖 7-18** 所示）。

圖 7-18：次要站台中的相關元件運作狀態顯示為「Absent」

此時，開啟 VM 虛擬主機的控制台之後，可以發現 VM 虛擬主機仍然正常運作。主要原因在於慣用站台內，仍有 VM 虛擬主機的完整複本存在，並有超過 50% 的投票結果。同時，VM 虛擬主機的運算資源在慣用站台上，不會受到此次災難事件的影響，因此，vSphere HA 高可用性機制將不會採取任何動作。

接著，我們查看 vSAN 健康狀態檢查項目，可以看到部分檢查項目狀態顯示為「失敗」（如**圖 7-19** 所示），這是因為次要站台中發生災難事件所導致。

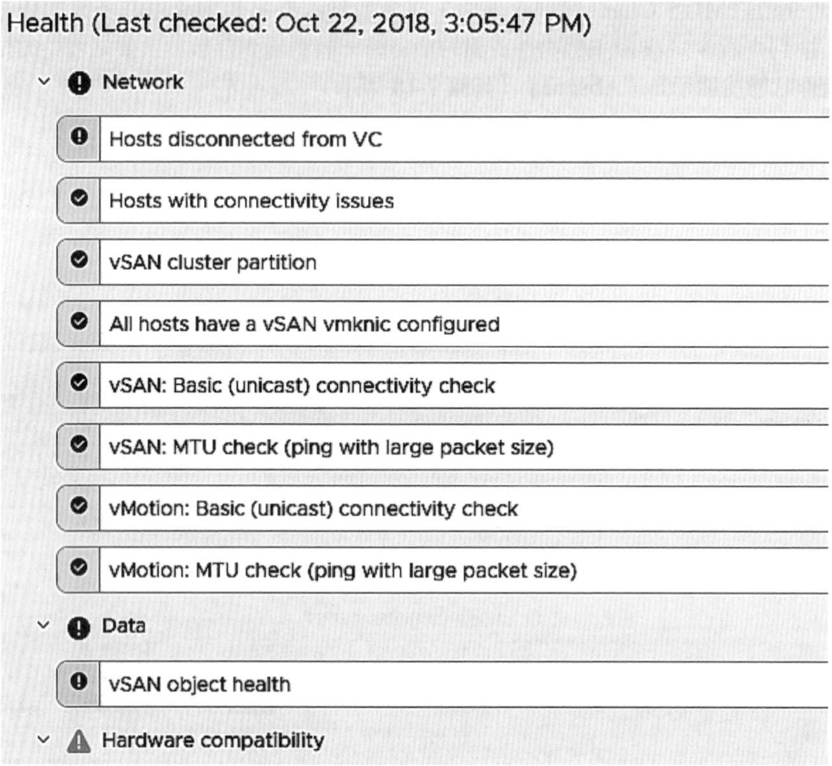

Health (Last checked: Oct 22, 2018, 3:05:47 PM)

∨ ❶ Network

❶ Hosts disconnected from VC

✓ Hosts with connectivity issues

✓ vSAN cluster partition

✓ All hosts have a vSAN vmknic configured

✓ vSAN: Basic (unicast) connectivity check

✓ vSAN: MTU check (ping with large packet size)

✓ vMotion: Basic (unicast) connectivity check

✓ vMotion: MTU check (ping with large packet size)

∨ ❶ Data

❶ vSAN object health

∨ ⚠ Hardware compatibility

圖 7-19：部分 vSAN 健康狀態檢查項目顯示為「失敗」

請注意，在進行下一個災難演練項目之前，應該先確保發生故障損壞的 vSAN 節點主機，已經重新加入該站台中的 vSAN 叢集，同時確保 VM 虛擬主機所有物件和元件狀態，皆顯示為「**Active**」而非災難演練期間的「Absent」，以及在 vSAN 健康狀態檢查機制中的所有項目，皆應顯示為通過健康測試。否則，將會導致 vSAN 延伸叢集環境發生多個故障損壞事件，造成 VM 虛擬主機無法正常運作。

慣用站台：單台 vSAN 節點主機發生故障

在這個災難演練項目中，vSAN 延伸叢集運作環境仍為「**4+4+1**」（如**圖 7-20** 所示）。同時，雖然啟用 vSphere HA 高可用性機制，但是並未定義「主機關聯性規則」，所以當觸發 vSphere HA 高可用性機制之後，受影響的 VM 虛擬主機，將會在存活站台內「隨機的 vSAN 節點主機」上重新啟動，然後重新提供相關服務。

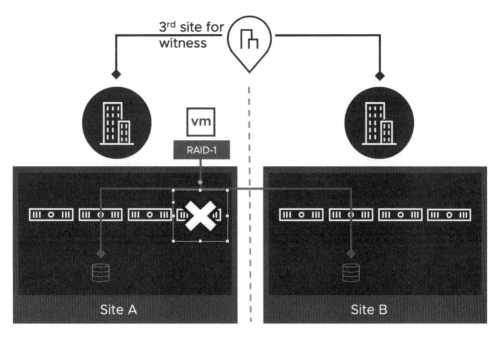

圖 7-20：慣用站台中，單台 vSAN 節點主機發生故障

當慣用站台中，單台 vSAN 節點主機發生故障時（如**圖 7-20** 所示），將會產生與前一個災難演練項目類似的結果，即系統會產生許多 vSphere HA 事件，且受影響的物件和元件，運作狀態將會顯示為「**Absent**」。

請注意，受影響的物件和元件，將會在 **60 分鐘**之後自動進行重建作業。若管理人員希望立即重建受到影響的物件和元件，請在 vSphere HTML 5 Client 管理介面中，依序點選「**Monitor > vSAN > Resyncing Objects**」項目後，按下「**Resync Now**」即可立即執行重建作業（如**圖 7-21** 所示）。

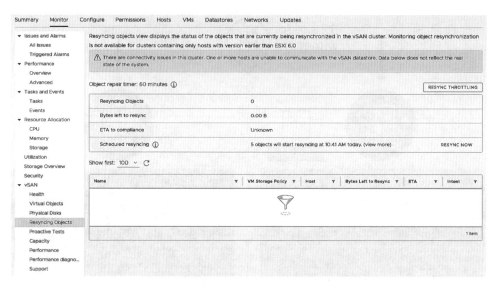

圖 7-21：立即執行「重建物件和元件」的工作任務

在這個災難項目演練的環境之中，由於運作 VM 虛擬主機的 vSAN 節點主機故障，觸發了 vSphere HA 高可用性機制，所以 vSphere HA 將會在同一個站台中「其它存活的 vSAN 節點主機」上「重新啟動」受影響的 VM 虛擬主機。值得注意的是，VM 虛擬主機重新啟動的位置，與先前提到的「**關聯性規則**」（**Affinity Rules**）有關；當採用的關聯性規則為「**must**」時，那麼 vSphere HA 高可用性機制，只能在同一個站台（容錯網域）之中的「同一個主機群組」內「重新啟動」受影響的 VM 虛擬主機；若採用的關聯性規則為「**should**」時，那麼便允許在「不同的主機群組」內，「重新啟動」受影響的 VM 虛擬主機，以便因應站台等級的災難事件。

有關重新啟動受影響 VM 虛擬主機的資訊，可以在 vSphere HTML 5 Client 管理介面中查詢，或登入擔任 HA Master 角色的 vSAN 節點主機，查詢 **/var/log/fdm.log** 日誌檔內容。此外，當災難事件發生時，通常需要 **30 到 60 秒**的時間後，才會真正觸發 vSphere HA 高可用性機制。

若是希望透過 vSphere HTML 5 Client 管理介面「監控」vSphere HA 事件時，請確保定期重新整理管理介面，否則可能無法看到觸發的 vSphere HA 事件（如**圖 7-22** 所示）。

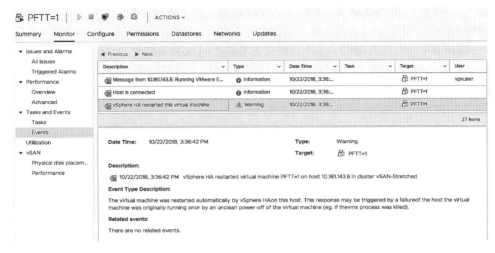

圖 7-22：透過管理介面監控 vSphere HA 事件

資料站台：整個站台發生故障

在這個災難演練項目中，與站台內「單台 vSAN 節點主機」發生故障的情況類似。當然，最大的區別在於「整個站台」發生故障時（如**圖 7-23** 所示），vSAN 延伸叢集將損失 **50%** 的叢集資源，同時因為整個站台發生故障，所以無法執行物件和元件的重建作業。

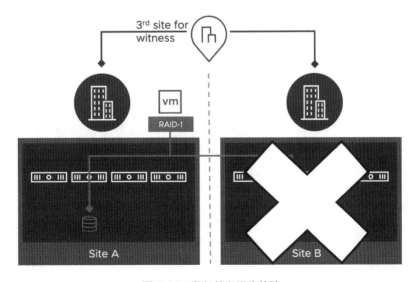

圖 7-23：整個站台發生故障

當「次要站台」整個故障後，受影響的 VM 虛擬主機，將會自動在「慣用站台」中，重新啟動受影響的 VM 虛擬主機。請注意，若採用的關聯性規則為「**must**」時，屆時 vSphere HA 高可用性機制，便不會將受影響的 VM 虛擬主機重新啟動在慣用站台之中。有關 vSphere HA 高可用性機制，以及 VM 虛擬主機和主機群組原則的詳細資訊，請參考由三位技術專家 Frank Denneman、Duncan Epping 以及 Niels Hagoort 所共同撰寫的《vSphere 6.7 Clustering Deep Dive》。

在過去的 vSAN 版本中，當發生故障的站台修復並重新上線之後，vSAN 便會立即自動執行「重新同步」作業。然而可能有些 vSAN 節點主機，仍尚未真正修復並加入至叢集之中，導致站台內僅有「部分 vSAN 節點主機」進行物件的重建和重新同步作業；待其餘的 vSAN 節點主機修復後重新加入叢集時，卻不一定會使用已經重建或重新同步的物件，這可能會造成「再次執行重建或重新同步」的工作。因此，在最新的 vSAN 版本中，VMware 已經修改了 vSAN 的處理行為，當發生站台等級的故障事件時，vSAN 會額外等待一段時間，確保故障修復後，站台內「**所有**」的 vSAN 節點主機，都已經修復完畢並重新加入叢集，然後才會執行重建和重新同步的作業。

在這個災難復原情境中，另一個需要考量的問題是「遷移」VM 虛擬主機的適當時機。舉例來說，VM 虛擬主機會透過關聯性規則，自動將 VM 虛擬主機遷移回故障修復的站台內；故障修復後的站台之中，可能受到影響的物件和元件尚未重建完成，這會造成站台之間的網路必須傳送「大量的 I/O 資料」，導致運作效能發生問題。因此，建議等待故障修復後的站台「完成」所有物件和元件的「重建及重新同步」作業之後，再將 VM 虛擬主機遷移回修復後的站台之內。

 因應 vSAN 延伸叢集站台等級的故障，我們建議將 vSphere DRS 自動化遷移機制組態設定為「半自動化」（Partially automated）。

因此，當 vSAN 延伸叢集的架構發生「站台等級」的故障事件時，應確保故障修復站台內的「所有 vSAN 節點主機」皆已經修復並重新加入至叢集之中，以避免無謂的重建和重新同步作業。最主要的原因在於，若受損 vSAN 叢集中的所有 vSAN 節點主機，在同一個時間點修復並重新加入至叢集之中，那麼在所有 vSAN 節點主機之間，只要同步「發生故障的時間點」和「站台故障修復期間」尚未寫入的資料即可。反之，受損 vSAN 叢集中的 vSAN 節點主機，以交錯的方式在不同時間點修復並重新加入叢集，那麼系統便需要不斷重新組態設定、重建、重新同步等等作業，這可能導致站台之間的網路產生「大量資料 I/O 流量」。因此，這就是 VMware 建議將 vSphere DRS 機制組態設定為「**半自動化**」而非全自動化模式的原因，請管理人員等待站台完全修復之後，再透過關聯性規則搭配 vSphere DRS 機制，將 VM 虛擬主機遷移回原有的站台內。

見證站台：見證主機發生故障

在這個災難演練項目中，當見證站台或見證主機發生故障時（如**圖 7-24** 所示），是否會影響 vSAN 延伸叢集中的 VM 虛擬主機呢？答案是不會影響 VM 虛擬主機的運作。因為在 vSAN 延伸叢集的架構之中，仍然具備完整的可用物件和元件，並有超過 50% 的投票結果，只是受到見證主機故障的影響，VM 虛擬主機中的見證物件狀態將會顯示為「**Absent**」。

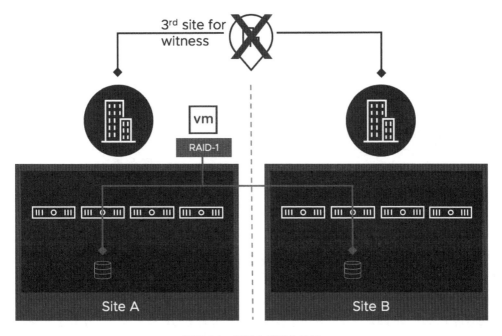

圖 7-24：見證主機發生故障

在災難演練測試環境中，我們只要關閉見證主機即可模擬這個災難事件。當見證主機關閉並經過一段時間之後，VM 虛擬主機中的見證物件狀態便會顯示為「**Absent**」（如**圖 7-25** 所示）。

Virtual Object Components			
Type	Component State	Host	Fault Domain
∨ 🖴 Hard disk 1 (RAID 1)			
Witness	ⓘ Absent	🖥 10.161.155.16	
Component	✅ Active	🖥 10.161.143.8	Secondary
Component	✅ Active	🖥 10.161.154.66	Preferred
∨ 🗂 VM Home (RAID 1)			
Witness	ⓘ Absent	🖥 10.161.155.16	
Component	✅ Active	🖥 10.161.154.152	Preferred
Component	✅ Active	🖥 10.161.143.8	Secondary
∨ Virtual Machine SWAP Object (RAID 1)			
Witness	ⓘ Absent	🖥 10.161.155.16	
Component	✅ Active	🖥 10.161.135.132	Preferred
Component	✅ Active	🖥 10.161.152.157	Secondary

圖 7-25：VM 虛擬主機中，見證物件的運作狀態顯示為 Absent

簡單來說，這樣的災難事件並不會影響到 VM 虛擬主機的運作。如前所述，VM 虛擬主機能否正常運作的關鍵，在於環境中至少提供一份完整的資料複本，並有超過 50% 的物件和元件可用。此次的災難事件發生之後，環境中仍有**兩份**完整資料複本，並有超過 50% 的物件和元件可用，所以 VM 虛擬主機仍然正常運作，不會受到影響。

網路故障：資料站台之間通訊網路中斷

在這個災難演練項目中，模擬資料站台之間的通訊網路中斷時（如**圖 7-26** 所示），會對 vSAN 延伸叢集造成什麼影響。再次提醒管理人員，在執行災難演練項目之前，應確保 vSAN 延伸叢集的相關組態設定，例如，主機隔離位址、主機隔離措施等等正確無誤，同時也要確保在 vSAN 叢集中的每台 vSAN 節點主機，都已經組態設定透過 vSAN 網路 ping 隔離位址。

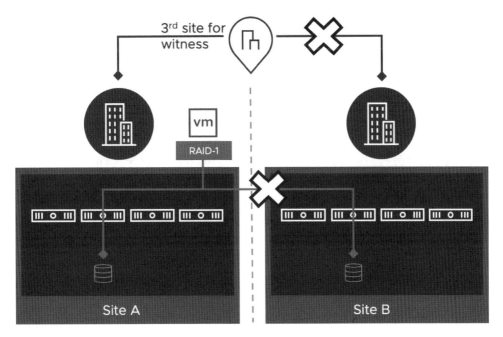

圖 7-26：資料站台之間通訊網路中斷

這個故障情況非常特殊，因為當「次要站台」的通訊網路發生中斷之後，「慣用站台」
與「見證站台」之間形成一個叢集，且大部分的元件（資料元件和見證元件）也都存放
於這個叢集當中。此外，「次要站台」也會自己形成一個叢集。然而「次要站台」之中
只有一份資料複本，且由於通訊網路中斷而無法存取見證，導致受影響的 VM 虛擬主機
物件和元件，其運作狀態將會顯示為 Absent。因此，VM 虛擬主機只會在「慣用站台」
上運作，因為慣用站台可以存取大部分的元件。

在過去的 vSAN 版本中，從 vSphere HA 高可用性機制的角度來看，由於主機隔離 IP 位
址位於 vSAN 網路上，且都在各自站台內特定的 IP 位址，所以兩個站台都可以 ping 到
各自的隔離 IP 位址。因此，不會觸發 vSphere HA 主機隔離機制。這表示在「次要站
台」中受到影響的 VM 虛擬主機，無法存取 vSAN Datastore 儲存資源，所以也無法寫
入資料至磁碟當中。但是從運算資源的角度來看，當 vSAN 節點主機失去存取權限時，
便會立即停止所有 VM 虛擬主機。簡單來說，當這個災難事件發生時，可以透過 vSAN
網路存取 VM 虛擬主機，但是**只有一個站台**能夠寫入資料至硬碟當中，另一個站台則無
法寫入資料至硬碟。

從 vSAN 6.2 版本開始，預設情況下將會自動針對「次要站台」內的 VM 虛擬主機，終止其物件和元件的存取權限，以確保它們可以在「慣用站台」上重新啟動；而當站台之間的通訊網路修復之後，即便只有短暫一秒鐘的時間，也不會有兩個 VM 虛擬主機同時運作的情況。如果管理人員要停用此機制的話，請將進階參數值「**vSAN.AutoTerminateGhostVm**」設定為「**0**」即可。

原來運作在次要站台中的 VM 虛擬主機，將會在慣用站台上重新啟動。一般來說重新啟動時間約 20 到 30 秒。當 VM 虛擬主機順利在慣用站台啟動之後，登入 vSphere HTML 5 Client 管理介面，依序點選「**vSAN Cluster > Monitor > vSAN > Virtual Objects**」項目，再點選欲查看內容的 VM 虛擬主機，即可看到 VM 虛擬主機中物件和元件的資訊。如**圖 7-27** 所示，可以看到三個元件當中有兩個為可用，代表仍有完整的資料複本，並且超過 50% 的元件可用，所以 VM 虛擬主機仍然可以運作。值得注意的是，在**圖 7-27** 中可以看到存放於次要站台的元件，其運作狀態將會顯示為 Absent。

Virtual Object Components			
Type	**Component State**	**Host**	**Fault Domain**
∨ 🖴 Hard disk 1 (RAID 1)			
Witness	✅ Active	🗄 10.161.155.16	
Component	ⓘ Absent	🗄 10.161.143.8	Secondary
Component	✅ Active	🗄 10.161.154.66	Preferred
∨ 🗂 VM Home (RAID 1)			
Witness	✅ Active	🗄 10.161.155.16	
Component	✅ Active	🗄 10.161.154.152	Preferred
Component	ⓘ Absent	🗄 10.161.143.8	Secondary
∨ Virtual Machine SWAP Object (RAID 1)			
Witness	✅ Active	🗄 10.161.155.16	
Component	✅ Active	🗄 10.161.135.132	Preferred
Component	ⓘ Absent	🗄 10.161.152.157	Secondary

圖 7-27：VM 虛擬主機中，三個元件仍有兩個元件為可用

多重災難事件的影響

如前所述，在 vSAN 延伸叢集架構中具備兩層保護機制：第一層為**跨站台之間**進行資料保護；第二層則是**各自站台內**進行資料保護。然而，許多管理人員可能會忽略的是，vSAN 延伸叢集中的物件存取權限，必須保持**超過 50%** 的投票結果並為可用。但這是什麼意思呢？

讓我們透過以下使用案例來說明。首先，在 vSAN 延伸叢集中，跨站台之間採用 RAID-1 保護機制，且各自站台也採用 RAID-1 保護機制（如圖 **7-28** 所示）。

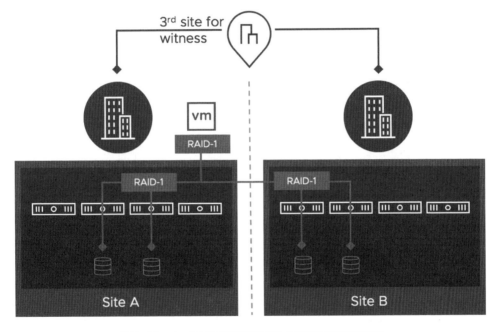

圖 7-28：在 vSAN 延伸叢集架構中建構兩層保護機制

在**圖 7-28** 所示的運作環境之中，於 **Site A** 內運作 VM 虛擬主機，並透過兩層 RAID-1 保護機制，確保 VM 虛擬主機的資料可用性。雖然，在圖中並沒有明確顯示投票結果，然而事實上兩個站台內都有多個投票權，即便是見證元件也是同樣的情況。那麼，讓我們透過 vCenter Server 管理平台中的 RVC（Ruby vSphere Console）管理工具，幫助我們更容易了解這個運作情況。請注意，為了更容易閱讀內容，所以以下的顯示資訊已經有部分被截斷。

```
/localhost/VSAN-DC/vms> vsan.vm_object_info 1
Disk backing: [vsanDatastore] 3ddfce5b-a4d5-6e9e-92c1-0200086fa2e6/R1
Stretched.vmdk

    RAID_1
      RAID_1
        Component: 43dfce5b-d117-35ab-ff1a-0200086fa2e6
          votes: 1, usage: 0.0 GB, proxy component: false)
        Component: 43dfce5b-b2e0-36ab-f65e-0200086fa2e6
          votes: 1, usage: 0.0 GB, proxy component: false)
      RAID_1
        Component: 43dfce5b-ffc5-37ab-97a0-0200086fa2e6
          votes: 1, usage: 0.0 GB, proxy component: true)
        Component: 43dfce5b-31c6-38ab-a828-0200086fa2e6
          votes: 1, usage: 0.0 GB, proxy component: true)
    Witness: 43dfce5b-4ea8-39ab-454b-0200086fa2e6
        votes: 3, usage: 0.0 GB, proxy component: false)
    Witness: 43dfce5b-0e4e-3aab-f5b1-0200086fa2e6
        votes: 1, usage: 0.0 GB, proxy component: false)
    Witness: 43dfce5b-3ddc-3aab-ca7b-0200086fa2e6
        votes: 1, usage: 0.0 GB, proxy component: false)
```

在上述顯示的資訊中，可以看到每個元件的投票權資訊。讓我們進一步整理成下列資訊，以便更容易閱讀和理解：

- **VM 虛擬主機的元件和投票數資訊**

  ✧ **見證站台**：3 票

    ✓ 見證元件：3 票

  ✧ **站台 A**：總共 3 票

    ✓ 元件複本 A：1 票

    ✓ 元件複本 B：1 票

    ✓ 見證元件：1 票

  ✧ **站台 B**：總共 3 票

    ✓ 元件複本 A：1 票

    ✓ 元件複本 B：1 票

    ✓ 見證元件：1 票

從匯整資訊中可以看到投票總數為 **9 票**：見證站台擁有 3 票，站台 A 和站台 B 也各自擁有 3 票。因此，當見證站台發生故障事件後，vSAN 延伸叢集架構將會失去 3 票，且兩個站台之間的見證元件也將受到影響，所以 9 票中已經有 5 票遺失。此時，若站台 A 中

的元件複本 A 再發生故障,因為已經無法繼續正常進行投票,所以即便站台 B 當中仍有完整的元件複本,VM 虛擬主機也無法繼續正常運作。

管理人員應該也想知道,假設採用的是 RAID-5 而非 RAID-1 保護機制時,每個元件的投票權資訊為何?以下便是 RVC 管理指令所查詢的資訊(同樣的,已經有部分資訊被截斷)。

```
Disk backing: [vsanDatastore] 2fe5ce5b-80b8-d071-59ad-020008b75d27/R1 /
R5.vmdk
    DOM Object: 37e5ce5b-6d18-b7f7-f44d-020008b75d27
      RAID_1
        RAID_5
          Component: 37e5ce5b-7982-00f9-0bd4-020008b75d27
            votes: 2, usage: 0.0 GB, proxy component: true)
          Component: 37e5ce5b-d622-03f9-7e3e-020008b75d27
            votes: 1, usage: 0.0 GB, proxy component: true)
          Component: 37e5ce5b-b053-04f9-9aec-020008b75d27
            votes: 1, usage: 0.0 GB, proxy component: true)
          Component: 37e5ce5b-839d-05f9-7dab-020008b75d27
            votes: 1, usage: 0.0 GB, proxy component: true)
        RAID_5
          Component: 37e5ce5b-bafe-06f9-dfb5-020008b75d27
            votes: 1, usage: 0.0 GB, proxy component: false)
          Component: 37e5ce5b-32a3-08f9-a784-020008b75d27
            votes: 1, usage: 0.0 GB, proxy component: false)
          Component: 37e5ce5b-3b93-09f9-cf04-020008b75d27
            votes: 1, usage: 0.0 GB, proxy component: false)
          Component: 37e5ce5b-a159-0af9-a6e1-020008b75d27
            votes: 1, usage: 0.0 GB, proxy component: false)
      Witness: 37e5ce5b-1828-0df9-5c6c-020008b75d27
            votes: 4, usage: 0.0 GB, proxy component: false)
```

與 RAID-1 保護機制最大的不同在於,站台內將會產生**四份**元件複本(如先前所述,vSAN 的 RAID-5 保護機制為 **3+1**),並且只有一個見證元件。讓我們進一步整理成下列資訊,以便更容易閱讀和理解:

- **見證站台**:4 票
- **站台 A**:5 票
- **站台 B**:4 票

在這個特殊情況下,站台 A 中的元件複本額外多出一票,這是系統為了確保投票總數為「**奇數**」,以便發生災難事件時系統進行投票後,可以決定誰具有存取物件和元件的權限。如此一來,除了具備物件和元件的資料可用性之外,也可以因應站台內 vSAN 節點主機故障損壞,和因應站台等級的災難事件。

希望透過上述的使用案例，可以清楚解釋 vSAN 延伸叢集中的投票機制，以及為何在某些故障損壞情況下，VM 虛擬主機可能「會」或可能「不會」重新啟動。

小結

當企業和組織需要建構雙資料中心時，管理人員可以透過建構 vSAN 延伸叢集，輕鬆達成雙資料中心的運作架構，讓 VM 虛擬主機能夠在兩個站台之間進行遷移，無須複雜的儲存組態設定和操作流程。最重要的是，企業和組織無須付出龐大的預算即可達成，大多數的 VMware 使用者都能輕鬆進行部署。然而，就像任何架構一樣，每個運作架構的規劃設計和考量因素都不同，因此我們極力推薦你參考 VMware 官方文件，以及 storagehub.vmware.com 網站內容，確保隨時擁有最新和最正確的資訊。

8

雙節點 vSAN 叢集使用案例

從 vSAN 6.1 版本開始，支援雙節點 vSAN 叢集運作架構，這通常會被部署在遠端辦公室或分公司。然而，有許多管理人員卻經常將「雙節點 vSAN 叢集」與「VMware ROBO 軟體授權」混淆。事實上，「VMware ROBO 軟體授權」只是一個允許在多台 ESXi 虛擬化平台上運作「25 台 VM 虛擬主機」的軟體授權，與建構「雙節點 vSAN 叢集」並沒有任何關係。因此，希望管理人員在開始閱讀本章節之前，能夠了解這兩者的不同之處。

在建置雙節點 vSAN 叢集時，管理人員可能會發覺與「vSAN 延伸叢集」非常類似。然而這兩種叢集最大的差別在於，雙節點 vSAN 叢集的 vSAN 節點主機，會運作在**同一個資料中心**內（如**圖 8-1** 所示），而 vSAN 延伸叢集中的 vSAN 節點主機，則會運作在**不同的站台或資料中心**。另一個常見的差別是，透過單一 vCenter Server 管控 vSAN 延伸叢集的情況很少見，但是管理多達「數百個雙節點 vSAN 叢集」的情況可能比較常見。

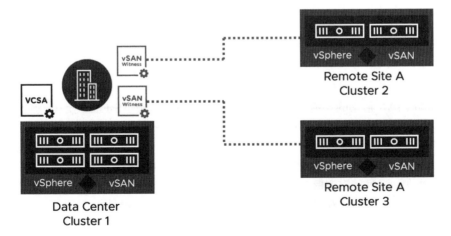

圖 8-1：多個雙節點 vSAN 叢集運作架構示意圖

如先前所述，雖然雙節點 vSAN 叢集與 vSAN 延伸叢集非常類似，然而在功能性方面仍然有所差異，且在規劃設計上也有不同的考量因素。那麼，讓我們先來看看如何建置雙節點 vSAN 叢集吧。

組態設定雙節點 vSAN 叢集

透過熟悉的 vSphere HTML 5 Client 管理介面，可以輕鬆且快速的幫助我們建構雙節點 vSAN 叢集。如**圖 8-2** 所示，在組態設定 vSAN 叢集類型的頁面中，請選擇「**Two host vSAN cluster**」選項。

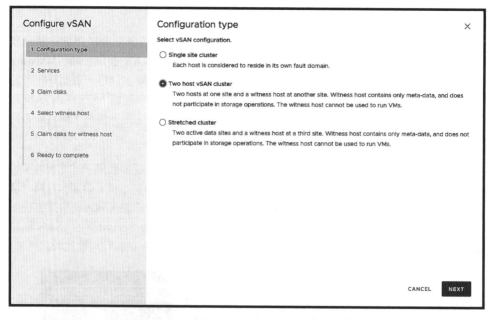

圖 8-2：選擇 Two host vSAN cluster 選項

在雙節點 vSAN 叢集的架構之中，可以運作 Hybrid 模式或 All-Flash 模式。無論從產品或功能的角度來看，都沒有任何限制，當然也必須視購買的 vSAN 和 vSphere 軟體授權內容而定。然而，雙節點 vSAN 叢集只有兩台 vSAN 節點主機，所以無法組態設定 **FTT 大於 1** 的容錯機制，當然也無法選擇採用 **RAID-5** 或 **RAID-6**，因為後者最少需要四台或六台 vSAN 節點主機才行。在本書的實作環境中，運作環境為 **All-Flash 模式**，並且擁有 vSAN 標準版軟體授權，所以在 vSAN 進階服務頁面採用「預設值」即可（如**圖 8-3** 所示）。

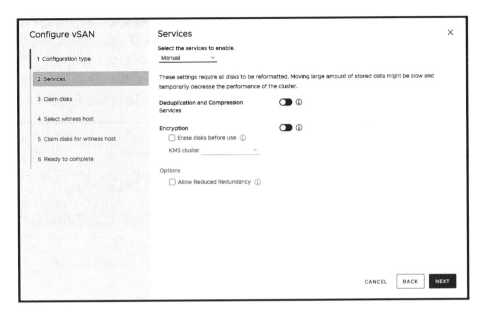

圖 8-3：在 vSAN 進階服務頁面採用預設值即可

本書的實作環境為 All-Flash 模式的運作環境，因此在宣告儲存裝置的頁面，請選擇擔任快取層級的儲存裝置，以及擔任容量層級的儲存裝置（如**圖 8-4** 所示）。

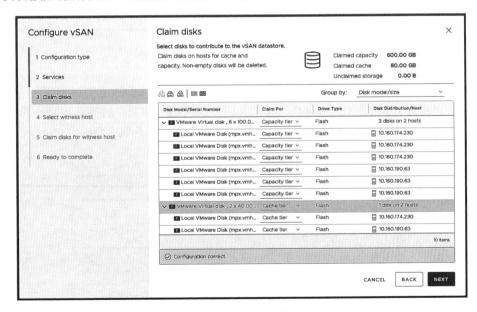

圖 8-4：宣告儲存裝置

在 **Claim disks for witness host** 設定頁面中，請選擇見證主機使用的儲存裝置（如圖 **8-5** 所示）。在本書的實作環境中，採用的見證主機為 VM 虛擬主機。管理人員應該已經發現，雙節點 vSAN 叢集的組態設定與 vSAN 延伸叢集非常類似，差別在於無須建立「容錯網域」（慣用站台和次要站台），以及無須選擇這些位置所屬的 vSAN 節點主機。主要原因在於雙節點 vSAN 叢集的運作架構中，系統將會自動分配好容錯網域。

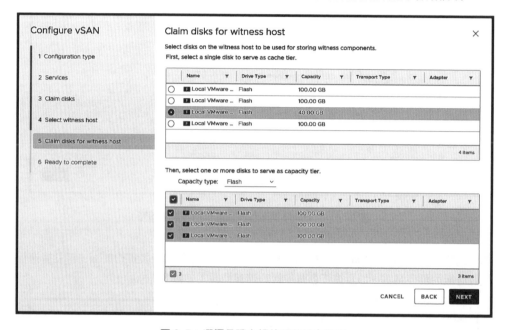

圖 8-5：選擇見證主機使用的儲存裝置

確認組態設定內容無誤後，點選 **Finish** 鈕即可建立雙節點 vSAN 叢集。值得注意的是，在組態設定雙節點 vSAN 叢集的過程中，雖然我們沒有建立容錯網域或指派所屬的 vSAN 節點主機，然而在組態設定的工作流程中，系統已經「自動」將兩台 vSAN 節點主機分配好所屬的容錯網域了（如**圖 8-6** 所示）。

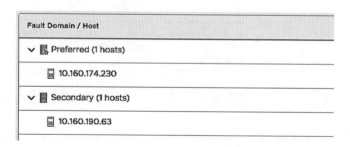

圖 8-6：系統自動分配好所有容錯網域

至此，我們已經完成建構雙節點 vSAN 叢集的工作，並採用一般典型的雙節點 vSAN 叢集架構。事實上，還有另一種特殊的雙節點 vSAN 叢集架構。

vSAN 直接連接

當 VMware 正式發布了「雙節點 vSAN 叢集架構」之後，從眾多客戶那裡聽到的意見反應是，希望可以無須搭配 10GbE 網路交換器，直接讓 vSAN 節點主機之間的 10GbE 網路卡互相連接。如此一來，除了兼顧 vSAN 運作效能之外，還能幫助客戶以「更低的成本」建構雙節點 vSAN 叢集。因此，從 vSAN 6.5 版本開始，雙節點 vSAN 叢集支援**「直接連接」**（**Direct Connect**）運作架構（如**圖 8-7** 所示）。請注意，直接連接運作架構僅支援雙節點 vSAN 叢集。

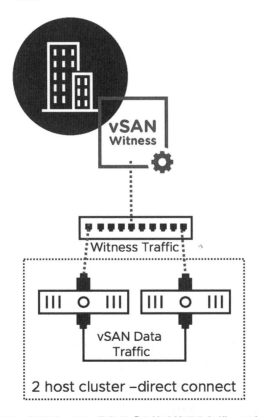

圖 8-7：雙節點 vSAN 叢集的「直接連接運作架構」示意圖

如前面的**圖 8-7** 所示，採用雙節點 vSAN 叢集的直接連接架構時，需要組態設定分離 vSAN 見證流量。我們已經在 vSAN 延伸叢集的章節中，說明如何組態設定分離 vSAN 見證流量。因此，採用雙節點 vSAN 叢集的直接連接架構時，請確保已經熟悉如何使用 esxcli 指令，來組態設定分離 vSAN 見證流量。

至此，我們已經了解如何組態設定雙節點 vSAN 叢集，以及特殊的雙節點 vSAN 叢集直接連接運作架構。那麼，讓我們來看看雙節點 vSAN 叢集，對於運作環境的要求和限制，以及支援的使用情境為何。

支援情境及環境要求和限制

如前所述，雖然雙節點 vSAN 叢集與 vSAN 延伸叢集非常類似，然而在功能性方面仍然有所差異，且在規劃設計和環境要求上也有所不同。以下我們列出雙節點 vSAN 叢集的環境要求和限制，以及與 vSAN 延伸叢集不同的部分：

- vSAN 節點主機和見證主機之間，最高允許 **500 ms** 的網路延遲時間。
- 與資料站台之間，支援 Layer 2 和 Layer 3 網路環境。
    ◇ 為簡化部署架構，建議採用 **Layer 2** 網路環境。
- 資料站台與見證站台之間，需要採用 Layer 3 網路環境。
    ◇ 這是為了防止 vSAN 叢集的資料 I/O，透過見證站台的低網路頻寬環境進行路由。
- 若有多個分公司時，在母公司運作的多台見證主機，可以採用**同一個** VLAN 網路環境。
- 若雙節點 vSAN 叢集僅支援單一 VLAN 網路環境時，那麼管理流量也可以支援見證流量。
- 由於雙節點 vSAN 叢集只有兩台 vSAN 節點主機，所以僅能組態設定 **FTT=1(RAID-1)** 容錯機制。
- vSAN 節點主機與見證主機之間的網路頻寬，取決於 vSAN 節點主機上運作的物件數量，一般來說每 1,000 個物件的經驗值為 **2Mbps**。由於，每台 vSAN 節點主機，最多可以擁有 9,000 個物件，所以最大網路頻寬使用量為 **18Mbps**。
- 雙節點 vSAN 叢集支援 **SMP-FT** 特色功能，但是需要搭配適當的 vSphere 軟體授權，才能使用 SMP-FT 特色功能。

- 預設情況下，雙節點 vSAN 叢集中的 VM 虛擬主機，僅會從所屬的容錯網域進行資料讀取作業，這樣的運作架構對於網路頻寬的影響極低，因為資料讀取作業僅會在該台 vSAN 節點主機上執行。當然，管理人員可以透過 DOMOwnerForceWarmCache 進階參數，或參考「第 7 章」中**圖 7-3** 的 **Site Read Locality** 設定值，組態設定資料讀取作業必須跨 vSAN 節點主機執行。

此外，雙節點 vSAN 叢集與 vSAN 延伸叢集之間，還有一個最大的區別：採用雙節點 vSAN 叢集並對 VMware 送出 **RPQ** 特殊支援請求時，可以支援交叉代管見證主機。這又是什麼樣的使用案例呢？舉例來說，當兩個遠端站台的雙節點 vSAN 叢集與見證主機之間皆為 **500ms** 的網路延遲時間，同時運算和儲存資源都處於**本地**，這時候，透過交叉代管見證主機運作機制，只要**兩個**位置即可達成（如**圖 8-8** 所示），而無須三**個**位置才能運作。

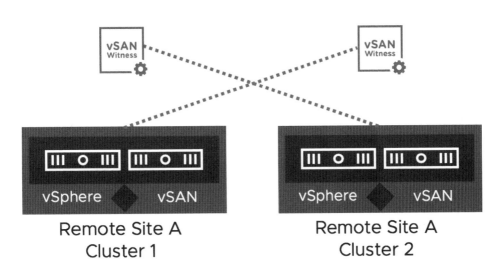

圖 8-8：交叉代管見證主機的運作架構示意圖

根據我們的經驗來看，在絕大部分的情況下，母公司資料中心和分公司站台之間，通常會建立 **L3 網路環境**的通訊網路。如**圖 8-9** 所示，母公司資料中心和分公司之間，透過「**多個 VLAN**」搭配 **L3 網路環境**，分別將「管理網路」流量和「見證網路」流量進行隔離。

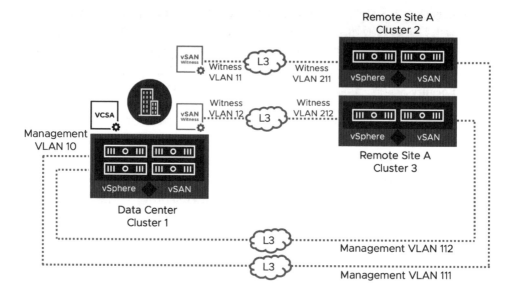

圖 8-9：母公司和分公司之間，採用多個 VLAN 搭配 L3 網路環境

在**圖 8-9** 的運作環境中，每個站台除了預設閘道之外，還必須額外定義兩個靜態路由。舉例來說，母公司資料中心必須定義兩個靜態路由：一個是用於管理網路 VLAN 10 與分公司的「管理網路連接」；另一個則是見證 VLAN 與分公司的「見證網路連接」。請注意，採用此網路架構將會因為**複雜性**的關係，導致不容易擴充運作架構，同時也會增加資料中心的維運成本。

當然，我們可以在母公司和分公司之間，僅採用「**單一 VLAN**」搭配 L3 網路環境（如**圖 8-10** 所示），將所有網路流量都在同一個 VLAN 之中進行傳送，以便簡化整體運作架構。

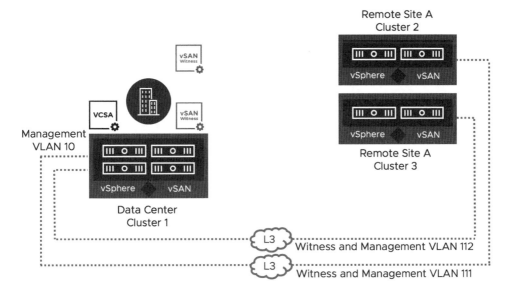

圖 8-10：母公司和分公司之間，採用單一 VLAN 搭配 L3 網路環境

請注意，即便採用上述的網路架構，站台之間仍然要建立「靜態路由」才行，同時必須組態設定「見證主機」，以便確認透過管理網路傳送見證流量。

小結

雙節點 vSAN 叢集運作架構，允許在分公司或小型遠端辦公室當中，運作「有限數量的 VM 虛擬主機」，以提供服務，並且無須複雜的操作步驟和組態設定即可建構。同時，可以透過集中式的 vCenter Server 管理平台，由母公司統一進行管理任務，有效降低建置預算和資料中心的維運成本。

9

CLI 指令

在先前的章節中，我們主要介紹的管理工具為具備「GUI 圖形介面」的 vSphere HTML 5 Client 管理工具。而在本章節中，我們將會著重於 vSAN 節點主機當中內建的文字模式，即「**命令列介面**」（**Command-Line Interface，CLI**）管理工具，以及 vCenter Server 的 **RVC**（**Ruby vSphere Console**）管理工具。請注意，vSAN 研發團隊為了簡化管理，已經著手將大部分的 RVC 管理工具，轉移至 ESXCLI 管理工具當中，並計畫於完整轉移後「棄用」RVC 管理工具。然而，在撰寫本書時，仍然有些 RVC 管理工具尚未轉移完成，例如，在 vSAN 6.7 U1 版本中，僅能透過 RVC 管理工具啟用或停用 TRIM/UNMAP 功能，所以我們仍會介紹 RVC 管理工具。但還是建議管理人員應該多熟悉 ESXCLI 工具集，因為它將會是日後「文字模式」管理工具的主流。

用於 vSAN 叢集的 CLI 指令

ESXCLI 文字模式管理工具採用「**命名空間**」（**Namespace**）的方式管理 vSAN 叢集和 vSAN 節點主機的運作環境。在大部分的情況下，執行的 ESXCLI 指令非常直覺易懂，且在下列的 ESXCLI 指令範例當中，我們也會截取有意義的指令執行結果，幫助管理人員更容易理解。

esxcli vsan cluster

透過「`esxcli vsan cluster`」管理指令，除了取得 vSAN 叢集運作資訊之外，還能支援從 vSAN 叢集中加入或移除 vSAN 節點主機。同時，當 vCenter Server 管理平台因為故障損壞事件而無法使用時，仍可以使用此管理指令進行維運管理的動作。以下是 `esxcli vsan cluster` 管理指令的使用語法：

Usage : **esxcli vsan cluster** {cmd} [cmd options]

Available Namespaces:
- **preferredfaultdomain** - Commands for configuring a preferred fault domain for vSAN.
- **unicastagent** - Commands for configuring unicast agents for vSAN.

Available Commands:
- **get** - Get information about the vSAN cluster that this host is joined to.
- **join** - Join the host to a vSAN cluster.
- **leave** - Leave the vSAN cluster the host is currently joined to.
- **new** - Create a vSAN cluster with current host joined. A random sub-cluster UUID will be generated.
- **restore** - Restore the persisted vSAN cluster configuration.

在下列的指令執行結果中,我們可以看到此台 vSAN 節點主機擔任了 **AGENT** 的角色(請參考「第 4 章」有關 vSAN 節點主機角色的內容)。主機類型為 **NORMAL**(非見證主機),運作情況為 **HEALTHY** 健康狀態。同時,此 vSAN 叢集的架構當中,一共有**四台** vSAN 節點主機,和 vSAN 節點主機 **UUIDs** 顯示的結果一致,且 vSAN 叢集採用「**單點傳播模式**」(Unicast Mode)進行通訊,代表採用的是 vSAN 6.6 或後續的版本。最後,目前為正常運作狀態,而非進入「維護模式」(Maintenance Mode)。

```
[/:~] esxcli vsan cluster get
Cluster Information
   Enabled: true
   Current Local Time: 2018-10-15T11:34:42Z
   Local Node UUID: 5982fbaf-2ee1-ccce-4298-246e962f4910
   Local Node Type: NORMAL
   Local Node State: AGENT
   Local Node Health State: HEALTHY
   Sub-Cluster Master UUID: 5982f466-c59d-0e07-aa4e-246e962f4850
   Sub-Cluster Backup UUID: 5b0bddb5-6f43-73a4-4188-246e962f5270
   Sub-Cluster UUID: 52fae366-e94e-db86-c663-3d0af03e5aec
   Sub-Cluster Membership Entry Revision: 11
   Sub-Cluster Member Count: 4
   Sub-Cluster Member UUIDs: 5982f466-c59d-0e07-aa4e-246e962f4850,
5b0bddb5-6f43-73a4-4188-246e962f5270, 5982fbaf-2ee1-ccce-4298-
246e962f4910, 5982f42b-e565-196e-bad9-246e962c2408
   Sub-Cluster Membership UUID: a65c755b-be66-f77b-da9d-246e962f4850
   Unicast Mode Enabled: true
   Maintenance Mode State: OFF
   Config Generation: ffb4e877-011b-45b6-b5f6-4c9d7e36a5f7 3 2018-09-
07T12:02:16.554
```

esxcli vsan datastore

「**esxcli vsan cluster**」管理指令允許針對 vSAN Datastore 儲存資源進行管理任務。值得注意的是，此管理指令並非用於 vSAN 節點主機層級，而是針對 vSAN 叢集層級進行管理作業。預設情況下，vSAN Datastore 儲存資源名稱為 **vsanDatastore**，若需要修改 vSAN Datastore 儲存資源的名稱，請透過 vSphere HTML 5 Client 管理工具進行修改。同時，採用同一台 vCenter Server 管理多個 vSAN 叢集時，請確保採用唯一且容易識別的 vSAN Datastore 儲存資源名稱。

Usage : **esxcli vsan datastore** {cmd} [cmd options]

Available Namespaces:
- **name** - Commands for configuring vSAN datastore name.

Available Commands:
- **add** - Add a new datastore to the vSAN cluster. This operation is only allowed if vSAN is enabled on the host. In general, add should be done at cluster level. Across a vSAN cluster vSAN datastores should be in sync.
- **clear** - Remove all but the default datastore from the vSAN cluster. This operation is only allowed if vSAN is enabled on the host. In general, add should be done at cluster level. Across a vSAN cluster vSAN datastores should be in sync.
- **list** - List datastores in the vSAN cluster.
- **remove** - Remove a datastore from the vSAN cluster. This operation is only allowed if vSAN is enabled on the host. In general, remove should be done at cluster level. Across a vSAN cluster vSAN datastores should be in sync.

esxcli vsan debug

透過「**esxcli vsan debug**」管理指令，除了可以查詢儲存裝置、儲存控制器、磁碟群組、VMDK 虛擬磁碟狀態、重新同步狀態等等之外，最特別的是還能查詢物件狀態的資訊。

Usage : **esxcli vsan debug** {cmd} [cmd options]

Available Namespaces:
- **disk** - Debug commands for vSAN physical disks
- **object** - Debug commands for vSAN objects
- **resync** - Debug commands for vSAN resyncing objects
- **controller** - Debug commands for vSAN disk controllers

- **evacuation** - Debug commands for simulating host, disk or disk group evacuation in various modes and their impact on objects in vSAN cluster
- **limit** - Debug commands for vSAN limits
- **mob** - Debug commands for vSAN Managed Object Browser Service.
- **vmdk** - Debug commands for vSAN VMDKs

此管理指令搭配的命名空間，大部分直接執行即可，例如，**list** 或 **get**。唯一不同的是 **mob** 命名空間，它能夠啟動和停用 vSAN Managed Object Browser 服務。

從下列的指令執行結果中，可以看到「**壅塞值**」（**Congestion Value**），以及其它有關儲存裝置的詳細資訊，例如，壅塞健康情況、運作健康情況、儲存空間使用情況等等，對於儲存裝置的故障排除作業非常有幫助。

```
[/:~] esxcli vsan debug disk list
UUID: 5269133b-f9db-2784-c8fb-8530d15893de
   Name: naa.500a07510f86d6bb
   SSD: True
   Overall Health: green
   Congestion Health:
        State: green
        Congestion Value: 0
        Congestion Area: none
        All Congestion Fields:
        SSD: 0
        Log: 0
        IOPS: 0
        Slab: 0
        Memory: 0
   In Cmmds: true
   In Vsi: true
   Metadata Health: green
   Operational Health: green
   Space Health:
        State: green
        Capacity: 800155762688 bytes
        Used: 9575596032 bytes
        Reserved: 994050048 bytes
```

如果我們將這個管理指令，更進階的指定查詢某個物件的詳細資訊時，在指令執行結果當中可以看到該物件的健康情況和相關資訊，例如，使用的 vSAN 儲存原則名稱、物件和元件的組成資訊、對應的 UUID 資訊、元件投票數資訊等等，這是個非常有用的管理指令。

```
[/:~] esxcli vsan debug object list -u 774f9d5a-4e04-f9ff-82c9-246e962f4850
Object UUID: 774f9d5a-4e04-f9ff-82c9-246e962f4850
   Version: 6
   Health: healthy
   Owner: esxi-dell-g.rainpole.com
   Policy:
      spbmProfileName: vSAN Default Storage Policy
      hostFailuresToTolerate: 1
      SCSN: 129
      stripeWidth: 1
      spbmProfileGenerationNumber: 0
      spbmProfileId: aa6d5a82-1c88-45da-85d3-3d74b91a5bad
      proportionalCapacity: 0
      forceProvisioning: 0
      cacheReservation: 0
      CSN: 145

   Configuration:

      RAID_1
         Component: 774f9d5a-30e0-c600-0d8e-246e962f4850
            Component State: ACTIVE,  Address Space(B): 17179869184
(16.00GB),  Disk UUID: 52aec246-7e55-5da6-5015-3ffe33ab7e49,  Disk Name:
naa.500a07510f86d6bf:2
            Votes: 1,  Capacity Used(B): 1518338048 (1.41GB),  Physical
Capacity Used(B): 1501560832 (1.40GB),  Host Name: esxi-dell-h.rainpole.
com
         Component: f5e8d95a-dcc0-8055-4da6-246e962f4910
            Component State: ACTIVE,  Address Space(B): 17179869184
(16.00GB),  Disk UUID: 52286aa4-cb8d-de09-1577-ba9c10ee31a9,  Disk Name:
naa.500a07510f86d685:2
            Votes: 1,  Capacity Used(B): 1518338048 (1.41GB),  Physical
Capacity Used(B): 1501560832 (1.40GB),  Host Name: esxi-dell-e.rainpole.
com
      Witness: f5e8d95a-6b0f-8455-a13d-246e962f4910
         Component State: ACTIVE,  Address Space(B): 0 (0.00GB),  Disk UUID:
525127ad-f017-4d9a-a767-a12ad97a4bca,  Disk Name: naa.500a07510f86d693:2
         Votes: 1,  Capacity Used(B): 12582912 (0.01GB),  Physical Capacity
Used(B): 8388608 (0.01GB),  Host Name: esxi-dell-g.rainpole.com

   Type: vdisk
   Path: /vmfs/volumes/vsan:52fae366e94edb86-c6633d0af03e5aec/744f9d5a-
8b36-875f-9b73-246e962f4850/centos-73-hadoop.vmdk (Exists)
   Group UUID: 744f9d5a-8b36-875f-9b73-246e962f4850
   Directory Name: (null)
```

esxcli vsan faultdomain

「**容錯網域**」（**Fault Domains**）機制，可以讓 vSAN 叢集感知到運作環境，例如，不同機房、不同機櫃、不同站台，這代表同一台 VM 虛擬主機的物件和元件，不僅會存放在「不同的 vSAN 節點主機」之中，還會存放在「不同的機櫃」之內。因此，若某個機櫃發生故障（例如，機櫃電力故障），仍然還有可用的 VM 虛擬主機物件和元件存放於「其它機櫃中的 vSAN 節點主機」內，所以 VM 虛擬主機仍然可以繼續運作。

對於一般的 vSAN 叢集架構來說，此管理指令可能幫助有限，然而若是啟用了機櫃感知功能，或在建置 vSAN 延伸叢集的時候，那麼這個管理指令將會非常有用，因為這兩者都會使用到「容錯網域」機制，並將不同的 vSAN 節點主機，分別指派到不同的容錯網域之中。此時，可以透過此管理指令，查詢 vSAN 節點主機處於哪一個容錯網域。

在一般的 vSAN 叢集架構當中，執行此管理指令後，由於每台 vSAN 節點主機都處於自己的容錯網域之中，所以指令執行的結果便會顯示**唯一的**容錯網域資訊。

Usage : **esxcli vsan faultdomain** {cmd} [cmd options]

Available Commands:
- **get** - Get the fault domain name for this host.
- **reset** - Reset Host fault domain to default value
- **set** - Set the fault domain for this host

esxcli vsan health

這是一個非常有用的管理指令，用於查看 vSAN 叢集整體健康情況。

Usage: **esxcli vsan health** {cmd} [cmd options]

Available Namespaces:
- **cluster** - Commands for vSAN Cluster Health

你可以看到，目前只有一個可用的命名空間，就是 **cluster**。

Usage: **esxcli vsan health cluster** {cmd} [cmd options]

Available Commands:
- **get** - Get a specific health check status and its details
- **list** - List a cluster wide health check across all types of health checks

管理人員可以透過此管理指令，執行獨立的健康檢查工作。舉例來說，可以執行下列指令：

esxcli vsan health cluster list -w

除了顯示 vSAN 運作環境的健康狀況之外，還會顯示所有運作狀態的概況，以便管理人員獲取特定的健康檢查結果和相關資訊。

舉例來說，透過下列管理指令即可查詢在 vSAN 叢集當中，執行 vSAN 磁碟負載平衡的情況和相關資訊。

```
[/:~] esxcli vsan health cluster get -t diskbalance
vSAN Disk Balance         yellow

Checks the vSAN disk balance status on all hosts.
Ask VMware: http://www.vmware.com/esx/support/askvmware/index.
php?eventtype=com.vmware.vsan.health.test.diskbalance

Overview
Metric                  Value
---------------------------------
Average Disk Usage      52 %
Maximum Disk Usage      64 %
Maximum Variance        63 %
LM Balance Index        51 %

Disk Balance
Host            Device
-----------------------------------------------------
10.10.0.8       Local ATA Disk (naa.500a07510f86d6bf)
10.10.0.6       Local ATA Disk (naa.500a07510f86d6b3)
10.10.0.7       Local ATA Disk (naa.500a07510f86d693)
10.10.0.5       Local ATA Disk (naa.500a07510f86d685)
10.10.0.6       Local ATA Disk (naa.500a07510f86d686)
10.10.0.8       Local ATA Disk (naa.500a07510f86d6bd)
10.10.0.7       Local ATA Disk (naa.500a07510f86d69d)

Rebalance State                  Data To Move
Proactive rebalance is needed    48.7432 GB
Proactive rebalance is needed    88.1807 GB
Proactive rebalance is needed     3.8369 GB
Proactive rebalance is needed    52.8838 GB
Proactive rebalance is needed    76.9971 GB
Proactive rebalance is needed    41.1963 GB
Proactive rebalance is needed    73.4268 GB
```

esxcli vsan iscsi

透過「**esxcli vsan iscsi**」管理指令，即可查詢 vSAN 叢集當中的 iSCSI 目標和 LUNs 資訊，例如，iSCSI 的主要命名空間組態設定和運作狀態。

Usage : **esxcli vsan iscsi** {cmd} [cmd options]

Available Namespaces:
- **initiatorgroup** - Commands to manipulate vSAN iSCSI target initiator group
- **target** - Commands for vSAN iSCSI target configuration
- **defaultconfig** - Operation for default configuration for vSAN iSCSI Target
- **homeobject** - Commands for the vSAN iSCSI target home object
- **status** - Enable or disable iSCSI target support, query status.

首先，執行下列管理指令，以便查詢 iSCSI 進階服務是否已經啟用：

[/:~] **esxcli vsan iscsi status get**
　　Enabled: true

接著，透過管理指令查詢 iSCSI 啟動器資訊，包含 iSCSI 啟動器名稱、iSCSI 啟動器的 IQN、成功掛載 iSCSI 目標的 IQN 等等。

[/:~] **esxcli vsan iscsi initiatorgroup list**
Initiator group
　　Name: sqlserver-ig
　　Initiator list: iqn.1991-05.com.microsoft:sqlserver2016.rainpole.com,
iqn.1991-05.com.microsoft.sqlsrv2.rainpole.com
　　Accessible targets:
　　　　Alias: vsan-iscsi-target
　　　　IQN: iqn.1998-01.com.vmware.52f91d3fbdf294d4-805fec05d214a05d

Initiator group
　　Name: filserver-ig
　　Initiator list: iqn.1991-05.com.microsoft:cor-win-2012.rainpole.com,
iqn.1991-05.com.microsoft:win2012-dc-b.rainpole.com
　　Accessible targets:
　　　　Alias: vsan-iscsi-target
　　　　IQN: iqn.1998-01.com.vmware.52f91d3fbdf294d4-805fec05d214a05d

我們已經了解 iSCSI 啟動器的相關資訊，現在讓我們把注意力轉回 iSCSI 目標。透過下列管理指令，可以列出 iSCSI 目標的詳細運作資訊，且與剛才的 iSCSI 啟動器互相關聯；可惜的是指令執行結果的顯示方式導致不容易閱讀，我們希望你已經看到相關的細節。

```
[/:~] esxcli vsan iscsi target list
Alias
-----------------
vsan-iscsi-target
tgt-for-sql

iSCSI Qualified Name (IQN)
-------------------------------------------------------
iqn.1998-01.com.vmware.52f91d3fbdf294d4-805fec05d214a05d
iqn.1998-01.com.vmware.5261586411b1be81-3b5333f32fec6960

Interface  Port  Authentication type     LUNs
---------  ----  --------------------    ----
vmk3       3260  No-Authentication       2
vmk3       3260  No-Authentication       2

Is Compliant   UUID
------------   ------------------------
true           c52a675a-49f4-ca24-c6be-246e962c2408
true           2a9e695a-c2af-a8a6-5a68-246e962f5270

I/O Owner UUID
-------------------------------------------------------
5982f466-c59d-0e07-aa4e-246e962f4850
5982f466-c59d-0e07-aa4e-246e962f4850
```

最後，我們想要展示的是，列出**哪些 LUN** 已經與**哪個 iSCSI 目標**互相關聯。從以下的
管理指令執行結果中，可以看到這個 iSCSI 目標目前已經與「兩個 LUN 儲存資源」關
聯。同樣的，管理人員可以發現，指令執行結果的顯示方式不容易閱讀，我們希望你已
經看到相關的細節。

```
[/:~] esxcli vsan iscsi target lun list -t tgt-for-sql
ID  Alias         Size
--  -----------   ----------
 0  sqldb-lun     153600 MiB
 1  witness-sql     5120 MiB

UUID
-------------------------------------
21a0695a-ff8e-676f-9db6-246e962f5270
f5a2695a-c010-9e5c-3fc2-246e962c2408

Is Compliant  Status
------------  ------
true          online
true          online
```

esxcli vsan maintenancemode

「`esxcli vsan maintenancemode`」管理指令，就字面上的意義來看，應該會直覺認為它是用於管理 vSAN 進入或離開維護模式，對吧？然而，此管理指令並非此用途；這個管理指令主要用於「**取消**」（**Cancel**）vSAN 正在進行的維護模式作業。舉例來說，當 vSAN 節點主機進入維護模式，並選擇完整遷移儲存物件和元件選項時，在遷移資料的過程中，若想要取消維護作業（因為可能需要很久的遷移時間），那麼便可以使用這個管理指令，取消完整遷移儲存物件和元件的工作任務：

Usage : **`esxcli vsan maintenancemode {cmd} [cmd options]`**

Available Commands:
- **`cancel`** - Cancel an in-progress vSAN maintenance mode operation.

這個管理指令並無法管理 vSAN 進入或離開維護模式；組態設定 vSAN 節點主機進入維護模式的指令，請採用「**`esxcli system maintenanceMode set -e true -m noAction`**」指令，其中「**`-m`**」參數為搭配資料遷移選項。

esxcli vsan network

透過「**`esxcli vsan network`**」管理指令，可以查詢 vSAN 網路 VMkernel 介面的詳細資訊，並且進行相關管理作業。

Usage : **`esxcli vsan network {cmd} [cmd options]`**

Available Namespaces:
- **`ip`** - Commands for configuring IP network for vSAN.
- **`ipv4`** - Compatibility alias for "ip"

    Available Commands:
- **`clear`** - Clear the vSAN network configuration.
- **`list`** - List the network configuration currently in use by vSAN.
- **`remove`** - Remove an interface from the vSAN network configuration.
- **`restore`** - Restore the persisted vSAN network configuration.

在下列的指令執行結果中，可以看到 vSAN VMkernel 介面名稱為 **vmk2**。同時，可以看到**多點傳送**的相關資訊。當 vSAN 叢集採用 vSAN 6.6 版本建構時，這些多點傳送資訊和組態設定並不會被使用到，除非在極端的情況之下建構的 vSAN 叢集，才有可能從**新式的單點傳送**恢復為**舊式的多點傳送**機制，這就是為何在這個管理指令執行之後，仍然會顯示舊式多點傳送機制的資訊和組態設定的原因。詳細資訊請參考「第 6 章」當中有關升級注意事項的內容。

```
[/:~] esxcli vsan network list
Interface
   VmkNic Name: vmk2
   IP Protocol: IP
   Interface UUID: f9d6025a-0177-fcd1-3c38-246e962f4910
   Agent Group Multicast Address: 224.2.3.4
   Agent Group IPv6 Multicast Address: ff19::2:3:4
   Agent Group Multicast Port: 23451
   Master Group Multicast Address: 224.1.2.3
   Master Group IPv6 Multicast Address: ff19::1:2:3
   Master Group Multicast Port: 12345
   Host Unicast Channel Bound Port: 12321
   Multicast TTL: 5
   Traffic Type: vsan
```

若是企業和組織建置的 vSAN 叢集仍然使用舊式的多點傳送機制，請確保 vSAN 節點主機允許 CMMDS 網路流量通行。第一個 IP 位址 **224.2.3.4**，主要用途為擔任主要角色和次要角色在 vSAN 節點主機之間的通訊網路；第二個 IP 位址 **224.1.2.3**，則是用於擔任代理程式角色（agent）的通訊網路。此外，當 vSAN 叢集發生網路分區事件時，透過「**esxcli vsan network list**」管理指令，可以查詢網路狀態和組態設定內容，有效幫助管理人員進行故障排除。

esxcli vsan policy

透過「**esxcli vsan policy**」管理指令，可以針對「預設」vSAN 儲存原則內容，進行查詢／清除／設定等管理作業。然而，在本書中已經多次提醒，我們強烈建議**不要調整**預設 vSAN 儲存原則內容，而是建立一個**新的** vSAN 儲存原則，然後組態設定為預設套用的 vSAN 儲存原則。

Usage : **esxcli vsan policy** {cmd} [cmd options]

Available Commands:
- **cleardefault** - Clear default vSAN storage policy values.
- **getdefault** - Get default vSAN storage policy values.
- **setdefault** - Set default vSAN storage policy values.

透過下列管理指令，便可以查詢預設 vSAN 儲存原則的詳細內容。

```
[/:~] esxcli vsan policy getdefault
Policy Class   Policy Value
------------   ----------------------------------------------------------
cluster        (("hostFailuresToTolerate" i1))
vdisk          (("hostFailuresToTolerate" i1))
vmnamespace    (("hostFailuresToTolerate" i1))
vmswap         (("hostFailuresToTolerate" i1) ("forceProvisioning" i1))
vmem           (("hostFailuresToTolerate" i1) ("forceProvisioning" i1))
```

從上述管理指令的執行結果中，可以看到部署於 vSAN Datastore 儲存資源中的 VM 虛擬主機，將會套用的 vSAN 儲存原則內容。首先，在 **Policy Value** 欄位中，可以看到 **hostFailuresToTolerate** 參數值。雖然原則參數值的開頭為 **host**，其實就等同於 VM 虛擬主機套用的 FTT 容忍故障原則，所以 VM 虛擬主機可以容忍 vSAN 叢集中發生**單**一故障事件，並且能夠繼續保持正常運作。在 **Policy Class** 欄位中，**vdisk** 指的是 VMDK 虛擬硬碟物件，還包括了 VM 虛擬主機的快照物件。而 **vmnamespace** 指的是 VM Home Namespace 物件，包括組態設定元件、中繼資料元件、日誌元件等等。當然，**vmswap** 就是 VM 虛擬主機的 SWAP 物件。而 **vmem** 指的是 VM 虛擬主機建立快照時，快照內容中的記憶體狀態物件。值得注意的是，**vmswap 物件**和 **vmem 物件**還包括 **forceProvisioning** 參數值，這代表除了套用預設的 FTT 容忍故障原則之外，還套用強制佈建儲存功能，以便故障損壞事件發生時，VM 虛擬主機仍然能夠順利啟動。

請參考「第 5 章」有關 vSAN 儲存原則的組態設定，以及相關進階儲存功能項目。

若管理人員確認要調整 vSAN 儲存原則內容，請參考 vSAN 儲存原則文件內容之後，執行下列管理指令進行組態設定：

```
# esxcli vsan policy setdefault <-p|--policy> <-c|--policy-class>
```

如前所述，VMware 建議避免從 vSAN 節點主機上組態設定「vSAN 儲存原則內容」，主要原因在於必須確保 vSAN 叢集中的「每一台 vSAN 節點主機」已變更 vSAN 儲存原則內容。然而這樣的操作非常耗時和乏味，且因為組態設定多台 vSAN 節點主機，將非常容易在組態設定過程中出錯。因此，建議採用 vSphere HTML 5 Client 管理工具，或者透過 RVC 管理工具，從 vCenter Server 針對 vSAN 叢集，進行 vSAN 儲存原則的調整和組態設定作業。

在「第 5 章」我們已經詳細討論各種 vSAN 儲存原則，和相關的進階儲存功能項目，因此便不再贅述相關內容。再次提醒，**不建議修改** vSAN 預設的儲存原則內容，如此一來，才能避免造成 VM 虛擬主機運作效能低落，或避免無法部署 VM 虛擬主機的情況。舉例來說，像是運作於 All-Flash 模式的 vSAN 叢集，卻組態設定啟用了 Flash 讀取快

取保留區。以下是執行「**esxcli vsan policy setdefault**」管理指令後,所顯示的 vSAN 儲存原則詳細項目,提供給管理人員參考:

- **cacheReservation**:Flash 讀取快取保留區,預設值:**0**,最大值:**1000000**。僅 適用於 Hybrid 模式,不支援 All-Flash 模式,因為在 All-Flash 模式運作的架構 當中,快取層級僅有「寫入緩衝」而沒有「讀取快取」。此功能項目主要用途是 預先保留多少「讀取快取空間」給儲存物件,其它物件無法使用這個預先保留的 讀取快取空間,僅能與所有物件共享「剩餘的讀取快取空間」。

- **forceProvisioning**:強制佈建,預設值:**No**。主要用途在於,當 vSAN Datastore 儲存資源不符合儲存原則時,管理人員是否希望強制執行部署作業。

- **hostFailuresToTolerate**:FTT 容許故障次數,預設值:**1**,最大值:**3**。定義 儲存物件可以容忍主機、磁碟、網路發生故障的數量,當管理人員組態設定,容 許「n」件故障事件時,系統將會建立「n+1」個物件複本,在 vSAN 叢集中需要 「2n+1」台 vSAN 節點主機。

- **stripeWidth**:每個物件的磁碟等量區數量,預設值:**1**,最大值:**12**。此功能項 目為定義儲存物件的切割數量,原則上高於 1 的組態設定值,會為 VM 虛擬主機 帶來更好的運作效能(例如,在 Hybrid 模式運作的架構當中,資料 I/O 未命中讀 取快取需要從「容量層級」直接進行資料 I/O 作業時)。值得注意的是,此組態 設定值提升的情況下,並不能保證 VM 虛擬主機的運作效能也會跟著線性提升。

- **proportionalCapacity**:物件空間預留值,預設值:**0%**,最大值:**100%**。預 設情況下,vSAN 叢集會採用精簡佈建進行部署作業。透過此儲存功能可以定義 vSAN 要保留多少百分比儲存空間給物件(當設定為 100% 時,便會採用完整佈 建格式)。

- **iopsLimit**:虛擬磁碟 IOPS 限制,預設值:**0**。預設情況下,並不會限制 VMDK 虛擬磁碟的 IOPS。當啟用虛擬磁碟 IOPS 限制儲存功能時,若 VMDK 虛擬磁碟超過 IOPS 限制值,資料 I/O 動作將會「延遲」以達到限制 IOPS 的目 的。

- **replicaPreference**:複本偏好模式,預設值:**Performance**。預設情況下,建 立的物件複本將會採用 RAID-1 類型。若希望採用 RAID-5 或 RAID-6 時,請將 複本偏好模式調整為 **Capacity**。搭配 **FTT=1** 的組態設定值便是採用 **RAID-5** 類 型,而搭配 **FTT=2** 的組態設定值則為採用 **RAID-6** 類型。

在 **setdefault** 管理指令中,透過「**-c|--policy-class**」參數,搭配「**cluster**、 **vdisk**、**vmnamespace**、**vmswap**」參數值,即可修改預設 vSAN 儲存原則內容。

最後，管理人員可能會感到納悶，在先前討論儲存物件時並沒有「**cluster**」。雖然，它也列在預設的 vSAN 儲存原則之內，但它並不像 vmnamespace、vdisk、vmswap 等物件，是組成 VM 虛擬主機的主要儲存物件。簡單來說，這個選項會「截獲」（catchall）任何部署至 vSAN Datastore 儲存資源當中，所有「不是 VM 虛擬主機儲存物件」的物件。

esxcli vsan resync

由於重新同步作業將會使用大量的網路頻寬，除了增加 vSAN 叢集整體的工作負載之外，也可能連帶影響 VM 虛擬主機的運作。因此，在執行重新同步作業之前，可以組態設定使用的網路頻寬，或是網路頻寬的最大使用量。

```
Usage : esxcli vsan resync {cmd} [cmd options]

Available Namespaces:
    • bandwidth - Commands for vSAN resync bandwidth
    • throttle - Commands for vSAN resync throttling
```

此管理指令網路傳輸速度的單位為 Mbps，然而考慮到 VM 虛擬主機的運作效能，應該採用 QoS 機制達到管控的目的，而此管理指令才是限縮網路頻寬的「最後手段」。

esxcli vsan storage

透過「**esxcli vsan storage**」管理指令，可以針對 vSAN 儲存資源，進行新增／查詢／移除等管理作業，無論是磁碟群組的組態設定，或是從磁碟群組新增和移除儲存裝置，都可以透過此管理指令完成。

```
Usage : esxcli vsan storage {cmd} [cmd options]

Available Namespaces:
    • automode - Commands for configuring vSAN storage auto claim mode.
    • diskgroup - Commands for configuring vSAN diskgroups
    • tag - Commands to add/remove tags for vSAN storage

Available Commands:
    • add - Add physical disk for vSAN usage.
    • list - List vSAN storage configuration.
    • remove - Remove physical disks from vSAN disk groups.
```

在先前的章節中已經說明，從 vSAN 6.7 版本開始，VMware 已經棄用 **automode** 運作模式。因此，雖然此管理指令的命名空間當中仍然保留它，但是在 vSAN 6.7 和後續版本中，並不會有任何作用。

當管理人員希望查詢 vSAN 節點主機中，正在使用的快取層級和容量層級儲存裝置時，便可以透過此管理指令進行查詢。從下列管理指令的執行結果可以看到，採用 All-Flash 模式時，因為快取層級和容量層級儲存裝置在「**Is SSD**」欄位值的顯示結果為 **true**，代表採用 SSD 固態硬碟儲存裝置；而「**Used by this host**」欄位值的顯示結果為 **true**，代表這些儲存裝置已經被 vSAN 宣告使用。

```
[/:~] esxcli vsan storage list
naa.500a07510f86d685
   Device: naa.500a07510f86d685
   Display Name: naa.500a07510f86d685
   Is SSD: true
   VSAN UUID: 52286aa4-cb8d-de09-1577-ba9c10ee31a9
   VSAN Disk Group UUID: 5244876f-9a74-5531-b7d9-7cc9af9daa02
   VSAN Disk Group Name: naa.5001e820026415f0
   Used by this host: true
   In CMMDS: true
   On-disk format version: 6
   Deduplication: false
   Compression: false
   Checksum: 9162730523691788455
   Checksum OK: true
   Is Capacity Tier: true
   Encryption: false
   DiskKeyLoaded: false
   Is Mounted: true

naa.5001e820026415f0
   Device: naa.5001e820026415f0
   Display Name: naa.5001e820026415f0
   Is SSD: true
   VSAN UUID: 5244876f-9a74-5531-b7d9-7cc9af9daa02
   VSAN Disk Group UUID: 5244876f-9a74-5531-b7d9-7cc9af9daa02
   VSAN Disk Group Name: naa.5001e820026415f0
   Used by this host: true
   In CMMDS: true
   On-disk format version: 6
   Deduplication: false
   Compression: false
   Checksum: 5657093240143920088
   Checksum OK: true
   Is Capacity Tier: false
   Encryption: false
   DiskKeyLoaded: false
   Is Mounted: true
```

值得注意的是，採用此管理指令將儲存裝置加入磁碟群組時，除了使用 **add** 參數之外，必須針對不同的儲存裝置種類採用相對應的參數。舉例來說，採用機械式硬碟時，必須搭配「**-d|--disks**」參數，採用 SSD 固態硬碟則搭配「**-s|--ssd**」參數。此外，欲加入磁碟群組的儲存裝置，必須未經過硬碟初始化、未建立分割區等等，才能順利宣告並加入所屬的磁碟群組當中。

當磁碟群組中的儲存裝置發生故障，必須進行維運管理的動作時，可以搭配使用「**remove**」參數，將故障的機械式硬碟或 SSD 固態硬碟退出磁碟群組。當指定的儲存裝置退出磁碟群組後，該儲存裝置的所有分割區資訊（包括所有 vSAN 資訊）都會一併進行刪除。值得注意的是，若退出磁碟群組的儲存裝置，屬於快取層級的儲存裝置時，那麼該組磁碟群組便會整組失效。對於 vSAN Datastore 儲存資源來說，等於少掉一組磁碟群組的效能和儲存空間。此外，管理人員可以搭配「**-m|--evacuation-mode=<str>**」參數，選擇儲存裝置在退出磁碟群組時，所要採用的資料遷移選項，支援的參數值為：ensureObjectAccessibility、evacuateAllData、noAction，預設值為 **noAction**。

若管理人員希望將原本 vSAN 使用的儲存裝置「退出」並改用於傳統 vSphere 的運作環境，例如，VMFS（Virtual Machine File System）、RDM（Raw Device Mappings）、vFRC（vSphere Flash Read Cache）等等。此時，也很適合使用 remove 參數，以便刪除儲存裝置中所有 vSAN 資訊。

希望查詢磁碟和儲存控制器的詳細資訊時，可以透過下列管理指令：

- **esxcli storage core adapter list**：列出此台 vSAN 節點主機中，有關儲存控制器的詳細資訊，以便檢查 vSAN 節點主機採用的儲存控制器，是否通過 HCL 硬體相容性驗證程序。

- **esxcfg-info -s | grep "==+SCSI Interface" -A 18**：在列出的大量儲存裝置資訊中，能夠過濾出 SCSI 儲存裝置（實體硬碟）的「佇列深度」（Queue Depth）數值，這對於故障排除的儲存裝置運作效能非常有幫助。

- **esxcli storage core device smart get -d XXX**：顯示硬碟的 SMART 資訊（XXX 為儲存裝置 ID）；顯示的 Wear-Leveling 資訊，將有助於判斷 SSD 固態硬碟的整體健康情況。

- **esxcli storage core device stats get**：顯示所有儲存裝置資訊。

透過 **diskgroup** 命名空間，可以執行掛載和卸載磁碟群組的工作。事實上，搭配此命名空間的管理指令，並非用於組態設定，而僅用於掛載和卸載磁碟群組。

光看 **tag** 命名空間的字義，可能很難馬上了解它的功能為何。事實上，透過 **tag** 命名空間針對儲存裝置進行標記，舉例來說，將儲存裝置標記為 CapacityFlash，以便該儲存裝置能夠用於 All-Flash 模式中的容量層級。

esxcli vsan trace

透過「**esxcli vsan trace**」管理指令，可以組態設定 vSAN 追蹤檔案存放路徑、保留多少 vSAN 追蹤檔案、是否重新導向至 syslog 檔案等等。

Usage : **esxcli vsan trace** {cmd} [cmd options]

Available Commands:
- **get** - Get the vSAN tracing configuration.
- **set** - Configure vSAN trace. Please note: This command is not thread safe.

Usage: **esxcli vsan trace set** [cmd options]

Description:
- **set** - Configure vSAN trace. Please note: This command is not thread safe.

Cmd options:
- **-l|--logtosyslog=<bool>** - Boolean value to enable or disable logging urgent traces to syslog.
- **-f|--numfiles=<long>** - Log file rotation for vSAN trace files.
- **-p|--path=<str>** - Path to store vSAN trace files.
- **-r|--reset=<bool>** - When set to true, reset defaults for vSAN trace files.
- **-s|--size=<long>** - Maximum size of vSAN trace files in MB.

透過 **get** 參數，即可查看目前 vSAN 追蹤的組態設定內容。

[/:~] **esxcli vsan trace get**
    VSAN Traces Directory:/vsantraces
    Number Of Files To Rotate: 8
    Maximum Trace File Size: 45 MB
    Log Urgent Traces To Syslog: true

其它非 vSAN ESXCLI 的管理指令

除了 esxcli vsan 管理指令之外，在 vSAN 節點主機中還有其它 CLI 指令，可以幫助管理人員進行監控和故障排除作業。

osfs-ls

透過「**osfs-ls**」管理指令，可以顯示在 vSAN Datastore 儲存資源中運作的 VM 虛擬主機，其相關檔案與詳細資訊。當 vCenter Server 管理平台發生故障事件，或 vSphere HTML 5 Client 管理工具無法運作時，可以透過此管理指令進行故障排除作業：

```
[/:~] cd /vmfs/volumes/vsanDatastore/
[/:~] /usr/lib/vmware/osfs/bin/osfs-ls Win7-desktop-orig
.fbb.sf
.fdc.sf
.pbc.sf
.sbc.sf
.vh.sf
.pb2.sf
.sdd.sf
Win7-desktop-orig-12402f4a.hlog
.ccd15e5b-6fbf-bded-5998-246e962f4850.lck
Win7-desktop-orig.vmdk
.34d65e5b-b6e4-880e-2b0e-246e962f4850.lck
Win7-desktop-orig-000001.vmdk
Win7-desktop-orig.nvram
Win7-desktop-orig.vmsd
Win7-desktop-orig-Snapshot2.vmsn
vmware-2.log
vmware-1.log
vmware.log
Win7-desktop-orig-aux.xml
Win7-desktop-orig.vmtx
.6c1f5f5b-7a02-2935-5f1d-246e962f4910.lck
Win7-desktop-orig_1.vmdk
```

cmmds-tool

透過「**cmmds-tool**」管理指令，可以顯示 vSAN 運作環境的詳細資訊，例如，vSAN 叢集、vSAN 叢集中的 vSAN 節點主機、VM 虛擬主機儲存物件、中繼資料等資訊。事實上，其它進階診斷工具也是透過此管理指令獲得相關資訊。

此管理指令最常搭配「**find**」參數。當管理人員希望查詢 VM 虛擬主機中，某個儲存物件的資訊時非常有用。例如，希望查詢 UUID 為 6cd65e5b-1701-509f-8455-246e962f4910 的物件資訊。從下列指令執行的結果可以看到，顯示的資訊並不容易閱讀。所以我們建議採用 ESXCLI 或 RVC 管理指令，因為其顯示的資訊具備可讀性。

```
[/:~] cmmds-tool find -u 6cd65e5b-1701-509f-8455-246e962f4910
owner=5982fbaf-2ee1-ccce-4298-246e962f4910(Health Healthy) uuid=6cd65e5b-
1701-509f-8455-246e962f4910 type=DOM_OBJECT rev=44 minHostVer=3
[content = (("Configuration" (("CSN" l40) ("SCSN" 116) ("addressSpace"
1273804165120) ("scrubStartTime" 1+1532941932544878) ("objectVersion" i6)
("highestDiskVersion" i6) ("muxGroup" 11988231354019364) ("groupUuid"
6cd65e5b-1701-509f-8455-246e962f4910) ("compositeUuid" 6cd65e5b-1701-509f-
8455-246e962f4910) ("objClass" i2)) ("RAID_1" (("scope" i3)) ("Component"
(("capacity" (l0 1273804165120)) ("addressSpace" 1273804165120)
("componentState" 15) ("componentStateTS" 11534418256) ("faultDomainId"
5982f42b-e565-196e-bad9-246e962c2408) ("lastScrubbedOffset" 1289406976)
("subFaultDomainId" 5982f42b-e565-196e-bad9-246e962c2408) ("objClass"
i2)) 6cd65e5b-7520-df9f-f0e3-246e962f4910 52aec246-7e55-5da6-
5015-3ffe33ab7e49) ("Component" (("capacity" (l0 1273804165120))
("addressSpace" 1273804165120) ("componentState" 15) ("componentStateTS"
11539110545) ("faultDomainId" 5982fbaf-2ee1-ccce-4298-246e962f4910)
("lastScrubbedOffset" 1289406976) ("subFaultDomainId" 5982fbaf-2ee1-ccce-
4298-246e962f4910) ("objClass" i2)) 90f6bc5b-c661-cc13-6583-246e962f4910
52286aa4-cb8d-de09-1577-ba9c10ee31a9)) ("Witness" (("componentState"
15) ("componentStateTS" 11534418256) ("isWitness" i1) ("faultDomainId"
5b0bddb5-6f43-73a4-4188-246e962f5270) ("subFaultDomainId" 5b0bddb5-6f43-
73a4-4188-246e962f5270)) 6cd65e5b-d8fd-df9f-47aa-246e962f4910 520269eb-
83be-ffbd-c3c9-a980742ee434))], errorStr=(null)
owner=5982fbaf-2ee1-ccce-4298-246e962f4910(Health: Healthy) uuid=6cd65e5b-
1701-509f-8455-246e962f4910 type=DOM_NAME rev=30 minHostVer=0  [content =
("30julytest2" UUID_NULL)], errorStr=(null)

owner=5982fbaf-2ee1-ccce-4298-246e962f4910(Health: Healthy) uuid=6cd65e5b-
1701-509f-8455-246e962f4910 type=POLICY rev=30 minHostVer=3  [content
= (("stripeWidth" i1) ("cacheReservation" i0) ("proportionalCapacity"
(i0 i100)) ("hostFailuresToTolerate" i1) ("forceProvisioning"
i0) ("spbmProfileId" "aa6d5a82-1c88-45da-85d3-3d74b91a5bad")
("spbmProfileGenerationNumber" 1+0) ("CSN" l40) ("SCSN" 116)
("spbmProfileName" "vSAN Default Storage Policy"))], errorStr=(null)

owner=5982fbaf-2ee1-ccce-4298-246e962f4910(Health: Healthy) uuid=6cd65e5b-
1701-509f-8455-246e962f4910 type=CONFIG_STATUS rev=37 minHostVer=3
[content = (("state" i7) ("CSN" l40) ("SCSN" 116))], errorStr=(null)
```

當然，還有許多可以搭配 **find** 的參數，例如，搭配「**-o <owner>**」即可顯示儲存物件的擁有者資訊。請注意，這可能會顯示非常大量且不易閱讀的資訊。

另一個經常搭配的參數為「-t」，主要用於查詢 DISK、HEALTH_STATUS、DISK_
USAGE、DISK_STATUS 類型，也可查詢 DOM_OBJECT、DOM_NAME、POLICY、CONFIG_
STATUS、HA_METADATA、HOSTNAME 等其它類型。透過下列管理指令，搭配查詢
HOSTNAME 類型，結果可以看到，vSAN 叢集一共有四台 vSAN 節點主機。

```
[/:~] cmmds-tool find -t HOSTNAME
owner=5982f466-c59d-0e07-aa4e-246e962f4850(Health: Healthy) uuid=5982f466-
c59d-0e07-aa4e-246e962f4850 type=HOSTNAME rev=0 minHostVer=0 [content =
("esxi-dell-g.rainpole.com")], errorStr=(null)

owner=5982f3ab-2ff0-fd4d-17f5-246e962f5270(Health: Unhealthy)
uuid=5982f3ab-2ff0-fd4d-17f5-246e962f5270 type=HOSTNAME rev=0 minHostVer=0
[content = ("esxi-dell-f.rainpole.com")], errorStr=(null)

owner=5982f42b-e565-196e-bad9-246e962c2408(Health: Healthy) uuid=5982f42b-
e565-196e-bad9-246e962c2408 type=HOSTNAME rev=0 minHostVer=0 [content =
("esxi-dell-h.rainpole.com")], errorStr=(null)

owner=5982fbaf-2ee1-ccce-4298-246e962f4910(Health: Healthy) uuid=5982fbaf-
2ee1-ccce-4298-246e962f4910 type=HOSTNAME rev=0 minHostVer=0 [content =
("esxi-dell-e.rainpole.com")], errorStr=(null)
```

現在，你已經知道 cmmds-tool 管理指令的強大功能，能夠幫助你在 vSAN 叢集環境
中，查詢或故障排除 vSAN 節點主機的問題，例如，在大型 vSAN 叢集運作環境中，透
過此管理指令找出故障受損的儲存物件。當然，由於此管理指令功能強大，所以最好在
VMware 技術人員的協助下操作，以避免不當的操作導致非預期性的錯誤產生。

vdq

透過「**vdq**」管理指令的二項重要功能，可以幫助你故障排除 vSAN 節點主機的狀況。
第一項功能是查詢 vSAN 節點主機中，哪些符合條件的儲存裝置順利加入至磁碟群組當
中，而那些不符合條件的儲存裝置，其原因又是什麼。

從下列指令執行結果中，可以看到在啟用 vSAN 叢集功能之後，有部分儲存裝置由於條
件不符合（狀態為 **Ineligible for use by VSAN**），所以無法加入至磁碟群組當中；
而無法加入的原因為 **Has partitions**，表示儲存裝置已經有「分割區」存在。

```
[/:~] vdq -q
[
   {
      "Name"     : "naa.624a9370d4d78052ea564a7e00011138",
      "VSANUUID" : "",
      "State"    : "Ineligible for use by VSAN",
      "Reason"   : "Has partitions",
      "IsSSD"    : "1",
```

```
"IsCapacityFlash": "0",
     "IsPDL"    : "0",
     "Size(MB)" : "512000",
  "FormatType" : "512n",
  },
  {
     "Name"     : "naa.624a9370d4d78052ea564a7e00011139",
     "VSANUUID" : "",
     "State"    : "Ineligible for use by VSAN",
     "Reason"   : "Has partitions",
     "IsSSD"    : "1",
"IsCapacityFlash": "0",
     "IsPDL"    : "0",
     "Size(MB)" : "512000",
  "FormatType" : "512n",
  },
  {
     "Name"     : "naa.624a9370d4d78052ea564a7e0001113c",
     "VSANUUID" : "",
     "State"    : "Ineligible for use by VSAN",
     "Reason"   : "Has partitions",
     "IsSSD"    : "1",
"IsCapacityFlash": "0",
     "IsPDL"    : "0",
     "Size(MB)" : "2097152",
  "FormatType" : "512n",
  },
```

第二項常用的功能是在啟用了 vSAN 叢集功能之後，透過此管理指令顯示磁碟對應資訊，確保磁碟群組的儲存裝置當中，是由哪些「SSD 固態硬碟」和「機械式硬碟」所組成。從下列的指令執行結果可以看到磁碟對應資訊（搭配 **-H** 參數，以便輸出結果更容易閱讀）：

```
[/:~] vdq -i -H
Mappings:
   DiskMapping[0]:
          SSD:   naa.5001e820026415f0
          MD:    naa.500a07510f86d6bb
          MD:    naa.500a07510f86d685
```

值得注意的是，無論採用 Hybrid 模式或 All-Flash 模式，執行上述的管理指令之後，SSD 欄位顯示指派為「快取儲存裝置」，而 MD 欄位則顯示指派為「容量儲存裝置」，所以必須檢查該儲存裝置的 **IsCapacityFlash** 欄位資訊，以確保採用的是機械式硬碟或是 SSD 固態硬碟。當 vSAN 節點主機中，具備多個磁碟群組時，透過此管理指令能夠輕鬆了解磁碟的對應資訊。

在這個小節中，我們說明和展示了一些管理指令，通常針對的管理對象為 vSAN 節點主機。然而，VMware 開發團隊早就意識到，管理人員也需要針對 vSAN 叢集，進行查詢和維運管理作業，因此推出 RVC（Ruby vSphere Console）管理工具，以便針對 vSAN 叢集進行維運管理的動作。在下一小節中，我們將深入探討 RVC 管理工具。

RVC（Ruby vSphere Console）管理工具

前一小節中，大部分的管理指令，都圍繞在 vSAN 節點主機的查詢和故障排除作業。本小節的焦點將專注在 vSAN 叢集運作架構。事實上，RVC 管理工具已經內建於 vCSA 當中，所以管理人員可以直接使用 RVC 管理工具，查詢 vCenter Server、vSAN 叢集、vSAN 節點主機、儲存資源、網路…等運作狀態。簡單來說，透過 RVC 管理工具，可以顯示所有 vSAN 叢集的詳細資訊。讓我們來看看如何透過「RVC 管理工具」幫助你維護 vSAN 叢集環境吧。

透過 RVC 管理工具中相關指令，可以針對 vSAN 叢集進行監控、組態設定、故障排除…等維運管理作業。

當管理人員透過 SSH 登入後，可以執行「**rvc <user>@<vc-ip>**」指令，連接到任何一台 vCenter Server 的 RVC 管理工具。

在 Windows vCenter Server 運作環境中，請開啟命令提示字元後，切換至「**C:\Program Files\VMware\Infrastructure\VirtualCenter Server\support\rvc**」路徑，修改「**rvc.bat**」批次檔案內容，加入 vCenter Server 主機的登入資訊（預設值為 **Administrator@localhost**），修改完成後，只要執行 **rvc.bat** 批次檔，並鍵入 vCenter Server 管理者密碼，即可開始使用 RVC 管理工具。

順利開啟 RVC 管理工具後，將會進入 vCenter Server 根目錄虛擬檔案系統環境。管理人員可以使用一些指令，例如：使用 **ls** 查看內容或使用 **cd** 進行路徑切換，就像 vSphere HTML 5 Client 管理工具一樣，可以透過 **cd** 指令切換到 **<vCenter Server>** 層級，然後再切換到 **<datacenter>** 層級，也可以使用「**~**」表示目前的 datacenter。請注意，在 RVC 管理工具中，為了簡化管理作業，在使用 **cd** 指令切換不同路徑時，可以先透過 **ls** 指令查看內容。顯示的每個路徑名稱「前面」會有一組數字，只要執行「**cd <數值>**」即可切換路徑，而不必鍵入樹狀路徑的全名：

```
> ls
0 /
1 vcsa-06/
> cd 1
```

```
/vcsa-06> ls
0 CH-Datacenter (datacenter)
/vcsa-06> cd CH-Datacenter/
/vcsa-06/CH-Datacenter> ls
0 torage/
1 computers [host]/
2 networks [network]/
3 datastores [datastore]/
4 vms [vm]/
/vcsa-06/CH-Datacenter> cd 1
/vcsa-06/CH-Datacenter/computers> ls
0 CH-Cluster (cluster): cpu 153 GHz, memory 381 GB
/vcsa-06/CH-Datacenter/computers> cd CH-Cluster/
/vcsa-06/CH-Datacenter/computers/CH-Cluster>
```

如先前所述，由於 RVC 管理工具正逐漸被棄用，準備全面轉向並匯整至 ESXCLI 指令，因此，以下 RVC 管理工具指令清單，在未來的 vSAN 版本中可能會有所不同。

事實上，從下列 RVC 管理指令的名稱中，即可了解該 RVC 管理指令的用途。在稍後的 RVC 管理指令展示中，我們將會提供一些常用指令以供參考。

```
vsan.apply_license_to_cluster
vsan.bmc_info_get
vsan.bmc_info_set
vsan.check_limits
vsan.check_state
vsan.clear_disks_cache
vsan.cluster_change_autoclaim
vsan.cluster_info
vsan.cluster_set_default_policy
vsan.cmmds_find
vsan.disable_vsan_on_cluster
vsan.disk_object_info
vsan.disks_info
vsan.disks_stats
vsan.enable_vsan_on_cluster
vsan.enter_maintenance_mode
vsan.fix_renamed_vms
vsan.health.
vsan.host_claim_disks_differently
vsan.host_consume_disks
vsan.host_evacuate_data
vsan.host_exit_evacuation
vsan.host_info
vsan.host_wipe_non_vsan_disk
vsan.host_wipe_vsan_disks
vsan.iscsi_target.
```

```
vsan.lldpnetmap
vsan.login_iso_depot
vsan.obj_status_report
vsan.object_info
vsan.object_reconfigure
vsan.observer
vsan.observer_process_statsfile
vsan.ondisk_upgrade
vsan.perf.
vsan.proactive_rebalance
vsan.proactive_rebalance_info
vsan.purge_inaccessible_vswp_objects
vsan.reapply_vsan_vmknic_config
vsan.recover_spbm
vsan.resync_dashboard
vsan.scrubber_info
vsan.stretchedcluster.
vsan.support_information
vsan.upgrade_status
vsan.v2_ondisk_upgrade
vsan.vm_object_info
vsan.vm_perf_stats
vsan.vmdk_stats
vsan.whatif_host_failures
```

為了讓 RVC 管理指令執行結果，能夠更容易展示和閱讀，所以我們將會個別執行 RVC 管理指令。

vsan.check_limits 管理指令

此 RVC 管理指令搭配 vSAN 叢集為參數，可以檢查 vSAN 叢集和 vSAN 節點主機中的「各項資源限制」以及「目前的使用情況」，例如，每台 vSAN 節點主機，最多僅支援 9,000 個元件，以及目前已建立了多少個元件。

```
> vsan.check_limits /vcsa-06/CH-Datacenter/computers/CH-Cluster
2018-10-15 13:09:44 +0000: Querying limit stats from all hosts ...
2018-10-15 13:09:45 +0000: Fetching vSAN disk info from esxi-dell-f.
rainpole.com (may take a moment) ...
2018-10-15 13:09:45 +0000: Fetching vSAN disk info from esxi-dell-e.
rainpole.com (may take a moment) ...
2018-10-15 13:09:45 +0000: Fetching vSAN disk info from esxi-dell-g.
rainpole.com (may take a moment) ...
2018-10-15 13:09:45 +0000: Fetching vSAN disk info from esxi-dell-h.
rainpole.com (may take a moment) ...
2018-10-15 13:09:46 +0000: Done fetching vSAN disk infos
```

```
+------------------------+
| Host                   |
+------------------------+
| esxi-dell-e.rainpole.com |
| esxi-dell-f.rainpole.com |
| esxi-dell-g.rainpole.com |
| esxi-dell-h.rainpole.com |
+------------------------+


+-------------------+
| RDT               |
+-------------------+
| Assocs: 248/91800 |
| Sockets: 51/10000 |
| Clients: 22       |
| Owners: 36        |
| Assocs: 288/91800 |
| Sockets: 48/10000 |
| Clients: 33       |
| Owners: 43        |
| Assocs: 382/91800 |
| Sockets: 51/10000 |
| Clients: 35       |
| Owners: 68        |
| Assocs: 254/91800 |
| Sockets: 50/10000 |
| Clients: 25       |
| Owners: 34        |
+-------------------+


+---------------------------------------------+
| Disks                                       |
+---------------------------------------------+
| Components: 90/9000                          |
| naa.5001e820026415f0: 0% Components: 0/0     |
| naa.500a07510f86d685: 59% Components: 90/47661 |
| naa.500a07510f86d6bb: 1% Components: 0/47661  |
| Components: 130/9000                         |
| naa.5001e82002664b00: 0% Components: 0/0     |
| naa.500a07510f86d686: 63% Components: 67/47661 |
| naa.500a07510f86d6b3: 64% Components: 63/47661 |
| Components: 123/9000                         |
| naa.500a07510f86d69d: 62% Components: 57/47661 |
| naa.500a07510f86d693: 53% Components: 66/47661 |
| naa.5001e82002675164: 0% Components: 0/0     |
| Components: 125/9000                         |
| naa.500a07510f86d6bd: 58% Components: 61/47661 |
| naa.500a07510f86d6bf: 59% Components: 64/47661 |
| naa.5001e8200264426c: 0% Components: 0/0     |
+---------------------------------------------+
```

vsan.host_info 管理指令

這個指令主要用於查詢特定 vSAN 節點主機的詳細資訊，包括 vSAN 節點主機角色（主要、次要、代理程式）、各項 UUID 資訊（vSAN 叢集、vSAN 節點主機）、磁碟群組資訊（快取儲存裝置、容量儲存裝置）以及 vSAN 網路資訊（vSAN 網路 IP 位址）。

```
> vsan.host_info /vcsa-06/CH-Datacenter/computers/CH-luster/hosts/esxi-
dell-e.rainpole.com/
2018-10-15 13:19:56 +0000: Fetching host info from esxi-dell-e.rainpole.
com (may take a moment) ...
Product: VMware ESXi 6.7.0 build-8169922
vSAN enabled: yes
Cluster info:
  Cluster role: agent
  Cluster UUID: 52fae366-e94e-db86-c663-3d0af03e5aec
  Node UUID: 5982fbaf-2ee1-ccce-4298-246e962f4910
  Member UUIDs: ["5982f466-c59d-0e07-aa4e-246e962f4850", "5b0bddb5-
6f43-73a4-4188-246e962f5270", "5982fbaf-2ee1-ccce-4298-246e962f4910",
"5982f42b-e565-196e-bad9-246e962c2408"] (4)
Node evacuated: no
Storage info:
  Auto claim: no
  Disk Mappings:
    Cache Tier: Local Pliant Disk (naa.5001e820026415f0) - 186 GB, v6
    Capacity Tier: Local ATA Disk (naa.500a07510f86d6bb) - 745 GB, v6
    Capacity Tier: Local ATA Disk (naa.500a07510f86d685) - 745 GB, v6
FaultDomainInfo:
  Not configured
NetworkInfo:
  Adapter: vmk2 (10.10.0.5)
Data efficiency enabled: no
Encryption enabled: no
```

vsan.disks_info 管理指令

這個指令主要用於查詢指定的 vSAN 節點主機當中，儲存裝置的詳細資訊，例如，儲存裝置是否為使用中？若是「無法使用」，那麼儲存裝置的「狀態」為何？

```
> vsan.disks_info /vcsa-06/CH-Datacenter/computers/CH-Cluster/hosts/esxi-
dell-f.rainpole.com/
2018-10-15 13:23:43 +0000: Gathering disk information for host esxi-
dell-f.rainpole.com
2018-10-15 13:23:44 +0000: Done gathering disk information
```

```
+----------------------------------------------+
|DisplayName                                   |
+----------------------------------------------+
| Local Pliant Disk (naa.5001e82002664b00)     |
| Pliant LB206M                                |
+----------------------------------------------+
| Local USB Direct-Access (mpx.vmhba32:C0:T0:L0) |
| DELL Internal Dual SD                        |
+----------------------------------------------+
| Local ATA Disk (naa.500a07510f86d686)        |
| ATA Micron_M500DC_MT                         |
+----------------------------------------------+
| Local ATA Disk (naa.500a07510f86d6b3)        |
| ATA Micron_M500DC_MT                         |
+----------------------------------------------+


+----------------------------------------------+
| isSSD | Size   | State                       |
+----------------------------------------------+
| SSD   | 186 GB | inUse                       |
|       |        | vSAN Format Version: v6     |
+----------------------------------------------+
| MD    | 14 GB  | ineligible (Existing partitions |
|       |        | found on disk               |
|       |        | Partition table:            |
|       |        |                             |
|       |        | 5: 0.24 GB, type = vfat     |
|       |        | 6: 0.24 GB, type = vfat     |
|       |        | 7: 0.11 GB, type = coredump |
|       |        | 8: 0.28 GB, type = vfat     |
|       |        | 9: 4.22 GB, type = coredump |
|       |        |                             |
+----------------------------------------------+
| SSD   | 745 GB | inUse                       |
|       |        | vSAN Format Version: v6     |
+----------------------------------------------+
| SSD   | 745 GB | inUse                       |
|       |        | vSAN Format Version: v6     |
+----------------------------------------------+
```

上述僅列舉幾個常用的 RVC 管理指令。當然管理人員也能執行其它的 RVC 管理指令，並且搭配 **-h 參數**了解該管理指令的詳細使用方法。

小結

在本章節中，管理人員可以清楚看到，VMware 提供許多 CLI 管理工具和指令，除了進行監控和維運管理 vSAN 運作的環境之外，還能幫助管理人員深入了解 vSAN 底層的運作機制。

讀者回函

讀者回函

GIVE US A PIECE OF YOUR MIND

感謝您購買本公司出版的書，您的意見對我們非常重要！由於您寶貴的建議，我們才得以不斷地推陳出新，繼續出版更實用、精緻的圖書。因此，請填妥下列資料(也可直接貼上名片)，寄回本公司(免貼郵票)，您將不定期收到最新的圖書資料！

購買書號： 書名：

姓　　名： _____

職　　業：□上班族　　□教師　　□學生　　□工程師　　□其它

學　　歷：□研究所　　□大學　　□專科　　□高中職　　□其它

年　　齡：□10~20　□20~30　□30~40　□40~50　□50~

單　　位： _____ 部門科系： _____

職　　稱： _____ 聯絡電話： _____

電子郵件： _____

通訊住址：□□□ _____

您從何處購買此書：

□書局 _____ □電腦店 _____ □展覽 _____ □其他 _____

您覺得本書的品質：

內容方面： □很好 □好 □尚可 □差

排版方面： □很好 □好 □尚可 □差

印刷方面： □很好 □好 □尚可 □差

紙張方面： □很好 □好 □尚可 □差

您最喜歡本書的地方： _____

您最不喜歡本書的地方： _____

假如請您對本書評分，您會給(0~100分)： _____ 分

您最希望我們出版那些電腦書籍：

請將您對本書的意見告訴我們：

您有寫作的點子嗎？□無　□有　專長領域： _____

歡迎您加入博碩文化的行列哦！

請沿虛線剪下寄回本公司

Give Us a Piece Of Your Mind

221

博碩文化股份有限公司　產品部

台灣新北市汐止區新台五路一段112號10樓A棟

DrMaster

深度學習資訊新領域

博碩文化

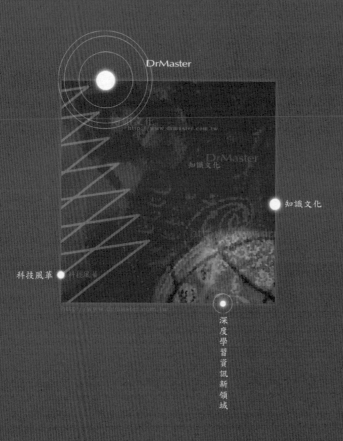

DrMaster

http://www.drmaster.com.tw

知識文化

科技風華

深度學習資訊新領域

DrMaster

深度學習晉嵌入新領域

博碩文化

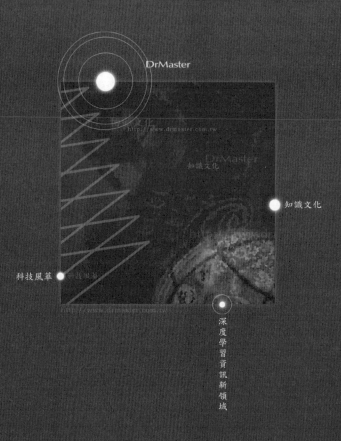

DrMaster

http://www.drmaster.com.tw

知識文化

科技風華

深度學習資訊新領域